「自然」という幻想

多自然ガーデニングによる新しい自然保護

エマ・マリス

岸 由二・小宮 繁＝訳

草思社文庫

RAMBUNCTIOUS
GARDEN
by EMMA MARRIS

カバー写真:Flatfeet/Shutterstock.com
人工的につくられた野生地、オランダ・オーストヴァールダースプラッセンのコニックウマの群れ。本書第4章参照。

「自然」という幻想　目次

生態学の理論は現実に合わなかった
自然の変化の激しさは生物も対応できないほど
変化するイエローストーンをどう管理するか

第6章 外来種を好きになる

編集協力・岩崎義人

第1章　自然を「もとの姿に戻す」ことは可能か

自然は「遠きにありて思うもの」ではないはずだ

過去300年で、私たちは多くの自然を失った。「失う」という言葉の持つ2つの意味でだ。まず、多くの自然が破壊されたという意味で、私たちは自然を失った。森は住居になった。小川は、暗渠と駐車場になった。リョコウバトも、ステラーカイギュウも消えて、博物館の薄暗いギャラリーの毛皮と骨格標本になった。そして私たちは、もう一つ別の意味でも自然を失った。私たちは自然のありかを見失った。私たちは、私たち自身から、自然を引き離し、見失ってしまったのである。

私たちが間違ったのは、自然は、「私たちと離れたところに」、どこか「遠く」にあると考えるようになったからだ。私たちはテレビで自然を見る。豪華な雑誌で自然を読む。私たちが思い描く場所は、どこか遠く、束縛のない野生、住民も道路もフェンスも電線もない、手つかずの、季節の変化のほかは変わることのないような場所なのだ。手つかずの野生《ウィルダネス》［wilderness　巻末の訳語注記参照］という夢想が私たちに襲い掛かる。そして私たちは自然について盲目になる。

生態学者の多くは、発見できたもっとも手つかずの場所を研究の地として、生涯を送る。保全活動家の多くは、ウィルダネスの領域を変化させまいと全力を尽くし、生涯を送る。私たちは、「原生林」の断片に、最後の「偉大な自然地」に、どこよりも希少な「手つかずの生態系」にしがみつくのだが、それらはどれも、私たちの手元から消えてゆく。石鹸の小片のように、どれも小さくなって、消えてゆく。私たちは嘆く。いつも嘆いている。守るべき場所を増加させることなどできないからだ。それらはどれも、年ごとに、衰退してゆくばかりである。

本書は自然への新しい見方がテーマだ。慎重に管理されている国立公園も、広大な北方林も、無人の北極の地も、自然である。しかしあなたの庭の野鳥も、マンハッタンの五番街をぶんぶん飛ぶミツバチたちも、植林地で列をなすマツも、都市河川の川辺のブラックベリーやバタフライブッシュも、道端のニワウルシも、畑を駆け抜けるウズラも、雑草と藪に覆われてヘビやネズミの徘徊する放棄された畑も、「侵略《インベーシブ》［invasive　巻末の訳語注記参照］種」と名指しされる植物が鬱蒼と茂るジャングルも、見事にデザインされたランドスケープガーデンも、緑化屋根も、高速道路の中央分離帯も、アマゾンの奥深くに抱かれた500年の歴史を持つ果樹園も、そして、ゴミ捨て場から芽を出したアボカドの木も、自然なのだ。

自然はいたるところにある。しかし、どこにあるとしても必ず共通する特徴がある。「手つかずのものはない」、ということだ。いま現在、地球という惑星に、手つかずのウィルダネスは存在しない。私たちは、住み場所とする景域《ランドスケープ》［landscape　巻末の訳語注記参照］を、過去数千年にわたって変化させてきた。いまやその範囲は文字通り地球全体に広がっている。深呼吸してみよう。あなたの吸い込んだ空気には、1750年の吸気に比べて、36パーセントも多い二酸化炭素が含まれている。[*1] もとに戻ることはないのだ。以下の話題は、とりわけ、象徴的といえるかもしれない。廃棄された郊外の住宅にボブキャットの家族が暮らすようになった。[*2] 人の気配があるとクマに襲われにくいのでイエローストーンのアメリカへラジカは道路の脇で出産するようになった。[*3] 車の複雑なクラクション音に反応してフルにさえずる野鳥たちがいる。もちろん、もっと重大なのは、気候変動のような地球規模の現象であり、生物種の移動であり、大地の大規模な改変である。

認めるか否かにかかわらず、私たちはすでに地球全体を管理しはじめている。意識的、効率的に管理を進めるために、私たちは、自らの役割を認め、引き受けてゆかなければならないのである。私たちは、手つかずのウィルダネスへのロマンチックな思いを抑え、私たちの手で世話をすべき地球大の多自然ガーデン《ランバンクシャス》［rambunctious garden　訳語については「訳者あとがき」参照］という、もっと豊かな含意のある思いに、心を開く必要があるのだ。

　公園や保護地域だけが多自然ガーデンなのではない。ありとあらゆる場所が多自然ガーデンだ。公園でも、農地でも、パーキングやファストフードショップの敷地でも、あなたの家の庭でも屋根でも、環状交差点の緑地でも、自然保護を進めることができる。多自然ガーデンは行動的で楽観的だ。残された自然地を壁で囲むばかりでなく、どんどん自然を創出してゆくのだ。

　多くの保護論者が自然の定義を見直すことに心開きはじめて、「手つかずのウィルダネス」という慣れ親しんだ目標を超越した、ありとあらゆる目標をすべて受け入れるようになりつつある。実践にあたって彼らは、後の章で紹介するような新しいツールやアプローチを自在に採用できることに気づく。試してみると、そもそも彼らを自然保護の領域に踏み込ませるきっかけとなったさまざまな価値が、そこでもしっかり重要性を維持していることがわかってくる。生存闘争に参加する種が、在来種ばかりでなくても、進化の進行を尊重することはできる。土壌形成や雨水浸透などの生態学的な過程を保護することもできる。生物多様性が本来の地でない場所で確認されても、それに驚異を感じ、その保全のために戦うこともできる。人の影響が見えても、そこに自然の美を見出すことも可能だ。その気になれば、裏庭に至高なるものを見ることもできるのである。

自然を「過去の状態に戻す」ことの矛盾

しかし、自然に関する私たちの思いを変えることは簡単ではない。あなたにとっても、私にとっても。ウィルダネスを研究し守ることに人生をかけてきた人々にとっては、とんでもなくつらいことになるのだろう。何が自然なのか、守られるべきものは何なのか、という問いに直面すると、感情を脇におく訓練を積んできたはずの科学者たちが、もっとも感情的になり頑固になることもしばしばなのだ。

自然の概念を拡張することに関心のある者も、問題に突き当たる。定常的で、手つかずのウィルダネスがあらゆる景域の理想だとする考えが、とくにアメリカ合衆国では、生態学や自然保護の領域に深くおりこまれてきた。たとえば、「基準となる過去の自然［baseline　巻末の訳語注記参照］」という観念がある。環境変化にかかわる研究のほとんどが、基準となる過去の自然という考え方を前提とし、利用している。基準となる過去の自然は、準拠すべきとされる状態、典型的には過去のある時点における状態であり、マイナスの変化が起こる前のゼロ点とされる。アメリカ大陸では、ある地域の基準となる過去の自然は、ヨーロッパ人が到来する以前の自然とされるのが普通だった。しかし、オーストラリアから南北アメリカにいたるまで、各地の先住民たちが周囲の環境をさまざまに改変したことがわかってきた現在、そもそも人類が到達する以前のアメリカの自然を過去の基準とすべきという議論もある。多くの自然保護者にとって、アメリカの自然を、人類到達前、あるいはヨーロッパ人到達以前に戻すことは、傷つき、病んだ大地をいやすことだと、受け取られている。自然を壊したのはわれわれだ。だからわれわれがもとに戻さなければならない。かくして、基準となる自然は、自然の現在、過去を比較する科学的な装置ではなくなるのだ。それは、善なるものであり、目的であり、唯一の正しい状態とされるのだ。

この方式にそって地域再生や公園管理をめざす自然保護者は、まず、基準とする過去の自然を決めなければならない。次いで対象地域のその時点での特徴を見極める。どんな種類の生物が、どんな割合で生息していたのか。川はどこを流れていたか。深さ、幅、流速はどうだったか。水際線はどこにあったか。土の特性はどうか。基準とする過去の時点とそのときの地域の特性を絞れたら、地域を過去の状態に戻す大仕事に着手しなければならないのだ。除去される生物種があり、再導入される生物種もある。河川の工事が進み、土の島が配置され、一部の甲虫たちの腐食質の生息環境を用意するために樹木が伐採されることもある、等々。

しかし生態系は移ろいやすい。基準となる過去時点の自然を決めるのは、簡単ではない。たとえばハワイ諸島の例がある。世界でもっとも僻地にある島々。数百種にのぼる固有種の多くは希少種で、絶滅の危機にある。以前の生態学者たちなら、この群島について基準とすべき過去を、ジェームズ・クック船長がハワイ島に上陸した1778年にしたかもしれない。しかし、ハワイ諸島の自然を1777年以前の状態に戻すというのは、少なくとも当地にすでに1000年は暮らしていたポリネシア人たちが大規模に改変していた自然の状態に戻すということになる。それは、ポリネシア人たちが導入したタロイモ、サトウキビ、豚、鶏、ネズミなどが生息し、入植以来すでに少なくとも50種の鳥が狩猟によって絶滅していた、半ば人工化された景域なのだ。[*4]

人類がまだ到達していなかった数万年前に基準点を移す選択をすると、そこでもまた別の問題に直面する。人間が関与しようがしまいが、生態系はつねに変化する。樹齢数千年の森林は、私たちから見れば時間を超越しているように感じられるかもしれない。私たち人類は寿命の短い動物で、自分たちの世代時間の数倍を超えるような時間スケールを把握するのがまことに不得手なのだ。しかし、地質学者や古生物学者の視点からすれば、生態系は不断の舞踏状況にある。構成種は競合し、対抗し、進化し、移動し、新たな生物群集を形成し続ける。地質の変動、進化、気候サイクル、野火、暴風、そして変動する個体群。自然はつねに変化するのだ。ハワイでは、どの地点であれ、大地は数百年に一度、噴火活動でまっさらにされる。海を越え、風に乗って島々にたどり着く生物が新しい生息地に適応し、島々の生態系のなかに自分たちの場所を見つけてゆくのだ。

そんな時間の流れのなかで、任意の時間を特定してしまえば、その都度新たな問題が発生する。花粉化石の記録から、樹木の年輪に刻まれた気候の記録まで、過去を探るのに利用できるあらゆる科学的な手法を駆使したとしても、1000年どころか1000年単位の過去において、地域がどんな様相だったのか、明らかにはしきれないのである。

人間の関与する以前の基準となる自然を決めることに関して、最終的でもっとも困惑する事情は、野生地の管理や再生作業そのものによって、それが、今後ますます難しくなるということだろう。最大級の国立公園の最深部から、地域の大規模商業施設の裏の雑草地にいたるまで、生態系はすべて人の手が及んでいる。私たちは地球のいたるところで自然の坩堝《るつぼ》を攪乱している。さまざまな種を移動させている。地球の温度を上昇させている。多数の動植物を家畜化・栽培植物化している。そしてさらに多数の種を絶滅に追いやっている。私たちは文字通り地球全体を改変している。どの地点であれ、その変化をもとに戻すことは、ますます困難になっているのである。

世界の絶滅首都＝ハワイで移入種を除去したら……

問題の大きさに私が最初に直面したのは２００９年、ハワイを訪問したときのことだ。ホテルの窓の外の熱帯樹は素晴らしい眺めだったが、そのなかには、人為的に導入され、いまや在来種にとって脅威と考えられている樹種がたくさんあることを私は知っていたのである。ハワイが、「世界の絶滅首都」と呼ばれていることも、当地の美しい野鳥のなかに、絶滅し、また絶滅に瀕している種が多数いることも承知していた。『セントルイス・ポストディスパッチ』誌のレポータの表現によれば、ハワイは、「合衆国最大の生態学的な災厄」だが、にもかかわらず、ハワイ諸島は、過去のハワイの自然の回復をあきらめない多数の自然保護活動家たちで、賑わっているのである。[*5]

最初に訪問したのは、ハワイ島東部で、低地林の回復可能性をテストしている実験区画だった。実験区画は、ハワイ州のハワイ陸軍州兵ケアアウカハ軍用地の森のなかにあった。このタイプの森林は、降水量の多い低地に広がっていたため、そのほとんどが農業のために伐採されてしまっていた。かろうじて残った森、あるいは再生した森に優占するのは、ハワイ島の外に由来する種類だった。

ハワイ大学ヒロ校のレベッカ・オステルタークの説明によれば、ハワイ諸島に侵入種がはびこりやすいのは、３０００万年にわたって隔離され進化してきたハワイの植物は、競争の厳しい大陸で進化した侵入種に比べて、成長が遅く、栄養の摂取効率も悪いからだという。[*6] 同様に、ハワイ在来の鳥やその他の動物たちも、移入種に対抗する力はないというのである。鳥マラリアで絶滅した在来の野鳥も多い。最近までハワイにヤブ蚊はいなかったので、ハワイの野鳥たちは、ヤブ蚊の媒介する病気への耐性を進化させなかったのだ。ハワイのラズベリーやバラは棘《とげ》がない。ハワイ産のハッカ類は、ハッカの香りのする防衛物質を欠いている。防衛対象とすべき、草食性の哺乳類がいなかったからだ。[*7] そんなやわな在来種は、本土から人の持ち込むもっと強い種にやられてしまうのである。現在、ハワイ諸島に知られる植物種の半数が、外来種といわれている。[*8] 多くの低地林において、在来種は、巨木ばかりである。樹冠の下には、外来種の実生《みしょう》が一面に広がって、在来種の巨木が倒壊する日を待っている。そのような場所を、「生ける屍の森」と呼ぶ生態学者もいるのである。

　軍用地につくと、道の真ん中にアジア産のムクドリの群れがいた。柔らかく湿った空気。オステルタークと私は、そこで彼女の同僚たちと合流した。アメリカ森林局のスーザン・コーデルとウィスコンシン大学の大学院生、ジョー・マスカロだ。私たちは連れ立って実験区画に向かった。野ブタを排除するためのフェンスを飛び越え、四方から木の葉の張り出すジャングルを進んだ。大きな星型の葉のヤツデグワは、メキシコ、中央アメリカ、コロンビアの原産だ。大きなパラソル型の葉を持つ低木、ビングバングは、フィリピン産。おいしいベリーをつけるキバンジロウはブラジルの大西洋岸原産。紫の花をつけるアジア原産のノボタンもある。ノボタン科の一種、コスタリカのクリデミア・ヒルタは、メキシコや南アメリカの一部を原産地とする灌木。ネムノキは東南アジアからの移入種だ。これらの種の多くは、意図的に導入されたというだけでなく、むしろ組織的系統的に導入されたものだった。森林火災の後の土壌浸食を防ぐために、1920年代から30年代にかけて、飛行機による播種が実行された。ハワイ原産の樹木では成長が遅く、効果が薄いと専門家たちは考えたのだ。その結果広がった森林は、いたるところ蔓植物が絡まり、緑濃く鬱蒼としている。林床には、べたつき、くしゃくしゃにされた茶色いナプキンのように枯れ葉が積もり、ザクザク音を立てた。

突然、私たちは、伐開地に踏み込んだ。まばらに生える植物の間に、薄黄緑色の苔に覆われた溶岩が見えた。そこは研究地群の一つだった。いずれの研究地でも、在来種でない植物はすべて手で抜き取られることになっていた。研究地を純粋に在来の状態に保つために、研究者たちは植物の半分近くを抜き取り、除去しなければならなかった。伐採し、何度にもわたる除草を実施するのに、1000平方フィート［約93平方メートル］あたり、1週間ほどの労力が必要だった。[*9] 実験区画は、まるで引っ越し作業の最中のリビングルームのように、寂しげで空虚な場所になっていた。

当地で私は、木性シダ類、ラマと呼ばれるコクタンの仲間の堅木、鳥の羽を束にしたような赤色の雄しべの束を持つ、どこか地中海風の外観を持つオヒアの木、芳香のあるレイの素材にされる甘い香りのメイル蔦など、概してあまり派手でないハワイ原産の植物を、じっくり見ることができたのだ。

これらの実験区画は、もちろん観光地として整備されたのではない。移入種をすべて除去したら、ハワイの在来種の森は果たして蘇るか、確かめるための実験区画である。攻撃的な熱帯性の侵入種を除去したら、在来の植物たちは、土壌中の栄養、雨、新たに利用可能になる太陽の日差しをわがものとして、旺盛に育ち、空間を埋め尽くすのだろうか。私が訪問したのは、実験開始からすでに5年後のことだった。残念ながら、在来種の成木は、ごくわずかしか成長しなかった。「在来樹種の実験処理への反応は遅く、まだ検出できていないのかもしれないし、あるいはそもそも反応しないのかもしれない」というのが、オステルタークとコーデルの見解だ。[*10] しかし、さんさんと日の降り注ぐ林床に、在来樹種の実生が多数現れたことは研究者たちを喜ばせた。

これらの除去実験区画は、特定目的のために外来植物を抜き取っていた。しかしこれらの土地は、地球上の広大な場所で自然保全主義者たちが実施したがる活動――移入種を除去して在来種に道を開き、当該の地を昔の状況に戻すという目標を持った活動――のミニチュアとも見なせる。

ハワイでも問題となる「基準となる過去の自然」

オステルタークとコーデルが実験区画としている低地性の湿潤林は、地上のほとんどの地域と同様に、基準とする過去の自然の問題を抱えている。当地が熱い溶岩に覆われていた時代から、まだ5000年も経ってはいないので、植物が再生する以前にすでに人類が当地に到達していた可能性もある。[*11] 当地の緑には、参照すべき、人類到達以前の時代を設定することはできないかもしれないのである。もっとも、研究者たちは、人類到着前から存在する、似通った近隣の森に注目することで、難題を回避することもできるだろう。さらに大きな問題は、基準とするその過去の時代の植生の特徴を特定することだ。大昔の森の種類構成がリストにされていることはない。記録されず、記憶にもとどめられず、何の痕跡も残すことなく消滅した在来種があったかもしれないのである。在来種と確定しきれない植物を見渡しながら、オステルタークは、「当地にはいま、在来樹種は、たぶん5種しかない」と語る。「昔は、5種類より、多かったのではないかと、思うのですが……」

そして最後の問題は、あまりに手がかかる、ということだ。膨大な時間と資金を投入しなければ、オステルタークとコーデルが必要とする、過去の基準状態を明らかにすることはできないのだ。「ハワイの動植物の保護に関心のある人々も、切手のように小さな保全地域のためにそんな時間や資金を提供してくれはしないでしょう」。コーデルは寂しそうにそういった。

オステルターグとコーデルの森がとくに難しい状況にあることは確かである。しかし、当地ほど攪乱の厳しくない生態系なら、過去の状態を回復することは可能なのだろうか。答えはノー。少なくともハワイでは無理である。過去の状態をまるごと回復できる例はない。手つかずの自然が高く評価され、基準となる過去の自然を、現代において体現する模範地として著名なラウパホエホエ自然保護区でさえ、そうなのだ。科学者たちは、生態系の特徴を把握するために、ここに樹冠と同じ高さの記録収集用の塔を建てた。彼らはここで過去を再生するというのではなく、当地を基準となる過去の代用物として利用しようという考えなのだ。しかし、塔を建てた当事者である科学者たち自身が、藁にもすがる気持ちでいる。森の変化があまりに早いからである。

オステルターグとコーデルの痛々しい小さな実験区画を後にした私は、ラウパホエホエ自然保護区を訪ねた。ガイドしてくれたクリスチャン・ジャディーナは、細身で白髪の行政所属の生態学者だ。記録収集用の塔をめざして、私たちは車で山の中腹を登った。登るにつれて明白な人の影響は一つまた一つと消えていった。泥道を、身をかがめたインド産のクジャクがあわてて逃げ去った。車の脇に、外来のストローベリーグァバの森が現れ、まばらになり、消えていった。どこかの点で、私たちは、鳥マラリアを媒介するヤブ蚊の生息地を突破した（彼らは寒さが苦手だ）。「巨人の谷」という場所では、しばし車を止め、樹齢数百年の在来樹種、オヒアとコアの巨木群を見た。コアは、直立する高木で、カヌーの材として重用されてきたが、いまハワイ諸島では、まれな樹種になってしまった。[*12] これらの巨木は、ショウガやストローベリーグァバなどの移入種が絡まりあう低層植物の藪から、天に向かって突き出ていた。

高地にいたり、基準林が見えてきた。低地の雑然としたジャングルとは異なり、当地に育つ木々はどれも、大きく、互いに広く距離をおいて旺盛に茂り、水も滴る様相と見えた。ここに静寂ありなのだ。木性シダ類は、ジャディーナの頭上、1・5メートルも上方に葉を広げていた。私たちの歩く足元の、スポンジのように弾力のある濃い色の芝には、コアの木の完ぺきな三日月型の葉が、散っていた。ジャディーナにとって、ここは、ハワイの自然のなかでもベストな状態にある場所なのだ。しかしこの訪問はほろ苦いものだった。ハワイ島で以前の自然をもっともよく残す当地でも、自然の特性はすでに時代の変化を記しているからだ。「当地もすでに手つかずではないとわかっています」とジャディーナは話した。「二酸化炭素の濃度は上昇しているし、果実種を拡散し、花粉を媒介するカギとなる生物たちも絶滅しています。それでも、ここが、ハワイの自然のベストの地なのです」。山登りの道沿いで通過した侵略種の前線が、山頂まで移動し、気候もさらに温暖化した暁に、いったいどんな不可避な変化が起きてしまうのか、ジャディーナはしばし思いにふけるようだった。すでに兆候は明らかになっていた。林床のコアの葉の間には、すでに、これからそのスペースを占有してゆくはずの移入種の実生があった。「当地は一変するはずです」と彼はいった。「見た目も変わる。構成種も変わりますね。林床を自由に歩ける状態ではなくなってゆくはず。地球上で極めてユニークなタイプのこの森が、いま抹殺されようとしていると思うと、悲しい思いにかられます」

もう時間を戻すことはできないと心のなかでわかっていても、保全・再生計画の多くは、オステルタークとコーデルの実験区画のように、しかもさらに大きなスケールで、過去の状態に再生すると看板を掲げている。それは、多くの保全主義者たちに、いまだもっとも自明な目標であると思われているのである。しかしこれらの計画は、しばしばとてつもなく困難で、経費がかかるものとなる。世界の政府が、自然の保護に突如とんでもない予算をつけると決めるのでない限り、保全されるのは、過去を残す小さな島々のような小規模領域となる定めだ。いや、過去を残す小さな島々ではなく、過去に似た、小さな島々というべきかもしれない。

そのような、「過去の自然に似た島々」は、地球のそこかしこを、飾るだろう。アメリカ合衆国の国立公園の多くは、植民地、あるいはフロンティア時代の自然の様相と見えるように管理されている。つまり、管理者は、変化を阻止するように努力するというのが普通なのだ。気候変化の進む現在においては、これは、何もしない、ということを意味するのではない。積極的な回復をめざす地域もある。そのような場所では、事態はさらに困難になり、経費がかさむことになる。

過去を取り戻すための、オーストラリアでの驚くべき苦闘

2009年の夏、私は、そのような回復計画の進む何千という場所の一つを訪問した。オーストラリア野生生物保護区という場所だ。奥地の小さな地域を、クック船長（ハワイに到達したのと同じ人物）が当地に来た1770年のころ、アボリジニが当地にたどり着いてからすでに4万年を経たときと同じ状態に戻そうという保護区である。「オーストラリアは、アボリジニ到達前の自然を回復することは難しいとしても、ヨーロッパ人到来前の自然を回復できる可能性はあると思っています」と、オーストラリア自然保護局の生態学者、マット・ヘイワードは話す。しかし、「言うは易く行うは難し」。

スコティア保護区と呼ばれるその地は、面積650平方キロ。メルボルンの北東、マレー川とダーリング川の合流点から、さらに145キロ上流の地にある。[*13] 当地の赤色土にはユーカリの仲間の樹種が多数生育している。地表部で多数に分岐する細い幹

は、樹皮がはがれ、多数の枝を出し、そこに高熱乾燥条件に適応した多数の小さな硬い葉をつけている。これらの細い幹は、地中にある、乳柱と呼ばれる瘤のように膨らんだ根から伸び出している。野火が地上部を焼き尽くしても乳柱は健在で、なかには数千年も生き残っているものがあるといわれている。ユーカリの木々の間には、短剣のように鋭い葉を持つスピニフェックスグラスの株が輪の形に茂っている。

保護区には、監獄の檻のようなフェンスに囲まれた面積約40平方キロの土地が、2カ所ある。フェンスはいかめしく、頑丈で、高く、電流が通っている。フェンスに囲まれた土地は、一見すると周囲と同じ風景だが、地面に、拳サイズの穴が無数に開いている。これらは、フサオネズミカンガルー、シロオビネズミカンガルー、フクロアリクイ、ミミナガバンディクート、ワラビーなど数種の、ほとんどが夜行性の有袋類の痕跡だ。これらの小型有袋類は、ヨーロッパ人がお好みの動物を連れてオーストラリアに到着して以来、ずっと減少し続けてきたものだ。移入された動物たちに対して、小型有袋類は不利な点が2つあった。捕食者のあまりいない環境で進化したので生き延びるための技術は向上しなかったし、とくに賢くもなかったのだ。オーストラリアの貧弱な土壌のもとでは、大きな脳を可能にするエネルギーを調達することは困難と考える科学者もいる。[*14]

これらの有袋類の一部は、捕食者の移入されなかった、最後の野生生息地となっている沖の島々から当地に移された。とくに破壊的な捕食者となったのは、ペットとして移入されたネコと、狩猟の対象として持ち込まれたキツネだ。減少するこれらの有袋類のなかには、すでに数百個体しか生存していない種もある。フェンスの内側のもう一つのフェンスのなかで、タヅナツメオワラビーの小集団が保護されている。この集団は、絶滅の危機にある本種全体の、バックアップ集団となっている。

スコティア保護区のメインビルのなかで、談話テーブルをはさんでコーヒーを飲みながら、私はトニー・キャッチコートにインタビューした。度の強い眼鏡をかけた優しいまなざし。Vネックセーターを着て、野球帽をかぶった彼は、フェンスで囲まれた保護区の第二の区画、ステージ2と呼ばれる区域で、移入されたネコ、ウサギ、ヤギ、そしてキツネを全除去した担当者だ。彼の前職は、ホテルのベルボーイ、コンピューター技術者、画家、などだが、野生動物のコントロールが天職となった。この仕事は想像を超える忍耐と努力を必要とする。フェンスのなかにオスとメス2頭を取り残してしまえば、数年で、集団は回復してしまう。最後の1頭まで捕獲する必要があるのだ。

ステージ2の有害生物をいかにして除去したかキャッチコートの話は以下の通り。ヤギは数日で射殺された。ウサギは手がかかった。すべてのウサギ穴（数千カ所はあった）から、150メートル以内に必ず餌として毎日ニンジンをおいていった。信用するまで、ウサギたちは、ニンジンをちょっとかじるだけ。3日か、4日目に、毒入りのニンジンをまくのだ。キャッチコートはこの作業を3回繰り返し、計5700キロのニンジンをまいて、過半のウサギを退治した。次いで、残るウサギを除去するために、巣ごとに狙いを定め退治を進めた。

キツネは生息域が広く、フェンスのなかに棲むのは数頭だけだ。しかしキツネは賢い。彼は、すべてのキツネについて、習性を調べ上げ、罠かけ、毒餌まきに最適な場所を見つけ出した。彼はネコも罠で捕らえた。ネコも頭がいい。「オーストラリアでは、ネコ1頭を捕獲するのに、100晩かかる」「最初の1頭を取るのは、187日かかった」。ある朝、罠に到着して、なかに灰色のネコを見つけたときは、複雑な感情があったという。

作業終了まで18カ月を要した。やり遂げるのに必要なのは、「忍耐、忍耐、また忍耐」だと、彼はいう。18カ月というのは実はかなり早かったともいえる。ステージ1から有害獣を除去するのに前任者は5年かかっている。

コーヒーカップを洗いながら、「殺すことが課題なのでない」と彼がいった。「草地が回復する、いままで会うことのなかった、小さくてふかふかの毛のかわいらしい小動物たちに会える。それが問題なのです」。別の効果もある。小さくてふかふかの毛のかわいらしい小動物たちが、土を掘り返すので、有機物や水分が穴に入るのだ。こういった変化が、土壌の栄養の循環や、昆虫や植物の成長を促すことに、スコティアの科学者たちは注目しているのだ。

約80平方キロの土地に6年を超す年月が費やされた。オーストラリアから有害な野生動物を除去することは、オーストラリアの国を挙げての優先事項なのだが、手つかずの自然を目標とする自然保護者にとって、フェンスで囲まれた島のようなこれらの土地が、望み得るすべてとなっている。保護されている有袋類たちは、彼らのテリトリーが事実上の動物園のなかにあると、気づくことはないだろう。しかしフェンスの外では、相変わらずネコや、キツネや、ウサギたちが脅威であり続けている。保護区の状態を1770年の状態に近く維持するために、自然保護主義者たちは、撃ち、毒餌をまき、罠をかけ、囲いを設置して監視。排除されている種が戻ってこないように監視し続けるのである。

久しぶりの雨あがりの日、私は、マット・ヘイワードとその家族と一緒に、保護区を訪ねた。はがれた樹皮が風に吹かれていた。当地では、枯れ葉や枯れ枝はゆっくり腐ってゆくので、それらが風に吹かれて、有袋類の巣のまわりやスピニフェックスグラスの株の根元に固まっていた。湿り気に誘われて、茶色に光る無数のゴキブリが辺りにいて、ヘイワードの娘たち（3歳半のマドリンともうすぐ2歳のゾウィ）の興味を引いた。娘たちはゴキブリを追って駆け回り、父親に捕まえてほしいとねだる。2人は、ゴキブリを捕まえて巣穴に引き込むサソリをまじまじと見つめた。すかさず母親が、靴と靴下をはくように促した。私たちはクサムラツカツクリの巨大な巣も訪ねた。それは、ニワトリほどの大きさのオスが、土と、枝と、羽で盛り上げ、1羽でつくりあげた直径1・8メートルもあるものだった。ゾウイは、枝を持って、神妙にたたいて回った。泥地には、カンガルーと、エミューの足跡があった。子どもたちは、まるで有袋類のように、我を忘れているようだった。彼女たちは、異時代のオーストラリアで子ども時代をすごしている。辺りにフクロアリクイやクサムラツカツクリが徘徊し、夜になれば光る眼のビルビーも現れる、異時代のようなオーストラリアだ。

スコティアのような小地域なら、基準となる過去の自然に似た状態に維持することも可能かもしれない――どこのどの時代に戻したいか次第ではあるが。しかしそうするためには、初めから無期限の未来にかけて、人間が介入する必要がある。歴史に忠実な生態系は、強い管理圧を受ける生態系となるほかないのである。それは、多くの自然愛好家が理想とするような「手つかずのウィルダネス」ではない。ここには、「手つかずのウィルダネス」という考え方をめぐるパラドックスがある。「野生」を管理されていないことと定義するなら、もっとも手つかずと見える生態系が、実はもっとも野生ではないということになるのである。

もちろん、だからスコティアのような保全地域は価値がない、といっているのではないし、キャッチコートは18カ月にわたって夢を追っていただけというのでもない。1770年云々にかかわらず、むくむくのかわいい有袋類たちを絶滅させたくないのなら、フェンスで囲まれた保全地区は必要になるからだ。全土に広がってしまったキツネやネコを根絶できないのであれば、オーストラリア在来の動物たちが生き延びてゆけるのは、管理され、フェンスに囲まれた地域だけということになるだろう。「数百年、数千年もすれば、有袋類は抵抗性を進化させるかもしれない」と、ヘイワードはいう。「捕食者の根絶よりも、そのほうが可能性は高いのではないか」

しかし、絶滅を回避するための管理と、1770年の自然を再生する管理とは、微妙に異なる仕事である。明らかなことをいえば、絶滅回避のための管理なら実際に達成可能なのである。

この10年ほどの間に、多くの科学者たちが、どんな土地であれ保全目標は過去の自然の再生（実現不可能だ）にあるとする信念から距離をおきはじめている。彼らが拒否しはじめているのは、ある場所が自然として評価されるためには、完全に「手つかず」でなければならないという自然理解だ。それに従えば、ほとんどの生態系について、可能な未来の状態は2つしかない。雑草を抜き続け監視し続けるか、保全に失敗するか。そんな理解に代えて彼らは、自然は多様な目的に向かって管理できるという、もっと広い考えを選んでいる。過去に焦点を合わせるのではなく、彼らは未来を見る。

どんな未来を望むのか。それが問題なのだ。

古い「教義」から自由になりはじめた生態学者たち

ハワイ島の話題に戻ろう。自然回復の実験区画を取り囲むのは非在来種の森。その藪をめぐるオステルタークとコーデルが目にしたのは、ほぼ失敗の連続だった。しかし、同行した大学院生のジョー・マスカロは、価値に縛られることなく、別の光景を見ていた。彼は未来を見ていた。生態学者として、それに興味を持っていたのだ。彼は、新しい動物が種子散布に参加し、植物のあいだに資源をめぐる新たな競争が生じ、植物群が新しい関係を結んでいることに注目した。局所的な絶滅があるかもしれない。生物種どうしがはじめて接触すれば、被害のあることは避けられないだろう。局所的な絶滅があるかもしれない。生態系がまるごと姿を変えてしまうかもしれない。そう予測はするものの、変化を生じたからといって生態系が無価値になるわけではないと彼は考えるのだ。変化後の生態系は、なお植物体に炭素を蓄積するだろう。温暖化を促進する炭素を、大気中から抜き出し、固定するのだ。そこにはなお多数の生物種が生息するはず。森は緑濃く、良いにおいがすることだろう。何はともあれ、新しい生態系は、研究の対象とされるべきと、彼は考える。それは、「手つかず」といわれる森よりも、現在の地球の自然をはるかによく代表しているはずだからである。「好むと好まざるとにかかわらず、そのような生態系が、地球のこれからの自然の諸過程のほとんどを、駆動してゆくことになる」と彼はいう。

私たちが訪問したような森は、さまざまな目標に向かって、管理することができる。人々が何を重視するかで目標は変わってくる。森の一部は、国際的な炭素取引の市場と連関した炭素固定用に管理されるかもしれない。そこでは、森の総量が問題であり、在来種であるかどうかは問われないだろう。部分的な手入れで庭園のように仕立て、地元の人々が、レイやカヌーなどをつくるために伝統的に重視する樹木を採取できるようにする区画があってもいい。残る区画は、オステルタークとコーデルの実験区のような管理を行い、学生・生徒たちに、ふるさとの生態学的な歴史を教育する場にするというのはどうだろう。その森に、絶滅の危機にある生物種、たとえば鳥マラリアで危機にある鳥などが生息していれば、その生息を支えるために、科学者たちの管理する特別なセクションを設けてもよい。

世界中のすべての場所を、何らかの単一の目標によって、賢明で均整の取れた保全プログラムで誘導することはできない。たとえば、絶滅回避を唯一の目標にしてしまうと、すべての種を、それが本来生き、死に、進化してきた生態系から切り離し、人為によって慎重にケアする動物園のような世界が出来上がってしまうかもしれない。

同様に、人間のためになる生態系という目標だけに注目する保全計画は、人間に自明な利益を提供しない生態系や生物種に猶予を与えないことになるだろう。

過去ではなく未来に目を向け、目標を階層化し、景域の管理を進めることこそ、自然保全の要点なのだが、まだそのような理解にいたっていない生態学者、環境保全主義者、市民環境活動家もいる。特定の歴史的な生態系への畏敬の念が、ほとんど宗教の域に達している環境保全家もいるのである。

5月のある晩、ヒロのレストランでワインを飲んでいた私は、ラウパホエホエ自然保護区に私を案内してくれたジャディーナに、外来のストローベリーグァバを島から排除する彼のプロとしての課題について訪ねた。彼は、人為的な影響下で到来した生物種が構成する現在の生態系より歴史的な生態系のほうが優れていると信じていた。同じ意見を持たない他者がいることは、彼にショックだったようであり、同時に科学者である自分が無条件に強くそう信じていたことに気づいて、動揺もしたようだった。「歴史的生態系こそ優れているという生物多様性倫理は、宗教のようなもので、私たちはそのことについて非難されなければならないのだろうか」とジャディーナは悩む。「そもそも、どの植物も同じように光合成する。ある植物の葉緑体は、他のあらゆる植物の葉緑体と同じものだ。葉緑体が問題ならオヒアのだろうがガバのものだろうが違いはない。なぜ歴史的生態系を配慮すべきなのか、とことん突き詰めれば、答えは無にいたる。人は信ずるところに基づいて行動する。配慮すべきという信に基づいて行動しているのではないか」

変化した生態系より在来の生態系のほうがよいとするこの信仰のようなものは、生態学周辺領域にあまりに根深く定着しているため、自明の前提とされてきた。誰でもしばしば気づくが、このことは、人為による自然の変化を無条件に「劣化」とすることを通し、さまざまな実験に組み込まれている。最近までは、自然保護組織の綱領にも忍び込んでいて、手つかずの場所を何よりも重視させていた。それはなお、自然描写や、自然を取り上げるドキュメンタリーにも満ちあふれている。そこでは、野生はつねに人為を受けた自然より優れているのである。手つかずの自然というカルトは、文化的につくりあげられたものだ。しかもその歴史は比較的新しい。他のさまざまな文化的な信条と同様、アメリカで生まれたのである。

第2章　「手つかずの自然」を崇拝する文化の来歴

イエローストーンが「母なる公園」と呼ばれる理由

ある年の10月のこと、私はマンモスホットスプリングスの小さな集落に車を乗り入れた。イエローストーン国立公園の将来を論ずる科学会議に参加するためだった。マンモスの村は全域が国立公園内に位置し、1軒のホテル、従業員の宿舎、2〜3軒の個人宅と多くの駐車スペースといった公園内の主要施設が集まっていた。秋には、発情期のエルク（ヘラジカ）もこの村の呼び物である。駐車位置へと車を動かしながら見ると、2頭の大きなオスが頭を低く下げて、角を絡めあい、ゆっくりと円を描きながら、拮抗した押し相撲を展開していた。2頭を取り囲んだ観光客たちが、写真や動画を撮っていたが、なかには3メートルあまりの距離まで近づく人たちもいた。私の隣のトラックでは、男がフロントガラス越しにこの光景を眺めながら、デリ・クイーン・ブリザード［カップ入りの氷菓］を大急ぎで平らげようとしていた。ようこそ、本土48州中最高の野生地、イエローストーンへ！

イエローストーン国立公園は、ワイオミング州にあり、９０００平方キロの広さを持つ。地熱に恵まれた土地であることが他所にない特色を生んでいる。溶岩が地表直下まで上昇していて、間欠泉や温泉や噴気孔や坊主地獄を生み出す熱と圧力の供給源となっている。こうした特徴を除けば、イエローストーンは高層平原であり、その大部分は、ロッジポールマツが優占する亜高山樹林に覆われている。クマ、バイソン（バッファロー）、エルク、オオカミ、プロングホーン（アンテロープ）やビッグホーンシープ（オオツノヒツジ）が多数生息している。空は大きく、峡谷は深く、静寂は驚くばかり。そして秋には、バター色に輝くイネ科の草本と茎の赤いヤナギの矮小木が峡谷の底を覆う。

イエローストーンを「母なる《マザー》公園《パーク》」と呼ぶ人は多い。その創設の物語のなかに、アメリカの自然について、お決まりの観念群が成立していく過程が読み取れるからだ。それらは人間を除外した自然観であり、自然保護運動の焦点が執拗にウィルダネスへ向かう事態を予告するものだった。ヨーロッパにおける自然保護は、人間による持続可能な利用および絶滅の回避を中心に据えたものだったが、アメリカは「イエローストーン・モデル」を完成させ、輸出した。その基本は、手つかずのウィルダネスの範囲を定め、そこでは、観光を除いて、人間による利用を一切禁じるというものだった。

ウィルダネスの征服の時代――1860年代まで

イエローストーンの土地の大半は数千年から数万年にわたって、移ろいゆく氷の景観の下に埋もれていた。1万3500年ほど前までのことである。[*1] 当初、イエローストーン周辺の環境は今日のようなマツを主体とした森というよりは、北極圏のツンドラのような姿だったろう。しかしそこが今日のような植生にすっかり覆われるのを待つまでもなく、現在のインディアンの祖先たちがやってきた。考古学者たちは、1万年から1万1000年前の槍の穂先をはじめとする人造物を発見している。そのなかには、公園内の名高い黒曜石懸崖《オブシディアンクリフ》で採れた黒曜石を利用したものもあった。[*2]

毛皮商《マウンテンマン》や罠掛け猟師《トラッパー》、あるいはハンターとしてヨーロッパ系アメリカ人たちがイエローストーンをはじめて訪れたのは1800年代初頭のころだったが、調査隊が正式に編成され、計画的に調査が行われたのは1860年代になってからである。[*3] この大幅な遅滞が、イエローストーンを救ったのかもしれない。というのも、1860年までにはウィルダネスに対するアメリカ人の姿勢に転換が生じていたからである。

西洋においては、つねに、ウィルダネスは無尽蔵の資源の供給源であると同時に死の危険をもたらす場所として見られてきた――キノコと怪物たちの領域、材木《ティンバー》とティンバーウルフ（シンリンオオカミ）の領域だった。ヨーロッパからの入植者たちの多くは、総じてより安全な町や畑地を好んだし、彼らは都市化が拡大し、野蛮な自然が減少することを進歩と考えた。

社会が些かの安全・繁栄・余暇を手に入れると、未開の自然がようやくロマンチックなものに思えるようになった。ウィリアム・ワーズワースやパーシー・シェリーなど、18〜19世紀のイギリス・ロマン派たちは、自然は必然的に荒涼として不快な存在である、または魂のない時計仕掛けの機械である、あるいは、自然は人間が文明の建設に利用できる未加工の素材の寄せ集めなのだ、というような古い考えに異を唱えた。それどころではなく、自然は生命の原料であり、あらゆる存在から構成される、大いなる統一体の縦糸と横糸なのだ、と彼らは声高に唱えた。自然には、崇高な、自我を揺さぶるような場所もある。ウィルダネスへと危険を冒して踏み込み、畏怖の念を起こさせるような場所――数多の垂直の断崖とか鬱蒼たる森を伴うのが理想だが――をめざし、ロマン派たちは自己の卑小さと自然の圧倒的な力とを比較し、愉悦と恐怖が入り交じった感情を経験した。*4

アメリカの入植者や開拓者が、崇高という観念に行きつくまでにはかなりの時間を要した。ヨーロッパのロマン派たちは、峩々《がが》たる山塊の美を眺め、孤独の栄光を知り、自然に刻まれた神の筆跡を発見しては、恍惚境に遊んでいたが、新世界の生活はもっと厳しいものだった。アメリカの大地は、文明を築くための「征服」の途上にあって、クマやオオカミやクーガー（ピューマ）などが人命を脅かしていた。ウィルダネス史の専門家ロデリック・ナッシュによれば、「要するに、開拓者の生活は野生に接近しすぎていたから、それを鑑賞する余裕などなかった」[*5]。

19世紀までに、少数のアメリカ人が荒々しい自然を讃える歌を歌いはじめていたが、大半は東部の住民だった――東部では、ウィルダネスはほぼ撃退されていたのだ。しかしこれら初期のアメリカ人自然愛好家たちは、自然を賛美する際に、ウィルダネスと田園とをあまり厳密に区別しなかった。1836年、ラルフ・ウォルドー・エマソンが『自然《ネイチャー》』を著すが、テーマは「人の手による変化を受けることのない本質的存在――空・大気・川・緑――の超越的《トランセンデント》可能性」についてであった。彼は、「雲に覆われた空のもと、まだらに雪が消え残った、黄昏のがらんとした共有地《コモン》を通りながら、まったき高揚」を感じた[*6]。「共有地」とは町の住民の誰もが家畜の放牧を許された土地のことだから、まさかウィルダネスと呼ぶような代物ではない。

時は同じく、1830年代後半。メイン出身の罠掛け猟師オズボーン・ラッセルは、現在ではイエローストーン国立公園の一部となっているラマー渓谷を、ロマン派の語彙を駆使して描いてみせた。そこでは、「天蓋を支えつつ、侵入者を遮る荘重な胸壁に守られ、ロマンの香気を放つ未開地を、幸福な安らぎが支配していた」[*7]。

エマソンの被後見人かつ借地人であったのがヘンリー・デイヴィド・ソローである。現在でもアメリカの環境保全活動家たちが、自分たちの始祖と見なす人物だ。エマソンはウォールデン湖を所有していたが、1845年、完全なる孤独と自由を得るために、ソローがそこに引きこもったことはよく知られている。ウォールデン湖は、多くの人たちにとって、自然のアイコンとなっているが、当時でも、深い森の奥にあったわけでもないし、真に未開の地というほどのものでもなかった。マサチューセッツのコンコードの町からわずか2・5キロほどのところにあり、ソローの丸太小屋からわずか1キロ足らずのところには、鉄道で働くアイルランド人たちが掘っ立て小屋に住んでいた。ボストンとフィッチバーグを結ぶ鉄路が湖をかすめて通っていたおかげである[*8]。どうやら、「毎日ないし1日おきに」ソローは線路に沿って町まで歩いて通ったようだ[*9]。「無蓋貨車に乗った男たちは、私の歩く道のさらに先まで行くのだが、昔からの知り合いであるかのように、私にお辞儀をしてくれる。汽車の上から、それほど頻繁に私を見かけるのだ。どうやら、私を工事に雇われている人間だと思っているようだ」とソローは書いている[*10]。

しかし文明と近接した生活が、ソローが感じる自然のなかでの孤独感を損なうことはなかった。重要なことは、町の平凡な生活から逃れるためには、ソローの小屋は町から十分に離れていたということだ。そのような平凡な生活が、ほとんどの人間が「無言の絶望感のうちに送っている人生」のわびしさの原因であると、ソローは考えたのである。[*11]

ソローはウォールデン湖畔を「ウィルダネス」として描いたわけではないが、1862年に書かれた「歩行《ウオーキング》」というエッセイでは、ウィルダネスについて論じている。彼は都市とウィルダネスを区別し、ウィルダネスの特徴として、文明化されていないこと、公的に所有されていること、一般的には、コンコードの真西ないしはるか北方に位置することなどを挙げている。実のところ、ソローの好みは、野生に浸るというより、いくつかの真に野生の土地を観照対象として少量ずつ味わうことだったのかもしれない。メイン州の森への旅行では、「崇高さ」とのいかにもロマン派的な遭遇を果たすが、森はソローを恐怖させた。カターディン山の頂では、周囲に「陰鬱で獰猛な」雰囲気を感じ、そこが「異教と迷信的儀式」の場所で、「私たちよりはずっと岩や野生の獣のほうに近い人間の住まう」べき土地であるという感想を抱いた。[*12] こうした強烈な経験は魂にとって良きものであっても、日々の生活にはふさわしくはなかったのだ。

かくして、しばしばウィルダネスの偉大なる擁護者と目されるソローであるが――もっとも頻繁に引用される彼の一節 “in wildness is the preservation of the world”

（野生状態で世界は保存され）は、"in wilderness is the preservation of the world"（ウィルダネスのなかに世界は保存され）のように、しばしば誤って転記される——真の未開と真の文明の中間が、実は、ソローの好むところであった。

自然保護運動家ミューアの時代——1860年代以降

私たちが今日しばしばウィルダネスの擁護者としてソローを読む理由は、ソローの最大のファンの一人で、公園化による自然保護を唱道したジョン・ミューアと大いに関係がありそうだ。ミューアはスコットランド生まれの探検家であり、敬虔なクリスチャンであり、熱狂的なナチュラリストであったが、精力的な自然保護運動家として、1860年代から1914年に没するまで活動を続けた。カリフォルニア州シエラネヴァダ山脈の森の「神殿」のなかで、彼は「あらゆる岩や木の葉に」「神の魂のきらめく光」を見た。[*13] 生涯にわたって、雑誌に寄せる記事やその他の文章によってアメリカ人の自然への情熱を掻き立て、また国立公園の創設を主張した。ミューアは自分自身を洗礼者ヨハネに重ねて見ていた。神のつくりたもうた山や森の栄光を通して、文明化した人間を神のみ胸へと導こうと努めたのだった。[*14] 見た目にもヨハネをまねた。友人で雑誌編集者のロバート・アンダーウッド・ジョンソンの回想によれば、「彼はドナテルロをはじめとする、ルネサンス期の彫刻家の手になる洗礼者ヨハネのブロンズ像のように見えた。身体は痩せているが、忍耐強そうで、鋭い眼と顔つきをしていて、いつでも動き出したくてじっとしていられない様子だった」[*15]。

ミューアはソローを大いに称賛していたが、自然のこととなると、はるかにうるさかった。ミューアを本当に夢中にさせたのはウィルダネスだけだった。歴史家のロデリック・ナッシュによれば、「ミューアはソローの哲学を高く評価してはいたが、『果樹園だとかコケモモ（ハックルベリー）の藪を森と見なし』たり、コンコードから『ほんのぶらぶら歩きの距離』に辺境の居留地を構えたりするようなソローに対しては、笑いをこらえることができなかった」[*16]。

しかしミューアにとって、ウィルダネスを成り立たせる条件とは何だったのか。それは人間の都合に合わせた根本的な変更――「耕作地あるいは放牧地に変え」たり「切り開き、踏み荒らし」たりすること――が許されないものである[*17]。土地の経済的な利用は、したがってほぼ禁じられることになろう。またミューアは必要な条件として、孤独が得られる場所であることにも触れている。

ミューアにはしばしば、ソロー同様、手つかずのウィルダネス賛美を説いた急先鋒という役柄が与えられてきたが、彼の文章は、多くの人の記憶にあるよりは、人々に対する開かれた、偏見の少ない精神を映し出している。たとえば、ミューアは次のようにいっている。誰でも自然と調和して暮らすことはできる。家を建て、そこで作物を育て、ちょっとした控えめな採鉱を行うことも構わない。ただし、「単なる破壊者として……樹木の殺戮者、羊毛・羊肉商人のように、死と混乱を蔓延させる」のでない限りであるがと。[18]そこで彼は「白人の金鉱探したち《ゴールドハンター》」が南ダコタのブラックヒルズの山々を「台無しにして」いると見る一方、「ロマンチックなロッキー山脈探検時代初期の自由な罠掛け猟師たち」を、「絵のように美しい騎馬行進を行う蛮人スー族」とともに、その土地の正当な居住権者であると見なすのである。[19]

ウィルダネスを聖なる空間と見るミューアの思想は、しかしながら、彼が後世に残した遺産の主たるものであって、人間と他種との共存を達成することよりは、手つかずのウィルダネスを保全することに関心を集中させることの多いアメリカの自然保護運動の形成に、ミューアが一役買ったことは間違いない。確かに、「自然のための自然」へのミューアの関心の度合いは、初期の国立公園創設にかかわった人たちの多くと比べて強かった。ミューアがカリフォルニアのヨセミテ保全のために闘ったのは、その手つかずの美に心を揺り動かされたからであったが、[20]1872年にイエローストーンが国立公園となったのは、北太平洋鉄道《ノーザンパシフィック》が観光名所としての利益を見込んで、間欠泉や温泉の私有地化を防ぐために積極的な働きかけをしたからだった。

「ウィルダネス崇拝」のはじまり――1890年代以降

イエローストーンの公園化にあたっては、動植物についてはほとんど考慮されなかったから、当初、地域内では相変わらず狩猟が続けられていた。1880年代に、『フォレスト・アンド・ストリーム』誌の編集者ジョージ・バード・グリネルがこの地を訪れ、狩猟が野生動物に及ぼしている悪影響について記事を書きはじめ、1883年、公園内で伝統的な狩猟対象種を狩ることが禁止された。[*21] グリネルが擁護した、この野生動物保護運動を生み出したのは、歴史家ナッシュが呼ぶところの「ウィルダネス崇拝《カルト》」であった。この野生への国民的熱狂は1890年代に顕在化するが、それはちょうど、都市化、産業化によって十分な安全と繁栄と余暇を手に入れたアメリカ人に、ウィルダネスを享受するゆとりができた時代であった。[*22] ウィルダネス史家のウイリアム・クローノンの示唆するところによれば、この運動は18世紀版の原始主義《プリミティヴィズム》であった。すなわち、「極度に洗練され、文明化した現代社会の悪疫の特効薬はより原始的な単純な生活に戻ることだ、という信念」である。[*23] 私の考えでは、ウィルダネス崇拝は、本質的にはヨーロッパ的なロマン主義のアメリカ化――恍惚感《スウーニング》の減少と発砲《シューティング》の増加、詩《ポエトリー》の減少と冒険物語《アドベンチャーストーリーズ》の増加――と見ることも可能である。

よく知られているように、1893年、有力なアメリカの歴史家フレデリック・ジヤクソン・ターナーは辺境《フロンティア》の消滅を宣言する。アメリカ歴史協会での講演において、ターナーは、アメリカ人の性格的美質の多く――独立心と不屈さ、さらに民主主義ですら――がフロンティアによって形成されたと断定した。[*24] アメリカ人はターナーの言葉を信じ、西部辺境《ワイルドウエスト》の死を悼んで、キャンプに出かけ、ボーイスカウト団を組織し、苦労ばかりで報われないアラスカの生活を描いたジャック・ロンドンの物語を読んだりした。「ウィルダネス崇拝とはいっても、辺境へと勇んで出かける者から、子どもに動物物語を読み聞かせる者まで、その及ぶ範囲は広かった」と、アリゾナ大学の歴史家であり生態学者であるマシュー・チュウは語っている。「前者のほうが後者より数は少なかった」とも。

アメリカ人はウィルダネスを健康に良いものと考えた。1901年に書いた文章で、ミューアは述べている。野生とは、「過剰な勤勉さという悪徳や、贅沢から生じた病的無感情」に苛まれる「疲れて、神経が衰えた、過度に洗練された人々」にとって必要なものなのだと。[*25] この思想の別表現――ウィルダネスはペースの速い都市生活からくる「神経衰弱」やありふれた「過労」に効く強精剤なり――は、いまでも私たちに馴染みのものだ。ウィルダネスはとてもよく効く強壮薬と考えられていたから、実際に医師によって処方されたほどだった。そうした医者の一人に、サイラス・ウェア・ミッチェルという神経医がいて、彼は作家のシャーロット・パーキンス・ジルマンに

「休暇治療」を処方して、悲惨な結果を招いた。ジルマンは自分が受けた試練を「黄色い壁紙《イエローウオールペーパー》」という短編に仕上げ、心を占める心配や苦労が一切なくなるとき、人がいかに容易に狂いはじめるかを描いている。ミッチェルは男性の患者たちに対しては、また異なった、より成功が望めそうな方針を採用した。患者たちに彼が提示したのは「西方治療《ウエストキュア》」というもので、患者たちは西をめざして進み、「『自然』と激しく格闘」し、それを文章に記録するよう指導された。[*26] この通りの処方を与えられた患者のなかにオーウェン・ウィスターがいたが、西部における彼自身の経験を描いた1902年の小説『ヴァージニアン』は、カウボーイに対するアメリカ人の熱狂に火をつけたのだった。ウィスターは、イエローストーンのグランドキャニオンにエレベータを設置するという案を耳にすると、「至高の自然美」を「俗化」させるものだといって、真っ青になった。[*27]

ウィルダネス崇拝の最高権威者テディ（セオドア）・ローズベルトが、狩猟・釣り・肉体的労苦・勇猛果敢な行為などが満載の「奮闘的生活《ストレニュアスライフ》」を支持したことはよく知られている。『ヴァージニアン』はローズベルトに献呈されている。猟獣も魚も取り放題のウィルダネスこそが奮闘的生活にふさわしい舞台だとローズベルトは信じていた。もちろん、ローズベルトもウィルダネスの美を認めてはいた。しかし彼にとって、ウィルダネスの主要な役割は、人が自らを試すために挑む多面性を持った敵というものだった。厄介な問題は、ウィルダネスという敵に対する勝利はしばしばウィルダネスを減少させることを意味したことだった。たとえば、道路建設という、文明によりウィルダネスを帯状に切り裂く行為、あるいは狩猟行為や罠で捕獲した野生動物を標本として持ち去る行為によって勝利は得られた。絶滅危機におちいったアメリカバイソンがその一例である。「バイソンはまことに気高い獣であり、わが国の草原や森からこの獣の姿が消えたことに対しては、ハンターも自然や野生動物の愛好家も等しく強い遺憾の念を抱いている」とローズベルトが書いたのは1897年だった。[*28]

この問題の解決策が公園だった。公園は猟獣の繁殖源となり、数を増やした獣たちは公園からあふれ出て、狩りが許される土地へと流れ込むだろう。ローズベルトはイエローストーンを、「威厳に満ちた美しい野獣たちのための、自然の繁殖の場であり養育の場」であると説明している。「かつては彼らの豊かな生息地だった大森林や人気のない大平原や山岳地帯の多くから、いまや姿を消してしまった」[*29]

そして公園は、アメリカ人が消滅したフロンティアの姿を眺めることができる場所となった。西部が征服された後でも、公園のなかに西部を見ることができる。あるいは、1882年にグリネルが書いたように、イエローストーンを一個の「岩」にたとえることもできよう。農地開拓のために西に向かって押し寄せる移民の波はこの岩の周辺で砕け、岩は「文明の見苦しい痕跡に汚されることのないままに、この先、幾世代にも」わたって「存在し続ける」のだと。[*30]

「ウィルダネス崇拝」の先鋭化と強大な影響力

イエローストーンの原初性《プリスティイーンネス》が持つ価値に関するグリネルの主張は、80年後にもそのまま繰り返された。1960年代初め、高名な自然保護主義者アルド・レオポルドの息子、A・スターカー・レオポルドを委員長とする科学者委員会は、合衆国の国立公園における管理上の問題をいくつか取り上げて論じた。後に提出された報告書は、レオポルド・レポートとして知られるが、おそらくアメリカ環境保護史においてもっとも頻繁に引用される文献の一つだろう。国立公園における野生動物管理の目標についての彼らの見解は、次のようなものである。「主要な目標の一つとして、われわれが勧めたいのは、その地域をはじめて白人が訪れた当時の状態にできる限り近い形で、公園内における生物群集を維持する、あるいは必要な場合には、再現することである。国立公園は未開のアメリカの肖像画であるべきだ[*31]」

この報告書の影響力は異常なほど大きかった。イエローストーンの歴史研究家、ポール・シュレリによれば、時とともに、それは「聖書のようなオーラ」を纏うようになってきた。[*32] それは、アメリカの自然保護において長きにわたり広く支持されてきた意見――自然地域はヨーロッパ人がやって来る前と同じ姿であるべきであり、それこそが正しい状態、神聖な「基準となる過去の自然」だ――を見事に要約している。以来、イエローストーンの管理者たちは、公園となった１８７２年当時のこの地域の状態をめぐって、くよくよと考え続けてきた。彼らは歴史資料を熟読し、この地における当時のヘラジカの頭数や、ヘラジカたちがここで越冬した可能性を推断した。また古い写真を用いてヤマナラシ（アスペン）の密度を推定した。国立公園局はいまも公園の「自然状態」を保護することを目的にしているが、「自然状態」とは、２００６年に同局が「人間が景域を優占していない場合に生じるであろう資源の状態」と定義したものである。[*33]

手つかず《プリスティーン》のウィルダネスを高く評価し、人の手が景域に加えた変化を貶す人々とともに、つねにアメリカには、より実利主義的な思想を持つ人たちが存在してきた。この派が求めるのは、人間による自然の利用と自然の保全とを両立させることである。そして、ほぼ間違いなく、実利主義者たちが実質的には勝利を収めてきた。合衆国の国立公園は手つかずのウィルダネスという思想が具現化された実例ということになるが、その国立公園の所在地を示す地図は、白い大陸のあちこちに点々と緑を散らしたものとして表される。森林局、土地管理局やその他の政府機関によって、資源利用のために管理されている土地の地図では、西部は絞り染め模様のように見える。公園局が管理する土地の広さは、米連邦所有地260万平方キロのうちの34万平方キロほどである。

と思いきや、ウィルダネス純粋主義者たちもまた、「1964年のウィルダネス法《アクト》」を利用して、このような公的利用地の上に、まんまと自分たちの意図を上乗せすることに成功した。この法は原初性という考え方を採用している。いわく、「ウィルダネスとは、人および人の作為が支配するそれら地域とは対照的に、大地とその生物群が人的介入から自由な地域、人は訪れるが、滞在することのない地域として認識される」[*34]。いかなる連邦所有地もウィルダネスとして指定される可能性があり、一旦、指定を受ければ、関係管理機関はその土地の原初的性格を保存する義務がある。この法の主要な条項の一つは恒久的な道路設置を禁じている。合衆国では、これまで44万平方キロの土地がウィルダネスの指定を受けた。そのうち27万平方キロはまだ公園にはなっていない。

広さはさて置き、手つかずのウィルダネスという思想の影響力には信じがたいものがある。しかも、アメリカに限ったことではない。それはイエローストーン・モデルの自然保護を補強するものである。イエローストーンの成立――あるいは、イエローストーンにおける狩猟の禁止といってもよさそうだが――は自然保護における画期的な出来事だった。たとえば、純粋なる享受といった、自然の「より高尚な」利用法を尊重して、社会が自発的に自然資源の利用を抑制した試しは、それまで一度たりともなかった。イエローストーンが創設されて以来、世界中に公園や自然保護地域が設立されてきた。ある集計によれば、地球上の陸地の約13％が（海についてはわずか1％が）保護対象となっており、ふさわしい土地が保護されていることは疑いない。

ウィルダネス崇拝時代のそもそもの初めから、アメリカ人やヨーロッパ人たちは、イエローストーンをモデルとした自然の保存を他国にたいしても強く求めることを務めとした。[*35]居住者の数がわずかである――あるいは、居住者の有する権利がわずかしかない――広大な土地を有する国々は、自前の国立公園をつくりはじめた。1870年代から1890年代にかけて、オーストラリア、カナダ、ニュージーランド、そしてアフリカのいくつかの国々が公園を開いた。[*36]自国のウィルダネスが利用し尽くされつつあった西洋人たちは、1948年の「国際自然保護連合（the International Union to Preserve Nature）」［現在は the International Union for Conservation of Nature すなわちIUCN］、および1961年の「世界自然保護基金（World Wildlife Fund）」［現在はWorld Wide Fund for Nature］のような組織を結成した。こうした組織は世界中に新しい公園や保護地域をつくるために奮闘を続けた。保護地域への焦点化は科学的支持を獲得した。1970年代後半および1980年代前半に、科学の一分野として、保全生物学《コンサベーションバイオロジー》が誕生した。創設者のなかにマイケル・スーレイとブルース・ウィルコックスがいるが、彼らはこの分野初の教科書に次のように書く。「保護地域」は「私たちが有する自然保護兵器のなかでももっとも有用な武器である」[*37]。

しかし自然保護地域に問題がないわけではない。初期の公園の多くが選ばれた理由は、土地としての実用的価値に欠けると見なされたと同時に、景観の美しさや崇高さを求める旅行者には与え得る価値を有していそうだったからである。初期の公園はみな険しい地形で、壮大な眺望や大瀑布といった派手な装飾が施されていた。沼地のような、より魅力に劣る《レスセクシー》ものが、希少な生態系だからという理由だけで保存されるようになるには、1940年代まで待たねばならない[*38]。現存する保護地域には偏りがある。急峻で、岩だらけで、不毛で、氷に覆われている場所が多いのだ。つまり、経済的利益が上がらない土地が選ばれていて、地球上の生態系の全タイプを代表するものではないのである。

より肥沃で、平坦で、利益が見込める土地につくられた公園にはまた別の問題がある。保護地域ができたときに、その土地にはしばしばすでに人が生活を営んでいたのである。そしてイエローストーン・モデルは手つかずの自然を必要条件としているから、居住者たちはしばしば追い出された。ヨセミテにもイエローストーンにも、公園化以前には、人が住んでいた。ヨセミテ渓谷にはミーウォク・インディアンたちがときどきやってきては暮らしていた。彼らの集団の一つは、1851年、マリポサ郡保安官の指揮下にあった「マリポサ大隊」によって、金鉱掘りたちに渓谷を譲るため、そこから追放されたのだった。しかし彼らは追放には従わなかった。[*39] その後、ミューアその人がすべてのインディアンたちのヨセミテ国立公園からの追放を要求したのだ。[*40] 20世紀初期にはわずかの数のインディアンたちが公園内に暮らしていたが、「インディアン村」における展示モデルとしてだった。1969年に、最後の一家が去った。[*41] イエローストーンでは、インディアンたちがとどまることを認める当初の合意は、1887年に取り消され、その地域の居住者たちは強制的に排除された。[*42]

ジャーナリストのマーク・ダウイによれば、地球上の保護地域のおよそ半分は「先住民族が占有していたか、定期的に利用していた」。前世紀中に、数百万人もの人たちが、自然を保護するために移住させられたが、皮肉なことに、彼らは自然に対しほとんど害を及ぼしていなかった。だからこそ、彼らの土地には自然保護主義者たちの興味を引くのに十分なだけの自然が残されていたわけだ。[*43] 今日の自然保護団体たちは、保護地域の人口削減を図る必要がないことに、次第に気づきつつある。しかし新たな「自然保護による難民」は増加しつつあるとダウイは見ている。[*44] 「何人も「居住を」許さず」という、イエローストーン・モデルが生んだ固定観念は消し去りがたいのである。

手が届くところにどんな目標をおくかによるが、保護地域は、実際、私たちの兵器庫中でもっとも有用なる武器となり得る。しかし優れた武器でも誤射は起こり、友軍の砲弾による付随被害や死傷者を生じる可能性はある。だから私たちは、保護地域を私たちが手にできる唯一の武器だと思い込んではならないのだ。

人間を排除すれば、自然は安定するのか

母なる公園イエローストーンは、「自然の均衡《バランス》」という強固に根付いた思想についての調査するにはうってつけの場所である。人間の支配を受けないとき、公園がどんな姿を見せるかについて、自然保護主義者たちは、公園がそれそのものとしてはあまり変化しなかっただろうと当然のように推測した。歴史的な基準となる自然が役に立つのは、安定的な生態系の場合だけである。章の後半では、生態学者たちが、この静的すなわち安定的な自然という考え方を、最初は全面的に信奉し、後には放棄するにいたった経緯を説明しよう。イエローストーンは、たまたま、私たちが安心して帽子を掛けておけるほどの安定とは、無縁の場所の代表例である。そこはつねに流動状態にあったのだ。

1882年の時点で、人々はまだ生態系という言葉を使って思考することはなかったけれど、公園史研究家のポール・シュレリによれば、ジョージ・バード・グリネル

がイエローストーンについて、押し寄せる移民の波に超然として立つ岩という喩《たとえ》で語ったとき、グリネルはイエローストーンが永遠に変化することなく存在し続けるものと予想していた。「私には、これはかなり可能性の高いことと思われるのだが、自然の変化が、グリネルが理解していたような、適度の（厳しい冬といった程度の）範囲に収まっている限りは、保護し、開発の手を入れずにおくだけで、結果的に、比較的安定したイエローストーン的景域はこのまま継続するだろうと、グリネルは想像していた」

これは、19世紀における一般的な見解でもあっただろう。「私の考えでは、当時の人たちには、グリネルの想像が含意するところは明らかで、それを保護し、将来もずっと変わらぬものとして維持することは可能だということだった」とシュレリはいう。もっとも、19世紀の人間が書き残した文献に基づいて、その時代の「あらゆる人間」の思考内容について一般化するなど愚かしいことだ、と、真の歴史家らしく、言い添えてはいるが。

自然を不変のもの、あるいは、わずかな揺らぎはあるものの、安定した平衡状態にあるものとする考えは、しばしば「自然の均衡」説と呼ばれるが、起源は古く、少なくとも古代ギリシャの時代に遡る。[*45] アメリカ最初の自然保護主義者であったジョージ・パーキンス・マーシュは、1864年に、同世代の人々の見解を要約して書いている。「もし人間が存在しなければ、下等な動物や野生の植物は、種類・分布・数においてつねに不変だったろうし、物質からなる大地の地形もいつまでも安定し、攪乱されることもないままであっただろう。それがもし大きな変化に曝されていたとしても、その要因としては、何か未知なる宇宙的な作用とか、地質学的規模の活動以外あり得ないだろう*46」

19世紀の終わりごろ、ユージェニアス・ウォーミングのような初期の生態学者たちは「自然の均衡」説に科学的な信憑性を付与した。ウォーミングたちは「遷移《サクセション》」という問題の研究を行った。それは、特定の景域において時間の経過につれて生起する変化は、究極の安定した終点へといたるというものである。山火事により森林が消失することがあると、その灰のなかから、以前とはまったく異なる複数の種からなる植物集団が成長してくるかもしれない。しかし初期の生態学者たちはここで強調する。それら新たな植物集団も、次第に、異なった複数の種からなる集団に取って代わられ、そしてこれらもまた別の種群に場を譲り、ついには、本来その森を特徴づけていたオリジナルの種が戻り、その正当な地位を取り返すのだと。

これら初期の生態学者たちのなかで影響力がもっとも強かったのは、ネブラスカ州出身のフレデリック・クレメンツで、世紀末から1930年代にかけて活躍した。クレメンツの見解によれば、新たに開かれた土地には、まずは不揃いで、不安定な植物の種群がコロニーをつくるが、時を経るにつれ、気候の決定的な影響を受けて、予測された通りの役者を揃えた一定の外観にまとまっていくのである。こうした種群、すなわち「極相《クライマックス》」は火災・暴風・耕作・洪水・伐採等の撹乱が起きない限りは、永遠に持続するとされる。[*47] 極相が永遠に同じ状態にとどまるのは、完全にバランスが取れているからだとクレメンツは信じていた。つまり安定的な平衡状態にあるというのだが、その状態においては、中庸からのいかなる逸脱も時とともに解消に向かう。ちょうど、子どもが飛び降りた後に、ブランコの揺れが次第に収まり、ついには静止するように。

　動物生態学者のヴィクター・シェルフォードの協力を得て、クレメンツは遷移についての持論を、自然界のすべての生物にまで広げた。その結果、植物のみならず、動物も極相群集《クライマックスコミュニティ》のなかに含まれることになった。この極相群集は、あらゆる気候帯で必然的に生じるとされた。[*48] クレメンツは、地球上のあらゆる場所にはそれぞれただ一つの正しい極相群集が存在すると信じた。極相群集を彼は一種の「生き物《オーガニズム》」と考えていた。この生き物内部で動植物たちが行うすべての活動は究極的には相互に償いあうものである。もしナラのドングリが豊作なら、リスの数が増えて、ドングリを食う。次には、食糧のドングリが食い尽くされ、それにつれてリスは頭数を減らしていく、といった具合だ。ナラの木とリスとの関係は最後には均衡状態に戻るだろう。何らかの内的な力の働きで、群集が新たな状態に変わることはあり得ない、とクレメンツは考えた。
ミシガン大学の生態学者ヘンリー・グリーソンは、クレメンツの同時代人だが、この考えに賛同しなかった。グリーソンの考えでは、植物群落はほぼ偶然によってもたらされた種の集合体であって、その基礎は最初にその地にやってきた者、および他の種との闘争に持ちこたえた者によってつくられているとされる。しかしながらクレメンツの極相という考えは、以後長きにわたり、多くの生態学者たちの頭にしっかりと根付いたのだった。

1950年代になると、マーストン・ベーツのように、クレメンツの考えから離脱を試みる生態学者もいたが、安定的平衡説を擁護する者たちもいた。とりわけ、1960年代から70年代に台頭してきた「システム生態学」グループがそうで、生態系内でのエネルギーと栄養素の流れを研究した。この派の生態学者たちは、湖や森林をまるごと、あるいは地球全体を一つのモデルに、入力《インプット》と出力《アウトプット》を伴う一つの大規模な機械として研究した。[*49] 1年の終わりには、こうしたシステムのほとんどが平衡状態にいたる、と彼らは考えた。日が昇り、光合成が行われ、窒素などの栄養素は循環し、分解者[*50]たちは分解し、大きな者は小さな者を喰らい、そして日は沈み、生態系に変化なし。

この安定性という概念は数十年間にわたり存続したが、その間にも、「撹乱《ディスターバンス》」に対する生態系の反応についてさらに多くの知識を生態学者たちは獲得しているのである。多くの植物は撹乱に耐え得るばかりでなく、撹乱を受けてかえって繁茂するということが明らかになった。種類によっては、火災を経験してはじめて、種子の発芽が可能になるものがあるとか、森のなかでは、大量の陽光を必要とする種は、倒木によって樹冠に隙間が生ずるまでは成長できないなど。しかし撹乱は自然に敵対するものにあらずという、次第に広がりつつある理解も、現状をひっくり返すにはいたらず、安定性理論総体のなかに巧みに交ぜ込まれてしまった。1970年代終盤までには、アメリカの生態学者たちは生態系がパッチワークのようにまだらになっていることの重要性を話題にしていて[*51]、樹齢の異なる木々のパッチワークによって構成されている森を「移り変わるモザイク画」として説明していた[*52]。しかしこの「移り変わるモザイク画」は、いわば安定した総体を織り上げる生地であって[*53]、相変わらず、森全体は不変のものと考えられていた。いかなる生態系においても、動植物のあらゆる種の総数および総量は、わずかなブレは生じるものの、安定的であると信じられていた。そして撹乱が深刻なものではない限り、生態系は自己治癒力を発揮して、再び本来の構成態へと戻るものなのだとも[*54]。

生態学の理論は現実に合わなかった

野外生態研究者たちは何代にもわたって、このモデルに自分たちの観察結果を合致させようと努めたが、現実世界は強固なる予測不可能性を有していた。自然における安定的平衡を予測する量的生態学モデルの一つに、2人の生態学者の名を冠した、ロトカ＝ヴォルテラ方程式がある。この方程式は、捕食者と被捕食者の個体数の変動が優雅な相称性を示すことを予測するものだ。アメリカヘラジカが急速に増えると、より多くの餌をオオカミに提供することになるから、今度はオオカミの個体数が急増し、ヘラジカを食い尽くそうとするだろう。ヘラジカが食い尽くされれば、オオカミは飢え、オオカミの数は減るから、そこで再びヘラジカが急増することになる。こうして、ヘラジカとオオカミは揺らぎつつ永遠の踊りを踊り続けるだろう。方程式によれば、そういうことである。問題はこのモデルからはとても多くの偶発性が除外されていることである、と生態学者のダニエル・ボトキンは書いている。これら数理モデルとしてのヘラジカとオオカミはすべて同一個体の集まりである。幼獣も老いた獣も存在しないし、病気も、寄生虫も、群れの序列も、植生の欠乏も、厳寒の冬も、オオカミからの避難場所も、ヘラジカ以外の被捕食者も存在しないのだ。[*55] 若く熱心な生態学者だったボトキンは、スペリオル湖のロイヤル島で他の研究者たちとともに集めたヘラジカとオオカミについてのデータを、ロトカ＝ヴォルテラ振動に無理やりに当てはめようとした。どうやっても合致することはなかった。ボトキンにとって、この結果が意味するのは、こうした予測可能な周期性は、自然界の現実においては、単なる偶然の作用（学術的な表現では、偶然性［stochasticity］）に完全に埋没してしまうということだった。

自然から予測通りの統計曲線を抽出し損なったのはボトキンにとどまらない。数理生物学者たちが、研究対象の単純な食物連鎖のなかに頻繁に見出すのは、平衡ではなく、混沌のほうである。ある研究論文によれば、8年にわたり実験室で観察されたバルト海産のプランクトン群においては、「予測可能性の限度は15日から30日であり、地域天気予報をわずかに上回る程度である」。[*56]

ロイヤル島におけるボトキンの経験は、生態系は基本的に安定的であるという、広く浸透した暗黙の仮説とは一致しなかった。1990年に出版された『不調和の調和』のなかで、ボトキンはこの仮説の特徴を挙げている。「生態学の教科書と一般向けの環境関係書籍において支配的で」あり、「個体群と生態系に関する20世紀の科学理論の土台」をなし、「野生地や野生生物の利用を規定するほとんどの国内法と国際的協定の根拠」となっていると。[*57]

ボトキンの著書は生態学者たちの間ではよく読まれはしたが、ボトキンの印象では、安定性の仮説を私たちはいまだに手放していないし、それは相変わらず強靭な力で私たちをとらえている。「自然の均衡という考えはとても深く浸透しているから、それはいまだに優勢を保っています」とボトキンはいう。「もし生態学者に、自然は決して変化しないのかと尋ねれば、まずほとんど『そんなことはない』という答えが返ってくるでしょう。しかし、同じ生態学者に環境政策を計画してもらってみてください。まず間違いなく自然の均衡をめざす政策が挙がってくるでしょう」

ボトキンが暗にいっているように、今日ではほとんどの生態学者はクレメンツ流の遷移を信じてはいない。彼らは真の均衡状態を長期間維持しているシステムは例外的なものだと認める。システムによっては、攪乱は当たり前のように起こるから、安定した終着点に到達することがない。火災や泥流あるいは火山活動のような攪乱がまれな、眠ったような場所においてさえ、気候変動の以前から、生態系が永続的に自立した安定状態に落ち着くことはまれな偶然である。

アーバナのイリノイ大学の古生態学者であるフェング・シェング・フーは、学生相手の授業で、古代ギリシャの哲学者へラクレイトスを好んで引用する。「自然における唯一不変なるものは変化そのものである」。例として、フーはアメリカの太平洋岸北西部の壮大な老成林を挙げる。訓練を受けていない人の目には、景域を支配する、樹齢700年のダグラスモミはすっかり完成したもののように見えるだけでなく、祖先たちの残した腐葉土のなかに膝まで埋まりながら、あたかも何百万年もそこに座り続けてきたかのような、時間を超越した存在にも見える。しかし森林古生態学者の観点から見れば、それらはたかだか樹齢700年の木にすぎない。「この樹種には、実は、1000年ないし1200年ほどの寿命があります」とフーはいう。「しかし見かける木の多くはそれほど古いものではありません。いったいどうしたことでしょうか」

過去200万〜300万年間においては、この森に変化をもたらす最大の推進力は、人間に由来しない気候変動——研究者によっては「永年的気候変動《セキュラークライメイトチェンジ》」と呼ぶ——であった。700年前といえば中世温暖期が終わった時期にあたるが、この温暖で乾燥した気候が支配した期間には、頻繁に火災が発生したことだろう。そこに後に到来した寒冷多湿な気候が、今日見られる「老成木」の森の発達を促しはじめた。その結果、この第1世代のダグラスモミが——新たな攪乱が生じない限りは——優に500年の余命を残して、いまだに成長を続けているのである。ここでは1世代の木の寿命よりも速い速度で気候が変化しているのだ。

フーはいう。「重要なことは、どんな景域であれ、それを成立させる自然条件は、実は一つではないということです。より現実的なのは、自然諸条件の範囲を設定することです」

私はフーに聞いてみた。私たちが基準となる過去の自然と見なせるほど、また安定的平衡状態に達したと見なし得るほどに、地球の生態系が長期にわたって変動することがなかった、「平穏な瞬間」を特定できるか、と。答えは「ノー」だった。

自然の変化の激しさは生物も対応できないほど

更新世の初め、250万年ほど昔、地球は氷河時代に突入し、私たちはいまだにその只中にある。氷河時代には、低温で氷床が発達する時期＝氷期と、より温暖な時期＝間氷期とが交互に訪れる。私たちは、現在、間氷期にある。この変動パターンは、更新世初期には4万年周期で、後期には10万年周期で、これまで50回ほど繰り返された。[*58] 間氷期は氷期に比べ、ずっと短い。わずか1万年ほどである。だから、過去200万年の平均値を取って、基準となる自然を定めようとすると、北半球の多くの地域にとって、その基準線が示す気温は現在よりずっと低くなるだろう。中西部の北部のような土地は凍ってしまう。私たちは間氷期を合計して、その平均を出すわけにもいかない。それぞれの間氷期はそれぞれに異なるものだからだ。

花粉調査を行う研究者は、湖の堆積層に含まれる微小な花粉を調べて、時代ごとに記録を取っていくのだが、これまでに過去数回の氷期にわたる植物分布の変化を跡付けることに成功している。波が岸を駆け上がったり下りたりするにつれ、海藻が流れ入ったり出たりするように、多くの生物種は数百キロの距離を繰り返し行き来してきた。地球が寒冷化すると、氷河は拡大し、ネズの木は南進をはじめるだろう。何万年もの後、地球が温暖化すると、氷河は後退し、そしてネズは再び北へと向かうだろう。

しかしゆっくりした植物の移動にはそれぞれに特色がある。種類によっては、拡散する速度が他より速いものがある。あるものは何らかの病虫害や新たな競争相手と闘争中であるかもしれない。種は時間をかけて、適応し、進化する。加えて、これまでの氷期がすべて同じであったわけではない。南への氷床の張り出しが速いこともあれば、遅いこともあった。時として、いまとは異なるかもしれないさまざまな理由で、「誤った」方向へと移動する、あるいは西や東へと予測不能な方向へ進出する種がある。[*59] アイダホ州のモスクワを本拠とする遺伝子学者で、アメリカ森林局を退職したジェラルド・リーフェルトは気候変動モデルのなかから一つの例を挙げていう。

「直観的に考えれば、気候は温暖化しつつあるから、植物に現れる傾向としては、メキシコの植物群は北へ向かって進行すると予想されるかもしれない。しかしそれは、これらのモデルが示す傾向とは一致しない。モデルでは、南西部では砂漠が拡大し、アメリカの山岳地帯の種は北へと向かい、メキシコの山岳地帯の種は南へと向かう。砂漠は南北両方向に向かって拡大すると予想されるからだ」

結果として、植物種の分布地図は間氷期ごとに異なった絵柄を見せる。[*60] 気候が変わるごとに地図は改められ、共存する生物種の集団も新たなものに変わる。生態系中の全種が揃って逃げ出す準備をし、足並み乱さずに、しずしずと南へ向かって進んでいくわけではない。むしろひどい混乱状態なのである——地質学的時間のなかでのことではあるが。

今日の生態系のなかには最後の氷期の影響からまだ十分に立ち直っていないものもある。ある分析からわかったのは、研究対象のヨーロッパ産の55の樹種のうち37種が、生育可能な領域の端まで達していなかった。[*61] ブナの木はのろまとしてよく知られる。北アメリカでは、ブナはまだミシガン州のアッパー半島を西に向かって進行中である。[*62]

更新世の氷期においては、地球全体が氷床で覆われてしまうことはない。そうであれば、地球上の高温地帯は安定度も高いのではないだろうか？ 否。「15年ないし20年前なら、ほとんどの人が熱帯は変化しないといっていたものです」とフー。「それは正しくありません。氷期の間に熱帯が変化した十分な証拠があります。森林の広がりはもっとずっと断続的でしたし、気候はいまより涼しかったことは確かです。また海洋についていえば、サンゴ礁はいまでも、海面が今日よりずっと低かったことによる影響を受けています」。一方、アメリカ南西部の砂漠地帯では、最後の氷期以来の乾燥化が現在もなお続いている。氷期には、その一帯はいまよりずっと湿潤だったのだ。[*63]

地質学的時間尺度での近過去に、おそらくもっとも変化が少なかった大陸はオーストラリアである。地球の気候が徐々に寒冷化しつつあるときに、オーストラリア大陸はより気温の高い赤道に向けて何千年にもわたって北進を続けた。こうして、オーストラリアの古生物学者でありサイエンス・ライターのティム・フラネリーによれば、オーストラリアは「ほとんど奇跡的なバランス調整行動」によって、かなり安定した気候を維持した。[*64]結果として、オーストラリアはこれまで氷河に覆われたことはない。その中央部は、最後の氷期の間に、植物の生育が不可能な、砂塵渦巻く砂丘だらけの茫漠たる砂嵐地帯になりはしたが。[*65]

さらに短い時間尺度で見ても、生態系は繰り返される地球規模の大気と海洋の変化といった気候の攪乱に曝されている。たとえば、海洋と気候に現れる現象である、エルニーニョ南方振動がそうだ。太平洋中部から東部の海域が異常な高温となり、赤道を横断する気流が変化することで、さまざまな現象が複雑に絡みながら生起する現象だ。貿易風が弱まり、世界中で降雨パターンが変化し、ハリケーンは収まる。海洋生態系は、水温上昇で植物プランクトンが死滅するにつれ、場所によってはアコーディオンのように縮み込んでしまう。

浸食による堆積物、流れを変える河川、ドングリの豊作やセミの大量発生などの生物学的な突発事件といった絶え間ない動きを、これに加えてみれば、非同期的でしばしば変則的なさまざまなパターンが積み重なり、層をなしているのがわかる。姿を現してくるのは絶え間ない流動のイメージである。生態学者たちは、自然のシステムを研究するとき、しばしばこうした種類の攪乱を努めて排除しようとする。彼らにとっては、これらはデータ中の「ノイズ」となり得るものだ。しかし、観点を変えれば、ノイズはデータである。こうした変化、攪乱、周縁的出来事や混乱要因がシステムを駆動させるもっとも重要な力となっていることも多いのである。生態系が内外からの変化に苛まれる、基本的には安定的な存在であるといってしまうのは、バレエが運動によって苛まれる、基本的に静的なオブジェであるというのにほぼ等しい。

絶え間ない変化の集中攻撃に曝されるおかげで、生態系が2000〜3000年の時を超えて何の変化もないままにいることは不可能である。ある分析によると、「1万2000年あまりにわたり、まったく変化を被ることなく、生態系が存在し続けている場所は地球上にほぼ皆無である」[*66]。

変化するイエローストーンをどう管理するか

イエローストーンは、いまでは生態学者たちが非平衡的であると考える生態系の一つである。[*67]「推移するモザイク画」モデルの予測では、遷移のさまざまなステージにあたる森林がその都度占領するのは景域の一定割合の部分であると予想されるが、1980年代初めに生態学者のウィリアム・ロムが行った木の年輪調査からは、その証拠は何も見つからなかった。時折生じる大規模な山火事――1988年の有名な火災のような――が成熟期に達した樹林群を何キロにもわたって焼き尽くし、一夜にして、何もない焼野に変貌させることもある。さらに野生生物の生息地や餌の供給源から川の水位にいたるまで、あらゆるものを変えてしまうのだ。

またこうした危害を受けやすい状況では、気候のあらゆる変化が尋常ならざる影響を与え得る。成熟木はたまたまの短い寒気やひでりに耐えることができるが、1年目や2年目の若木は極端な変化にははるかに弱いのである。もし気候が乾燥しすぎて、たとえば、コントロタマツの若木が生き抜けないほどならば、そのときは、私たちには見慣れたコントロタマツが優占する森が新たな景域に置き換わる可能性がある。ダグラスモミが侵入してくるかもしれないし、あるいは森が永続的な草地に変わる可能性もあるだろう。

イエローストーンの生態系が、有史以後であれ有史以前からであれ、決して安定的ではないということを理解すると、1872年という時点に拘泥することは私たち同様に公園管理者にとってももはや有益なことではない。1872年は、中世温暖期の直後に到来した、俗に小氷河期と呼ばれる一時的な寒冷期のちょうど終わりにあたるが、この事実も有利には働かない。つまりイエローストーンのために私たちが定めた基準となる自然は特殊寒冷な環境下の生態系であって、気候が温暖化するにつれて、それを堅持するのは困難となるだろうから。

こうした理解を得た結果、私はイエローストーン公園の北にあるガラティン国有林のデイジー峠にやって来た。私はアイダホ州立大学の生態学者のケン・アーホとともに山の雪線［万年雪の下限線］に立っている。アーホが研究現場の一つを指し示してくれているが、頭上に聳え立つ、信じがたいほどに急峻な頂で、ところどころ白い霧が覆っている。アーホが研究しているのは、こうした斜面に育つ、繊細で成長の遅い高山植生に、ロッキーヤギが与える影響についてである。毎年夏には、助手を1人連れて、アーホはこの山で数週間のキャンプ生活を送り、パワーバー［エネルギー補給食品］、即席ラーメン、雪を溶かした水で食いつなぎながら、植物の個体数調査を行い、ヤギの糞を数える。彼の収集したデータは、公園管理者たちがロッキーヤギ対策を決定するときに役立つだろう。ロッキーヤギは「広域イエローストーン生態系（Greater

Yellowstone Ecosystem)」の在来種ではないのである。

四角い顔で、力強いがっしりとした体つきの白いヤギは、ここの景観にいかにもピッタリの存在に見えるが、どうやらヤギたちは狩猟対象として、1940年代に、モンタナ魚類野生生物局によってこの地に導入されたものらしい。もっとも近い生息地でも300キロあまり離れており、またかつてこの地にロッキーヤギが生息していたことを示す化石はいまのところ見つかっていないのだ。もしアーホの調査によって、ヤギたちが高山植物にひどく食害を与えていることが判明する、あるいは、ほかの科学者によって、ロッキーヤギがオオツノヒツジの餌を奪っていることが判明すれば、公園局はヤギたちを駆除するかもしれない。

これまでのところ、アーホはヤギによるひどい被害を確認してはいないが、ヤギたちは糞によって土地を肥沃化することで、植物の成長を促進させている可能性がある。そして最終的には、ロッキーヤギ対策に関する決議をしても、それが有効性を失う可能性がある。気候モデルが暗に示すのは、温暖化した将来、イエローストーンには懸念に値するほどの高山植生は存在しないだろうということだからである。「気候と喧嘩はできない」とアーホはいう。「回避不能な事態であるのなら、結局はお手上げってことです」

想像してみよう。氷河の存在しなくなったモンタナの氷河国立公園、ジョシュアツリーが存在しなくなったジョシュアツリー国立公園、セコイアが存在しなくなったカリフォルニアのセコイア国立公園を。今度は50年後について見てみよう。もし気候モデルの予想が正しかったら、もう想像する必要はないだろう。その目で確かめることができるだろうから。歴史状況を変えるような圧倒的な脅威に直面しながら、公園管理者たちがなすべきことはいったい何なのだろうか。

　たとえば、アーホや他の科学者たちの調査で、ロッキーヤギがイエローストーンの生態系にあまり大きな変化をもたらしていないということがわかったとしよう。そうなると、ヤギに関する対策について公園管理者たちが行うべきは一種の哲学的な決定である。1872年時点では、ヤギたちはイエローストーンには生息しなかったという理由で、射殺されるべきであるか？　人々はヤギたちが好きであり、この地の在来種だと考えているからという理由で、このままとどまることを容認すべきか？　結局のところ、レオポルド報告書の著者たちも「原初状態の復元は容易ではなく、またこれを完全に行うことは不可能である」と認めているが、それでも、「最高度の技術・判断・生態学的感性を用いて、原初アメリカの妥当な幻影《リーズナブルイリュージョン》を再創造することは可能であろう」と述べている。[*68] ロッキーヤギはその「妥当な幻影」のなかに生息地を得ることになるだろうか？　しかし気候変動によって、おそらく、妥当な幻影はもはや手の届くところにはない。もしかすると、公園管理者たちは、標高の低い峰では高山植生は失われたものとしてあきらめ、他の生態系を手掛けたほうがよいのだ。「生態系には常時さまざまな変化が起きています。方向性を持った変化も、恣意的な変化も」。アーホはいう。「一つの特殊なスナップショットに固執してはならないのです。生態学の美しさの一部は変化です」。実際のところ、今日では公園管理者たちは1872年などの歴史的基準線を目標とするよりは、「強靭性《レジリエンス》」をめざした管理を行う傾向が強いようである。強靭性とは、生態系がその特色を実質的に変えることなく、もろもろの攪乱や変化に耐える能力である。強靭な生態系は、微調整を加えるだけで、温暖化した未来へと楽々と進んでいくことができるが、一方、ストレスを受けた生態系は、はじめて経験する夏の高温にやられて崩壊し、新たな、好ましからざる様態へと変貌する、と考えるわけである。本質的には、変化が現に生じつつあって、今後も起こり続けるであろうことを、公園管理者たちは認めつつも、彼らは変化を漸進的で微妙なものにとどめたいと望んでいる。

アーホにとって、変化とは美しいものではあるが、人工的すなわち人間由来《アンスロポジェニック》の変化となると話は別である。グランドティートンの頂にレストランが開かれるという話を聞いて、彼は悪夢が正夢となったように感じている。彼一人ではない。イエローストーン公園となった地域が、それ以前にすでにインディアンの影響を受けていたという証拠が次々に挙がってきているにもかかわらず、歴史家のポール・シュレリは次のように書く。「この証拠を知り、受け入れている者たちのなかにさえ、往時の状況はとにかく『正しい』ものだったという感覚が消えずに残っている。人間と自然との間に何か基本的な調和が存在していたという思い、また北アメリカはヨーロッパ人がやって来るまでは環境の上ではエデンの園だったのだという思いが、いまだに続いているのだ[*69]」

しかし、手つかずの自然の追求は不変なるものの追求同様に空しいことだ。科学が私たちに語るところでは、生態系は決して不変ではない。歴史が語るところでは、生態系が手つかずの状態であることは決してない。私たち人間は地球を1センチ刻みに変えてしまった。処女林でさえも例外ではない。次章で私が明らかにするように。

第3章 「原始の森」という幻想

ウィルダネスの聖地・ビャウォヴィエジャ

2008年のこと、私は手つかずのウィルダネスという概念に捧げられた聖地を訪れた。ビャウォヴィエジャ原生林である。この森はポーランドとベラルーシの国境を跨いで広がっており、総面積1500平方キロの手つかずの低地性温帯林として喧伝されている。低地性温帯林とは、人々が切り倒さなければ、ヨーロッパ西部から中央部にかけてのほぼ全域を覆っていたであろうと考えられている森である。ビャウォヴィエジャの厳重に保護されている中心部は、46平方キロほどだが、一度も皆伐されることなく、全ヨーロッパ史を生き延びてきた。ヨーロッパに極相温帯林が存在するとすれば、この森こそがそれだ。今日では、保護地域であるとともに、人間が侵入する以前のヨーロッパの姿を目にしたい人たちの巡礼地になっている。

しかしこれから私が明らかにするように、一度も伐られたことがないからという理由だけで、ビャウォヴィエジャが始原の森だということにはならない。人間がこの森に及ぼしてきた微妙で複雑な影響を調べると、始原的自然の例を示すときに、保護主義者たちが見逃す可能性のある人間由来の変化がどのようなものかがよくわかる。そしてかつて私たちが考えていたほどの始原性を保っている場所がほとんど存在しないとなれば、そのときには、私たちはそうした場所を利用して、人の手が入る以前の基準となる過去の自然の特徴を決めたり、救済するに値する唯一の自然であるとしてあがめたりすることはもはやできないのである。

ビャウォヴィエジャの村は2本の道路に沿って広がっており、観光客用の民宿と屋根に巨大なコウノトリの巣をおく家が交互に並んでいる。森への案内役は公園の前副責任者で、現在はワルシャワ大学地球植物学研究所所長のボグダン・ヤロシェヴィッチ。短く刈り込まれた髪に、格子縞のシャツをジーンズにたくし込んだ、ほっそりとした男性だ。私たちが野原を横切っていくと、その遠い果てに黒い木立の条《すじ》が現れる。これこそが歴史の境界線。ここを越えて飛び込んでいく先には、失われた有史前のヨーロッパの姿が、ヨーロッパ大陸の妖精譚や伝説を生んだ原始世界《ウルヴェルト》が待ち受ける。

野と森とを分ける境界には木製のゲートが設けられている。この先に控えているのは厳重に保護された核心部で、ガイドを伴わない訪問者は入場を禁じられている。観光客には必ず資格を持ったガイドの付き添いが義務づけられているのだ。ヤロシェヴィッチはゲートまで来ると立ち止まり、蚊除けのスプレー缶を取り出して、厳かに私に手渡した。私は2~3回ほど適当に噴霧すると、それを彼に返した。すると彼は頭からつま先まで、厚い靴下も含めて、念入りにスプレーした。それは自分が森の世界に侵入しようとするよそ者であることを示す塗油式《アノイントメント》のように儀式ばった行為だった。あるいは、単に慎重を期してのことだったのかもしれないが。

ゲートを通り抜け、森に入ると、そこは世代も大きさも異なるナラ、トウヒ、シデ、シナノキなどの広葉樹の混交林で、林床には日差しがまだら模様を描いている。コケに覆われた幹がうねうねと曲がっているのは、冬季の積雪の影響が夏になっても残っているためである。森のなかに群れる蚊が、日の光を浴びて、夢のように舞うさまは、まるで絵を見るようであるが——それもつかの間、彼らは私たちの上に降り立ち、血を吸いはじめる。

私たちを取り囲むのは緑ばかりではない。茶も黒も赤もある。立木のうち最大4分の1までが枯死しているが、ここが太古の森であるという印象をもたらすのは、走り回る野生イノシシの子や最大の個体数を誇るヨーロッパバイソンの麝香《じゃこう》臭のする立派な姿などよりも、こうした枯死した木々なのである。ヨーロッパのほかのどことも異なり、ここでは枯死した木はその場に放置され分解作用に委ねられていて、有機物が外部へと不断に流失することはなく、枯死木に依存する甲虫類やキツツキの仲間のような膨大な種が繁栄できるのである。枯死木はキノコを養う。白磁色の幹に棚状に生える皿型のキノコや、激しく吹き出すように生えているオレンジ色の花の姿のキノコが見られる。死はこの森に、自然な感触を与えている。樹齢が同じ木を整然と植え付けた植林地ではこうはならない。

　森は予想以上に明るい。私は合衆国の太平洋岸北西部に育ったが、そこでは老成木の森といえば、真っ暗な密林であることも珍しくない。今回、私たちは歩道から外れることなく歩いた——後に別の科学者集団に同道したときは道を離れたが。木々の間を通り、下生えの上を行くのは（イラクサは多かったが）驚くほど容易である。木々の大きさには目を見張るものがある。城のように巨大な、樹齢600年のナラの木。300年になるトネリコとシナノキは樹高40メートルあまり。30メートルもあるプッシー・ウィロー[*1]。空気はクマニンニクと呼ばれる香草の香りがし、何千もの木の葉が風に鳴ると、海のような響きを立てる。私たちは森のなかへわずか1～2メートル入ったにすぎないが、私にはすでに時を過去に遡ったという抗いがたい感覚がある。

　しかしヤロシェヴィッチが説明するように、観光パンフレットではビャウォヴィエジャは「始原の」森と呼ばれているが、これは過度の単純化である。「この森は利用されていたこともあったのです」とヤロシェヴィッチはいう。「ここは人の手が少しも加えられたことのない未開の森ではないのです」

実はビャウォヴィエジャは「手つかず」ではない

この森は単に偶然に伐採を逃れただけではない。ここ数百年間において、意図して保存されたのである。たとえば、しばしば王侯貴族たちのための猟獣保護地とされたし、また土地の人たちも森の資源を利用してきた。このような人間と森との間のささやかな相互作用が森の生態系に影響を及ぼしてきたのだ。

ビャウォヴィエジャの森が生まれたのは、1万年から1万2000年前にヨーロッパを覆っていた最後の氷河が去った後であり、以後、温暖化が進行する過程で、森の構成種も変化していった。[*2]現在の構成種が成立したのは2000年ほど前のことと考えられている。[*3]最初の人造物も同じくらい古い。紀元1世紀から5世紀にかけての、鉄器時代の入植地の遺跡と墓地が、9世紀から11世紀のスラブ人の墓とともに、森のなかで見つかっている。[*4]

14世紀に、ポーランドとリトアニアが一人の君主のもとに統一されると、森は猟場として丁寧に管理されるようになった。1409年、ポーランド＝リトアニア王のヴワディスワフ・ヤギェウォは、ドイツ騎士団との戦いに備える軍隊のために、猟獣《ゲーム》を集めてこの森で大掛かりな狩りを催した。ドイツ騎士団とはキリスト教徒の傭兵隊で、王がポーランドのものだと主張する土地の譲渡を要求していた。狩りで殺した獣は塩漬けにして、樽詰めにされたが、その後、王の軍隊がドイツ騎士団に決定的なダメージを与えたグルンヴァルトの戦いでも、彼らにとって十分な滋養源となったはずである。[*5] 私が出会ったポーランド人たちはいまだにこの勝利にすこぶるご満悦で、サッカーでポーランドがドイツに負けるたびに、人々はこの勝利を思い出しては慰めにしているとも聞いた。

歴史が変わるにつれ、森の所有者も次々と替わった。管理者や見張り番たちは猟獣を守り、侵入者の規制を行った。[*6] ヨーロッパバイソン、すなわちヴィーゼントがこの森に存在したのは、権力者たちのために猟獣として守られたからにすぎない。この種は、見た目はアメリカバイソンに似ており、かつてはヨーロッパ西部・中央部・南東部に広く分布していた。体重800キロほどで、角を生やした毛むくじゃらの、このヨーロッパ最大の哺乳動物はすでに11世紀までに個体群を数個残すだけとなっていたが、ビャウォヴィエジャという巨大な緑の食糧庫のなかで彼らは守られたのだった。[*7]

ロシアの支配下にあった19世紀には、猟獣をめぐって人と競合する肉食獣は生息数を抑えるために殺された。クマは上等な猟獣とされていたが、1869年になるとバイソンの捕食者として分類しなおされ、根絶やしにされた。[*8] オオカミも同様の運命をたどった。大規模な給餌を行ったので、猟獣の数は膨らんだ。その結果、バイソン、イノシシ、ノロジカ、アカジカ（北アメリカ産のヘラジカによく似た大型種）と導入種のダマジカだらけの森になり、これら草食獣たちはみな若木を大量に食んだので、この森の樹種・樹齢構成を変えてしまった可能性がある。たとえば、トウヒは19世紀に増加しはじめた。そこでヤロシェヴィッチはそれが気候変動によるものなのか、あるいは草食獣の生息密度が高いせいなのか――草食獣は、針葉樹であるトウヒの若木に手をつけるより先に、もっと柔らかい広葉樹の実生を食んでいただろうから――を解明しようと研究している。しかし1950年代以降、トウヒは衰退しつつある。やはり、理由は明らかではない。トウヒキクイムシの発生によるものなのか、あるいは19世紀に起きた大増殖を経て、いまようやく均衡を取り戻そうとしているのか。ヤロシェヴィッチはいう。「私たちがいま目撃している変化の意味を、私たちは解釈できないでいます」

第一次大戦中は、ドイツ人たちが集中的な木の切り出し作業をはじめ、森林面積の5パーセントを伐採した。[*9] 兵隊たちは食糧確保のために狩猟に夢中になったが、結果として、バイソンへのダメージがもっとも大きかった。[*10] ビャウォヴィエジャにおける最後の1頭は、第一次大戦直後に、どうやら空腹を抱えた一人の無名の密猟者によって射殺された。大戦間には、イギリスの企業、続いてポーランドの林務官たちにより伐採が行われた。森のわずかな部分が公園となり、厳重に保護されるようになるのは1929年のことである。同時に、動物園から2、3頭のバイソンが森に戻されたが、囲いのなかで飼われた。[*11]

第二次大戦に向かって時代が動きつつあったころ、熱烈なハンターであったヘルマン・ゲーリングはこの森を訪れ、自分の動物園に入れるためにバイソンを捕らえ、大量のシカやイノシシを仕留めた。1939年に大戦がはじまると、ほぼ同時にビャウォヴィエジャはロシアの手に落ちたが、1941年には再びドイツの支配下に戻った。ゲーリングは森を彼個人の保養地として占有した。彼は部下に命じて猟獣を保護し、森の村から人々を追放し、膨大な数の人々を殺害した。遺体は少し森に入った辺りに放置された。[*12] 森の奥深くには、ポーランドのパルチザンたちが要塞をつくり密かに身を隠した。

戦後、スターリンは老成木が群立するビャウォヴィエジャの核心部をそのまま、新たに設定されたポーランド＝ソビエト国境のポーランド側に残した。後に、ソ連の手により国境に約2メートルの有刺鉄線の塀が建てられた。[*13] 時代が変わり、現在ポーランドが国境を接するのは、ソビエト連邦ではなくベラルーシである。しかし塀は依然としてそこにあり、いまだに衛兵が警備していて、塀の両側ともきれいに草が刈られている。ビャウォヴィエジャでも両国間に往来はあるが、可能なのは徒歩・自転車・

馬のみである。聞くところでは、馬で越える人はほとんどいないそうである。馬にもパスポートが必要だからである。ベラルーシ側では森の管理はあまり丁寧にはなされていない。噂では、1994年以来大統領の職にあるアレクサンドル・ルカシェンコは、狩りには無関心で、インラインスケート用のコースを森につくらせたそうである。

ビャウォヴィエジャには現在も人の手が入り続けている

最近でも人間による影響は続いている。ヨーロッパミンクはビャウォヴィエジャでは絶滅した。多くの森林性植物やアジア産のタヌキを含む新しい種が侵入している。1952年、塀のなかで飼われていたバイソンのうち13頭が、その後さらに20数頭が森に放たれた。[*14] その子孫たちはいまでも冬場には飼料を与えられ、夏場には頭数を抑えるために間引かれる。健全な個体数を維持するために、バイソンには給餌も間引きもともに必要なのだ、というのが公園管理者たちの主張である。気候変動の影響も森に届いている。ヤロシェヴィッチと同僚たちは森の植物の開花や落葉の時期などに明らかな変化が現れつつあるのを認めている。これまでのところ降雨量に変化はないが、年間を通しての降雨パターンに変化が生じている。降雨パターンの変化に加えて、ベラルーシ側で行われている沼沢地干拓の影響によって、地下水位が下がりつつある。

またこの森が小規模であることも問題である。トウヒキクイムシを例に取ってみよう。もし森の広がりが何百キロにも及ぶものだったら、大量発生したキクイムシの取り分が大きくても問題はないだろう。時が経てば、失った分を取り戻せるからだ。しかし林学者たちが心配するのは、ビャウォヴィエジャにおける大量発生がすべてのトウヒを枯らしてしまっても、新たなトウヒの実生の供給源が存在しないのではないかということだ。オオヤマネコ（リンクス）はどうだろう。「オオヤマネコは個体ごとに100平方キロほどの生息域を持っています」ヤロシェヴィッチはいう。「ということは、この森での適正個体数はせいぜい1頭です。実際には、個体生息域が重なりあっているので3、4頭のオオヤマネコがいますが、個体群を維持するには十分ではありません」。まだらの森のダイナミックな構造――ある場所には樹齢20年の若木が群れ、またある場所には樹齢300年の木が集まるといった――は保たれているが、ヤロシェヴィッチいわく、如何せん規模が小さい。「ここに生じる攪乱の特徴は小規模だということです」。倒木は起こるが、山火事は起こらない、というように。ここで火災が生じた場合には、おそらく鎮火のための消火活動が行われることになるだろう。「規模が小さすぎるし、貴重すぎるので、焼けるままに放置することはできない」からだ。

ある意味で、苔を纏った威厳に満ちた古木の姿は、2000年近い昔、人がはじめてこの森に入って以来繰り返されてきた変化を目立たぬように隠している。私がヨーロッパバイソンを目撃することは、まさに、野生と人工の意外な結婚の秀逸な寓意譚といった出来事となる。それが、ビャウォヴィエジャなのだ。

バイソン研究者のラファル・コヴァルチェクが無線発信機をつけた1頭のバイソンの居場所を突き止めてくれた。呆れるほどのスピードで森の狭い道路に車を走らせ、時折、飛び降りては、首からストラップでつるした箱に接続している、旧式の屋上型テレビアンテナに似た装置を高くかざして探った挙げ句のことだった。ついに、彼の耳は微かな一瞬の音をとらえた。大気雑音よりわずかに大きなポン、ポン、ポンという響きだ。コヴァルチェクのバイソンだ。彼の後をついて森の奥へと入っていく。うっかり枯れ枝を踏んで音を立てないようにしながら、懸命に遅れまいと歩く。歩きながら、空気のにおいを嗅ぐ。コヴァルチェクによれば、バイソンには特徴的なにおいがある。「野生のイノシシやアカジカほど強いにおいではないが、ちょっとウシに似た、新鮮なミルクのにおい」だそうである。私たちは木漏れ日がまだら模様を描く沼沢地に入った。そこはよく肥えた蚊の大群で賑わっていた。藪の後ろに、どうやら私たちの存在には気づかぬまま、黄褐色の巨大な塊は立っていた。長い毛に覆われたバイソンは、肩に聳《そび》える瘤、隆起した背骨、痩せた臀部、2本の黒い角を持ち、拒みようのない太古の臭気を漂わせている。8歳から9歳の、全盛期にあるオスである。もちろん彼は無線発信機を首につけているし、彼の祖先は動物園で暮らしていた。しかしそんな事実も、苔に覆われた、緑の、半分朽ちた森のなかで、黙々とバイソンが草を食むという、この場面がもたらす時間を超越した感覚をさして弱めることにはならない。私の2、3歩前を歩いていたコヴァルチェクが、突然、振り向くと、土壇場で大事なアドバイスをささやいてくれる。「もしもバイソンが突進してきたら、木の後ろに飛び込め」。バイソンは襲ってこなかった。私たちの姿が目に入っていたとも思えなかった。数分後、物音も立てず、彼は姿を消した。「やつらは時として亡霊のように姿を消すのさ」コヴァルチェクはいった。

ここはやはりヤロシェヴィッチにとっても、太古の昔へ誘う魅力、オーラを秘めた森なのである。彼はいまでも好んで森の保護された核心部をさ迷い歩く——もちろん、蚊除けのスプレーをして。「歩くたびに、新たな自然の作用を目にします。単に一本の美しい木の存在に気づいただけのこともありますが」ヤロシェヴィッチはいう。「とにかく、この森のすべてが神秘的で興味深いのです」

トーマシュ・サモージェクはビャウォヴィエジャの近くに育ったが、現在はポーランド科学アカデミーの哺乳動物研究所に籍をおき、この地に戻り森の環境史を研究している。彼は鉄器時代の墓地をはじめとして、王侯たちの狩り、林間養蜂、森の奥で行われていた鉱石の精錬作業を調査対象としてきた。あるとき、調査の最中に、彼は

1500年前の鎌形のナイフを発見した。その間誰に触れられることもなく、絡み合った草の下にそれは横たわっていた。「研究をはじめて5、6年経って、私がたどり着いた結論は、人間はこの森とかかわり続けてきたということです」。サモージェクはいった。

先住民族が多くの大型動物を絶滅に追い込んだ

サモージェクはこの森に対する人間の影響について生態学者たちに教育を行っているが、世界中で同じことを歴史学者や考古学者たちも行っている。私たちの指紋はあらゆる場所に残されている。世界の多くの地域で、人間は最後の大きな気候変化に先立って存在したし（アフリカ、オーストラリア）、あるいは氷床の後退とほぼ同時にやって来た（北アメリカ、北ヨーロッパ）。ビャウォヴィエジャがそうであるように、人間抜きの無垢なる自然など存在しなかったのだ。しかし多くの生態学者たちは太古の人間たちが生態系を損傷していたとは考えなかった。

こうした迷妄が一般にもっともはっきり現れたのは、ヨーロッパ人によって植民地化された国々であった。はじめて白人が船からその地に降り立ったときの土地の姿こそ——それがどういったものであろうとも——が「野生」であるとする考えが何世代にもわたって引き継がれた。最近まで、先住民族はあまりにも少数にして未発達であるため土地の景観に深刻な影響を及ぼすおそれなしとして、問題にされなかった。19世紀半ばに、消えゆくアメリカのウィルダネスを守ろうという叫び声がはじめて上がったころの人々はみな、当然のように、コロンブスが発見した当時のアメリカ大陸は「手つかずの自然」だったと考えていた。「コロンブスがはじめて陸地を目にしたとき、アメリカは世界に類のない崇高な土地でした」というのは歴史家のフランシス・パークマン・ジュニアで、1844年、ハーバード大学の卒業式典でのことだった。「ここそは大自然の領域でした」[*15]。自然観察者の多くが、先住民たちを土地の動物相に含めて考えていた。「文明化された人間」とは違って、先住民たちが景域を汚すことはなく、景域の一部をなしているのは、シカや鳥たちと同様である。彼らが土地に対して行ういかなる（おそらく些細な）変更も、したがって、ビーバーのダムや野に残る草食獣の食跡と同類の行為であり、自然なものと考えられたのである。

実のところ、アメリカやオーストラリアに最初にやって来た人々のほうが、遅れて到着したヨーロッパ人たちよりも、その土地の自然に与えた変化は大きかったかもしれないのである。確かに、彼らは決して舗装道路を敷設することはなかったし、有毒化学物質を川に投棄することもなかった。しかし、彼らはかつてその地に生息していた種の多くを絶滅させたのであった。

およそ1万3000年から1万4000年前のどの辺りかで、南北アメリカ大陸では多数の大型獣が姿を消した。野生のウマ、マンモス、マストドン、16群の地上性ナマケモノ、グリプトドント（尾の代わりに、大釘つきの鎚矛を持った、体重1800キロもある恐ろしいカメのような動物）、シロクマが子グマに見えそうなほど大きいショートフェイスベアというクマ、ラクダ、サーベルタイガー、ライオンにチーターなどである[*16]。そう、その通り。グレート・プレーンズ［アメリカ中西部の大草原地帯］に点在するナラの叢林のなかを、アメリカ産のチーターがぶらぶらと歩いていたのはそんなに遠い昔の話ではないのだ。これら巨大動物類《メガファウナ》のすべてが、ほぼ時を同じくして、一斉に絶滅にいたった[*17]。絶滅に追いやったのは人間であると多くの科学者は考えている。何より、人間がアメリカ大陸に到達したのは、爆発的な絶滅の起こる直前のことだった。北アメリカで発見されるヒトの化石はほとんどが1万3000年ほど前のものであり、ほかに1万4300年まで遡る化石が発見された場所が2、3カ所ほどある[*18]。

ある種の生き物たちだけがこの短い絶滅期に姿を消した。絶滅した動物たちは、賢明なハンターなら狙うであろうと予想されるような動物たちであった。ほとんどの植物、昆虫、トガリネズミ類、爬虫類、その他種々雑多な這いまわる虫たちは無事生き抜いた。概して、1頭あたりのカロリー価が高い大型の動物が滅びている。そして、そのなかでも動きの鈍い者たちがしばしば先に消えていったのだった。

さらなる証拠は人間の到着が遅れた地域からもたらされる。島嶼《とうしょ》において巨大動物類はより長く生き残る傾向がある——島に人間が姿を現すまでの話だが。たとえば、北アメリカ本土における地上性ナマケモノの最新の化石の年代は大型草食獣が全般的に減少した時期と一致する。しかし、キューバやヒスパニオラ島においては、小型化した地上性ナマケモノ（島嶼に生息する動物が小型化する現象で、「島嶼化による矮小化」などと呼ばれる）はこの減少期を超えて５０００年ないし６０００年間にわたり生存を続けて消えたが、それは人間の存在の痕跡がこれらの島に記されるころとほぼ一致するのである[*19]。

　北アメリカ大陸のマンモスに関しても同様で、巨大動物類の絶滅期にその足跡は途絶えたが、はるか北方の2つの島では別だった。１９９９年、アラスカ沖のセント・ポール島で狩猟者たちが一つの洞窟を発見した。この島はごく最近までマンモスが生息していた島として当時すでに知られていた。アラスカ大学をはじめとする研究機関から来た研究者たちによって、アレウト語で骨を意味するカナクスと名付けられた洞窟からは、１７４０個の骨が発見された。キツネの骨１２５０、シロクマ２５０、そしてシベリアマンモスの骨7個である。マンモスの骨には3個の歯（マンモスの歯は巨大で木目のような凹凸があり、靴底を束にして糊で貼り合わせて石化させたもののようだ）と2個の頭骨が含まれていた。年代は６５００年前に遡り、北アメリカでは現在もっとも若いマンモスの骨である。セント・ポール島のマンモスが滅びたのは、海面上昇のために島が狭くなりすぎてマンモスの個体群を維持できなくなったからだと、科学者たちは考えている。[*20] ロシア側のランゲル島ではさらに最近までマンモスが生存していた。わずか4000年前である。[*21]

さらにずっと最近まで生存していた大型獣にステラーカイギュウがある。巨大な海獣で、体重は4500キロから9000キロほどもあった。北米太平洋岸では、他の陸生大型哺乳類と同じころに滅びている。ベーリング海のコマンダー諸島では、1741年に人間によって発見されるまで、1個体群が生き残っていたが、[*22] 発見後30年経たぬうちに絶滅した。

過剰殺戮《オーバーキル》仮説と後に呼ばれることになる説の最初の提唱者である、アリゾナ大学の故ポール・マーティン教授は、およそ1万3000年前に南北アメリカ大陸に広く分布していた一群の人々をその犯人と考えた。その人々が使った道具がはじめて発見された重要な遺跡が、ニューメキシコのクロービス近郊だったことに因んで、考古学の習わしに従って、彼らはクロービス人と名付けられた（クロービスという町自体は、5世紀にフランク族を統一し、キリスト教化した王の名に因んでいる）。クロービス人の特色は彼らが使った槍の穂先が巨大なことである。どうやら非常に大きな獲物を仕留めるためにつくられたらしい。この大きな穂先がいくつかマンモスのあばら骨の間から発見されていることは示唆的である。[*23] クロービス人たちの文化は200～300年ほどで途絶える。それに取って代わるのは、地域ごとに変容を見せる多様な文化だが、槍の穂先が小さくなっているのが一般的特徴である。クロービス期の大型獣狙いの狂乱の後に生き残った、あまり見栄えのしない獲物を狙うためにつくりなおされたのかもしれない。

しかしさらに新しい証拠によって、南北アメリカ大陸においては、クロービス期より古い時代にすでに、巨大動物類《メガファウナ》の絶滅に人間が関与していたことが示されている。最近、北アメリカ産の巨大草食獣の大多数が絶滅した時期を、より正確に推定した新たな研究が発表された。インディアナ州のある湖の堆積物を分析し、そこに含まれる草食動物の糞を養分とする菌類の胞子を調べたものである。[*24] 糞だらけだったはずの大陸でわが世の春を謳歌していたキノコたちだったが、1万4800年前から1万3700年前にかけて衰退してしまう。おそらく、彼らが喰らうランチをひり出してくれた草食獣たちも同時期に衰退しつつあったためだろう。[*25] 絶滅を専門とするクリストファー・ジョンソンは、2009年11月、科学誌『サイエンス』で、次のように述べている。「大型獣衰退の大部分は、数も多くはなく、大型獣狩りの高度な専門技術を有しているわけでもないハンターたちによって引き起こされたらしいことが、どうやら明らかになりはじめている。クロービス期の狩猟技術は終盤戦の特徴を示すものだったのかもしれない。巨大動物類の数が減って、用心深くなり、仕留めるのが難しくなったときに発展してきた、一段と強化された狩猟戦術をおそらく反映するものなのだ[*26]」

先史時代のヨーロッパ、アフリカ、アジアで起きた絶滅において、人間がどんな役割を演じたものか、私たちはまだ正確に理解するにはいたらない。これらの大陸では、過去200万〜300万年の間に、大型哺乳動物の絶滅があったことは確かだ。たとえば、現在のヨーロッパにはもはやマンモスも毛サイもホラアナグマも存在しない[*27]。しかし、これらの動物は群れで一網打尽にされたわけではなかったし、生息数もそんなに多くはなかった。マーティンによれば、その理由は、これらの大陸には人間が長らく暮らしていたかららしい。そのために、動物たちは、人間の狩りの腕前が上がるのに呼応して進化することができたというわけである。人間が徐々に狩りの技術を向上させるにつれて、動物たちは逃げ足が速くなり、巧みに身を隠す術を覚え、いっそう用心深くなったようである[*28]。

このことが、アメリカでの大絶滅期を無事やりすごした動物の多くが、比較的最近になってアメリカ大陸にやって来たものたちだった理由の説明に役立つかもしれない。カリブー［北アメリカ産トナカイ］、バイソン、エルク［ヘラジカ］、シロイワヤギ、ムースなどはみな旧世界で、おそらくは、二足歩行の厄介な追跡者、すなわち人間とともに進化したものたちである[29]。これらの動物たちは、どうやら、人がやって来る数万年前に南北アメリカ大陸に渡って来たらしい。そしてすでに長期にわたってこの地に生息し続けてきたから、いまではユーラシアに住む親戚とは別種と見なされるほどだが、おそらく、人間というハンターに対する備えは、彼らのほうが巨大な地上性ナマケモノよりは若干優れたところがあったのだろう。

しかし、ヨーロッパ、アフリカ、アジアの外では、絶滅と人間とは手を携えてやって来た。もしこうした地域での絶滅の原因の一部あるいは全部に人間がかかわっていたとするなら、両アメリカ大陸でも、オーストラリアでも、太平洋の島々でも、「手つかずの」自然などとうの昔に消え去っていたことになる。

今日のオーストラリアは危険動物が多く生息する大陸である。巨大クロコダイル、何種類もの毒蛇、そして日暮れ時に、走る車の正面に突如真上から降り立つカンガルーなどだ。しかしオーストラリアには、とりわけ大型哺乳動物が多い[30]わけではない。レッドカンガルーが重量級の王者で、最大で90キロほどの体重がある。オーストラリア在来の動物相《ファウナ》を特徴づける有袋類は小さいのだ。これにはこの大陸が持つ地質学的な歴史と、気候が関係しているだろう。古い歴史を持つ土壌は痩せており、大陸のほとんどが乾燥している。大型動物を維持していけるほど、植物の生産性は高くないのだ。しかし、かつてはもっと逞しい姿をした有袋類がいた。たとえば、ディプロトドンという、タコス売りのトラック大［小型のバスくらい］の、ウォンバットに似た動物がそうである。ほかには現在のカンガルーの2倍を超える大きさのカンガルー、180キロを超えるツノガメ、そして6メートルもあるオオトカゲなどもいた。[*31] しかし約5万年前に人間がやって来ると、その後ほどなくして、人間よりも大きな生き物はことごとく姿を消したのだった。[*32]

ニュージーランドにおける絶滅の物語はおそらくもっとも説得力に富むものだ。というのは、はじめてこの島に人間が上陸したのはわずか800年前だったからである。[*33] 人間がやって来る以前、ニュージーランドは鳥の楽園だった。ティム・フラネリーの報告では、化石資料として164種が確認されており、そのうちには多くの飛べない種が含まれる。[*34] ほかの何にもまして目立つのは、鳥類中最大級の存在、モアが数種類生息していたことである。モアは最大のもので体高3・6メートルに達し、体重は250キロにもなった。[*35] くちばしの根元からくるぶしまで羽毛で覆われていて、羽毛の色は赤茶だったようだが、紫や白のものも見つかっていることから、華麗な冠毛か尾羽を有していたものと思われる。[*36]

はじめて人々がニュージーランドにやって来たとき――マオリ人として知られるようになる人たちだが――、彼らはモアを一目見て、大事にカヌーに乗せて運んできた鶏を捨てた。[*37] モアはとても大きく、仕留めるのも至極容易だったので、マオリたちはモアを丸々1羽食べるようなことはしなかった。頭や首やその他のあまり旨くない部位は打ち捨てられた。彼らのお気に入りはドラムスティック［骨付きもも肉の下半分］だった。[*38]「顕著なのは」フラネリーは書いている。「モア猟が行われた村の遺跡を発掘しても、モア狩りのための特別な狩猟具が使われた証拠は一切見つからないのである。その理由は、おそらく、彼らは食材を手に入れるために、この巨大な鳥に歩いて近づき、槍かこん棒の一撃で容易に仕留めることができたということだろう」[*39]。人間の到来から400年経たぬうちに、モアは全滅した。[*40]

モアが滅びた後も、絶滅は続いた。モアの次に滅びたのは、2種類のアザラシとモアより小型の鳥たちだった。ヨーロッパ人たちがニュージーランドにやって来るまでに、マオリたちは食糧不足におちいり、小集団に分裂した。[*41]そのころには戦争が生活の技術となり、食人が蔓延した。[*42]彼らは鶏を捨て去ったことを軽率だったと、たぶん後悔したことだろう。

メラネシア、ミクロネシア、ポリネシアのどの地域でも起こったことは同じだった。ハワイ諸島の在来種で絶滅したものには、サンベトッケンというカモの仲間、アプテルアイビスという飛べないトキがいた。[*43]おそらく驚くべきは、カナダガンに近い種のネネが無事生き残っていることであろう。過去3000年のうちに、太平洋のほとんどの島でかなりの割合の鳥が絶滅したが、絶滅は海洋航行用カヌーの発達とともに広がり、西から東へと次第に移っていったその跡をたどることができる。[*44] ニュージーランドのリンカーン大学のリチャード・ダンカンによる分析から推測できるのは、太平洋の島嶼に生息した鳥のなかで、もっとも絶滅する可能性が高かったのは、動きの鈍いもの、体の大きなもの、そして飛べないものだったことである。これら3つの要因が揃うということは、空腹を抱えた人間が船を下りてこん棒を振りまわしたのだろう、ということだ。[*45]

こうした絶滅の影響は生態系のなかを波のように伝わり、津々浦々へと広がっていった。かつては草を食み、芽を食むことで草原を守っていた大型草食獣がその姿を消したとき、多くの場所で、草原は森へと変わった。アメリカ中西部の北部地域では、数本の木々――おもにトウヒ――の群落が点在する草原は、黒トネリコ、シデ、アイアンウッド［鉄樹。材が極めて固い木の総称］、トウヒなどの混成林に取って代わられた。[*46] 山火事が際立って増加したが、草食動物に食われなくなった植生が焚き付けとなった。[*47] この新たに生まれたトネリコ、アイアンウッド、トウヒの森も、数千年後には、マツを主体とする森に変わった。さらに時代が下ると、マツに代わってナラが支配するようになった。[*48] こうした変化は、気候変動および草食獣の絶滅に由来する継続的な影響の両者によるものだったといえそうである。

科学者たちは、1万3000年前の絶滅が気候さえも変えたと考えている。再成長中の森は草地よりも陽光の反射量が少ないので、森林の拡張期には、地面が吸収する熱量が増大した可能性がある。また大型獣の数の減少に伴い、その放屁による年ごとのメタンガスの放出量は100億キロ減少したことになると、アルバカーキのニューメキシコ大学のフェリーザ・スミスは推測している。そしてまさに、氷床コア［試錐機によって氷床から採取した円筒状の氷の試料］記録は、約1万3000年前に大気中のメタンレベルが突然低下したことを明らかにしているのである。[*49]

先住民族はその後も環境に影響を与え続けた

絶滅期が終わっても、人間が自然に加える変化はとどまるところがなかった。南北アメリカにおいては、人々は小部族単位で散らばって暮らしており、環境への影響は少なかったという考えは捨てるべきである。考古学者の最近の推定では、ここには1億1200万人もの人間が暮らしていて、当時のヨーロッパの人口を上回っていたのである。[*50] これだけの数の人々の存在に最近まで私たちが気づかなかった理由は、目撃したヨーロッパ人がほとんどいなかったからである。南北アメリカでは、ヨーロッパ人との初遭遇後100年かそこらの間に、95パーセントもの人々が、ヨーロッパ人がもたらした疫病、とりわけ天然痘により死亡したのだった（正確な死亡率については異論もあるが）[*51]。ヨーロッパ人が大陸奥地へと侵入するころまでに、住民の多くは死んでおり、部族社会は秩序を失い瓦解状態で、疫病の集団感染の混乱状態のなか、その伝統はすでに失われつつあったのだ。１５２０年代に北アメリカ大陸の東岸に沿って航海した、ジョバンニ・ベラツァーノのような、最初期のごく少数のヨーロッパの探検家だけが、目立って高身長の、健康的で魅力的な人々であふれた「人口密度の高い」国を目撃したのだった[*52]。

　南北アメリカ大陸の住民たちは壮大な都市を築き、広大な農地を拓き、大規模な灌漑施設をつくり、そして大掛かりな土木工事を行った。土木工事が生み出したものには段々畑、氾濫原を利用した養魚場を見下ろす高台の居住地、そして宗教儀式用の巨大な塚――なかには動物を模ったものも――があった。現在のセントルイス近郊には、トウモロコシで活気づく大都市カホキアの中央の塚が残っていて、いまでも登ることができる。カホキアは紀元９５０年から１２５０年ころまで繁栄したロンドン規模の都市である[*53]。またアメリカでは、ほぼどこでも人々は火をうまく利用した。北アメリカの多くの部族集団が新たに緑の成長を促進するため野焼きを行っていた。野焼き後の新鮮な緑は、狩猟の対象となる多くの草食獣を集めたのだ。たとえば、イロコイ連邦の部族たちは毎年秋にマンハッタン島を焼いていた[*54]。「自然な」ものと考えられていたアメリカの多くの大草原や野原は、実は、インディアンによる土地管理によって生まれた人工物だったのだ。

北アメリカ東部では、ヨーロッパ人到来以前には、何百年もの間、人々は主食のトウモロコシを補うために、山焼き後に植樹をして、果樹栽培を行っていた。果樹園はいまやほとんどもとの森の姿に戻っているが、それでも、クリ、クルミ、ピーカン［クルミ科の高木］、ヒッコリーのような樹種の密度が高いことから、いまでもそれと見分けることができる。[*55]

アマゾンの熱帯雨林でも、人々は似たような果樹園を運営しており、ピーチ・パーム［チョンタドゥーロ］ほか数十種もの樹木を改良して、より魅力的な品種を生み出していた。[*56] アマゾン流域は全体に土壌が痩せているので知られているが、一部住民は果樹やとりわけ条播き作物（トウモロコシ）などを、「黒土（ブラックランズ）」ないしテラ・プレータ・ド・インジオ［terra preta do Indio］と呼ばれる黒くて肥沃な土壌で栽培していた。このアマゾンの黒土は、ヨーロッパからの植民以前の時代に、アマゾン熱帯雨林の住民たちがつくり出したものだった。黒い斑のもっとも濃いところは居住地から出たゴミの堆積跡で、壊れた陶器の三日月型のかけらが散らばっている。わずかに色が薄くて、より大きな斑はかつての耕作地跡で、土壌改良を意図してまいた木炭が交じっている。[*57] テラ・プレータを調査している研究者によれば、このような土壌の広がりから見て、ヨーロッパ人との遭遇時におけるアマゾンの人口は少なくとも

800万ないし900万ほどであったと推定される。これは以前の推定数を大幅に上回る数字である。かつての数字は、アマゾニアは人の侵入を拒む密林の広がりで、せいぜい、未開の数民族がまばらに散らばって暮らしていたにすぎないという見方を根拠にしたものだったからである。

アマゾンからイエローストーンまで、繰り返し襲う天然痘、麻疹、インフルエンザなどの疫病をかろうじて生き抜いた人々の暮らしぶりは、彼らの祖先の生活とは大きく異なるものになった。居住地を追われ、農地を、先祖伝来の暮らしを失った人たちは、焼き畑と採集狩猟のような手段に頼ることになった。作家のチャールズ・マンがアマゾニアのヤノマモ族についていうように、「しばしば牧歌的で、『自然な』存在として描かれるものが、実のところは、哀れな追放者の暮らしなのである」[*58]。

19世紀の初めにルイスとクラークが中西部のグレート・プレーンズ横断の旅をしたときには、どこまで行っても、地平線の向こうから次々と波が寄せ来るように、バイソンの大群があふれ出すのを目撃している。だから、後世の自然保護主義者たちによって、このバイソンの大群が正しい基準となる過去の自然として扱われたのだ。しかし新たな研究が示唆するところでは、バイソンの群れが異常に巨大であった理由は、バイソンの主要な捕食者——すなわち人間——が疫病のためにその数を大幅に減らしたからにすぎない[*59]。よく知られた、1800年代初頭のリョコウバトの大群——何日にもわたって太陽光を遮断するほどの膨大な群れ——も、トウモロコシや木の実をめぐる主要な競争相手が消えたことに起因する、個体数の突発的増加であった可能性がある。[*60]

両アメリカ大陸同様、オーストラリアも最初のヨーロッパからの植民者たちにとっては手つかずのウィルダネスに見えた。しかし、そこにはすでに5万年にもわたって人々が暮らしていたのである。[*61] そしてアメリカ大陸の住民同様、ここでも人々は、火を広く用いた。互いに信号を送りあうために、移動のための道を開くために、食料となる植物の成長を促進するために、また狩猟対象の草食獣をおびき寄せる植生を育てるために。[*62] 山焼きが適切に行われれば、食料に適した中型の有袋類の個体数は維持されたのである。[*63]

ティム・フラネリーによれば、どうやら、アボリジニが多くの種類の草食獣を絶滅させたことで、オーストラリアでは植物という可燃性物質の量的増加が生じたようである。このことと、アボリジニの火を盛んに利用する生活とが相まって、オーストラリアの多くの地域において優占種が変化した可能性がある。火災によって栄える植物種が火に弱い種に取って代わった。また焼かれた斜面から流れ出して河口まで運ばれた浸食堆積物のなかで、マングローブが繁栄するようになったのかもしれない。「現在の私の見方では、この大陸中の生態系はほぼすべて何らかの意味で人工的なものです」とフラネリーはいう。[*64]

生態学や自然保護運動はなぜ人間を排除したのか

人間がつねに自然の一部であったのならば、どこでどうして私たちはこの手つかずのウィルダネスを理想とすることになったのか。第一には、有史前に生じた人間由来の環境変化を示す証拠が発見されたのが比較的最近だったことがある。生態学者たちは、自然のものであると当然のように思い込んでいた景域が、多くの点で実は人工的なものだったことに、ようやくいま気づきはじめているのである。第二には、ソローやミューアのような高名な初期アメリカの自然礼賛者たちが、自然との交感を求めると同時に、人間とその仕業から逃れるためにウィルダネスをめざす傾向があり、その結果、自然の概念と無住のウィルダネスという概念が結びついたこと。第三に、生態学の草創期から、生態学者たちが人間抜きの生態系をもっぱら研究対象としてきたことがある。

アリゾナ州立大学の生態学者で歴史家でもあるマシュー・チュウによれば、私たちが人間を生態系から排除する理由の一つは歴史の偶然である。学問分野としての生態学はその活動の範囲を初期の自然史［ナチュラル・ヒストリー。いわゆる博物学］から引き継いでいるのである。自然史研究者たちは、人間の行状を研究する歴史学者と区別して自らの立場を定義したのだ。「先に人間の歴史学があるところに、後から、このもう一つ別の歴史学ができました」。チュウはいう。「生態学者たちは、『私たちは自然が生み出すものを研究しているのであって、後から自然の上に押し付けられたものを研究しているのではない』といったのです」。以来、生態学者たちが企てる実験においては、普通、人間の影響が最小限であるような状況が選ばれてきた。単に可変的要因（変数）を増やさないためでもある。「生態学者は野外調査では、彼らがいうところの汚されていない場所を選びたがります」。チュウは続ける。「しかし、私たちが研究対象としたり、対照実験を行おうとしたりするようないわゆる自然区域は、ごくわずかしか残っていませんし、生態学の草創期でも状況は変わらなかったのです」

たとえば、極相の理論を唱えたフレデリック・クレメンツはプレーリー［アメリカ中西部の草原地帯］で育ったが、彼の目の前にあった大平原は、ホームステッド法による入植者たち［homesteaders 巻末の訳語注記参照］により、大規模に、そしておそらく永遠に、変貌させられていた。[*65] そこら中で過度の農地化が進行し、ひどく誤った土地の管理が行われた。彼にとって、これは明らかに外部の力が侵入して、自然を攪乱する事例だった。かくして、彼の定義によれば、人間は自然の一部ではないということになり、それゆえに、人間の影響を受けた土地は自然ではないのだ。[*66] 目立ってウィルダネスに乏しい島で研究を行っていたイギリスの生態学者たちは、外部力として人間を排除することはしなかった。彼らは人と自然との隔たりをアメリカ人ほどは感じなかった。さらには、生態学史家のドナルド・ウスターが指摘するように、厳密に「無人」の規定を適用すれば、「ヨーロッパの生態学者は事実上研究対象を失ってしまうだろう」。数百年前にはすでに、この規定に適った土地はヨーロッパには存在するはずもなかっただろうから。[*67]

最終的には、19世紀から20世紀初頭の多くの自然保護主義者たちが身をもって証明した孤独と不変の自然への愛が、1970年代から1990年代の少数ながら強い影響力を持った環境活動家たちの本格的な厭人思想へとつながった、と私は考える。

このいっそう純粋主義的な環境保護運動の中心には、エドワード・アビーとデイヴィド・フォアマンという2人の人物がいた。アビーは作家で、1968年に『砂漠の孤独』［邦題は『砂の楽園』］という、たった一人ですごしたウィルダネスでの2年間についての回想を出版、1975年には『爆破：モンキーレンチギャング』という小説で、アメリカ南西部の砂漠の魂を守るために、妨害活動家の愉快な一団が挑む開発勢力との戦いを描いた。

『砂漠の孤独』は厳しい野生の風土についての瞑想録であるとともに、「この世界はもっぱら人間のために存在する」という思考を告発する怒りの書でもあるが、[*68]作家本人が認めるように、あくまで文学上のキャラクターである「エドワード・アビー」の視点から書かれている。[*69] 実在のエドワード・アビーは、虚構のアビー同様、1950年代後半にはユタ州のアーチーズのナショナル・モニュメントで公園森林警備員《パークレンジャー》として働いていた。しかし実在のアビーのほうは、その期間中に妻と幼い息子とともにすごした時期もあった。『砂漠の孤独』の語り手は、本の題名から察せられるように、自然のなかでまったくの一人きりであるから、すなわち彼を取り囲む自然には、自分以外誰一人もいないということらしい。批評家ジョン・ファーンズワースによれば、彼が働いていたころに、警備員駐在所の風上わずか500キロほどのところで核実験が行われていたが、そのことについてもアビーは触れていない。理由は?「楽園としてのウィルダネスという比喩」を無効にしたくなかったのである。

彼は、他のあらゆるろくでもない人間どもとともに、自らを砂漠から追放しようとさえする――すんでのところでとどまるが。「私はもう十分に確信を持って次のようにいうことができる。この美しい原始の処女地は私が立ち去り、観光客が来なくなることを感謝するだろう、そして、比喩的にいえば、一斉に安堵のため息を漏らすだろう――風のささやきのように――私たちがついに一人残らず消え去るそのときこそ、この場所とこの場所がつくり出したものたちは、彼らの太古の習いに戻ることができる。ようやく、人間の忙《せわ》しなくて、不安で、陰鬱な意識によって気づかれることも、妨げられることもなくなるのだ[*70]」

フォアマンは環境活動家であり、過激な団体「アースファースト！［Earth First!］」の共同設立者である（クイズ番組の「ジェパディ！」と同じで、感嘆符は名称の一部である）。フォアマンは『爆破：モンキーレンチギャング』に描かれているような冒険を実際に経験している。この団体のモットーは「母なる地球の防衛に妥協なし」というものだった。彼らはやることが奇抜で、男性主導、ビールをこよなく愛し、広大なウィルダネスを守ることに前後の見境ないほどに一途だ。ウィルダネスが痛めつけられてひどい状態になっていれば、道路を引っぺがして、回復を図ろうと考えるのだった[*71]。

アースファースト！の全盛期は10年ほどだったが、その影響は現在でも次のような人たちに見られる。伐採に反対して木を占拠する活動家、気候変動への関心を呼び起こすためにシロクマの姿を装う抗議者、そして自然には権利があり、それは現在侵されつつあるが、奪還すべく闘う価値のある権利であると判断して、毎年のように闘いに新たに加わる何千人もの人々。こうしたより過激な環境保護主義者たちはしばしば、自然の定義にまったく妥協がない点で、アビーおよびフォアマンと共通である。彼らにとっては、自然は野生《ワイルド》でなくてはならないから、ウィルダネスは実質的に無人であらねばならない。それ以外は問題ではない。

環境活動家はウィルダネスをどう考えているか

興味深いことに、フォアマンと話したところ、彼の倫理性《エートス》についての私の見解は首肯しがたいという。彼の感触では、ウィルダネスが絶対的に手つかずのままでなくてはならないという考えは、アメリカ森林局の宣伝キャンペーンの一環に違いないというのだ。ある土地が「1964年ウィルダネス法《アクト》」に基づいて正式にウィルダネスとして指定を受ければ、その結果、保存以外の利用目的で流通させることができなくなる。ウィルダネスに指定される条件を厳しくすることによって、森林局は、こうした利用できない土地を厳しく限定するつもりなのではないか。「森林局などの政府機関は、大昔の切り株だとか車の轍があるといった理由で、土地の保全に反対することがよくあった」。フォアマンの意見では、「軽度の干渉くらいでは、ウィルダネスの資格が無効化することはない。手つかずのままの地域など存在しないというのが、50年あまりにわたってわれわれがいってきたことだし、『手つかずの《プリスティーン》』という言葉はそもそもウィルダネス法には出てこない」。

ウィルダネスにちょっと首を突っ込んだ程度の多くの人たちは、ウィルダネスの純度に関して厳格な基準を持つものだが、自然保護論者を含め、著しく多くの時間をウィルダネスですごす人たちは、確かに、同様の厳格な基準を有してはいない。本物の自然中毒者は自然の変化の歴史について熟知しているから、だまされないのだ。このテーマについて、フォアマンはアルド・レオポルドを引用する。「生態学教育によって被る不利益の一つは、自分が一人ぼっちで傷だらけの世界に暮らしていると知ることだ」

彼自身も含めて人々がウィルダネスに焦点を当てたのは、一つには戦略的な意味があった、とフォアマンは補足していう。「多目的利用の」公有地の細かい利用法をめぐって闘争を繰り返すよりも、土地をウィルダネスとして指定させ、そうすることで最高水準の保護を受けられるよう求めていくほうが、努力の対価として獲得できる自然保護上の成果はより大きいだろう、という感触が彼らにはあった。「50年代、60年代、70年代と、われわれ保護論者は公有地の管理全般について本当に懸命に研究したものだった――森林局にはいくらかでもましな多目的利用管理をしてもらおうという狙いだったが……国の関係諸機関が邪魔に入って法制化ならずということになる。そんなことがあったから、森林局がそこら中で工業化を推し進めるのを止めさせるため、われわれはますますウィルダネスへと向かうことになったわけだ」

しかしフォアマンに純粋主義のきらいがあるのも確かである。「ウィルダネスに行くということは、自分自身と取り決めを行うということだ。ウィルダネスとの交流は、人の側でなくウィルダネス側の条件において行うという取り決めだ」。ウィルダネスとはこうした場所であるというのがフォアマンの考えであるから、ウィルダネスのなかでハイカーが携帯電話を持ち歩く最近の現象をフォアマンは嫌う。「われわれはこ南西部で川旅のツアー企画を行っているが、参加者には、もしラジオ、携帯電話、MP3プレーヤーなどを見つけたら、川に投げ捨てるぞというのさ。GPS装置のようなものも好きではないね」

最近では、アメリカの生態学者たちが人為的変更を受けた生態系の研究を嫌う傾向を歴史的に持ち続けてきたことが、そうした生態系へのイデオロギー的嫌悪とない交ぜになってしまった。ほとんどの生態学者は献身的な自然保護論者でもあって、その立場に適った態度で、「侵入種」や気候変動、その他人間のにおいのするあらゆるものを嫌悪するのである。

2009年に発表されたある研究で、伐採後に再び成長した熱帯林の保全価値を肯定的に論じたところ、保守的な生態学者たちの間に「憤怒」の声が上がった。[*72]コーネル大学の大学院生ローラ・マーティンが、生態学関係のジャーナル上位10誌について2005年から2010年の5年分を分析したところ、陸上の研究サイトのうち、人間が支配する景域内に設置されていたものはわずか17パーセントであった。都市ないし都市郊外におかれたものは4パーセントだけで、64パーセントが保護地域内にあった。地球上で氷床に覆われていない土地の75パーセントが人間によって積極的に利用されているという現実にもかかわらずだ。[*73]

さらに現在は利用されていない残り25パーセントも決して手つかずの自然ではない。手つかずの自然は0パーセントである。1989年に、作家のビル・マッキベンは『自然の終焉』という気候変動についての著作を発表した。題名から察せられるように、自然が終わったということを論じているが――マッキベンの定義を用いる限りは、確かに自然は終わった。マッキベンにとって、「少なくとも近代においては、私たちの自然の定義」とは「人間社会からの分離であった」[*74]。マッキベンにとって、家の背後の森の奥から響いてくるチェーンソーの音ですら「自分が人間社会とは別個の、無時間の、野生の領域にいるという感覚を追い払ってしまう」[*75]。気候変動も、チェーンソーの音同様に、森での散歩を「汚す」のである――ただし、気候変動がのこぎりの音と異なるのは、地球上のあらゆる場所で同時に生じているという点である。かくして、すべてが汚された。人間社会から分離したものとしての自然は終わったのだ。

マッキベンのような環境保護論者のために、原初性の規則は非常に厳格なものになった。シダの藪に押し込まれた錆びたホイールキャップ、地平線上に見える山火事監視施設、生物種の持ち込みや持ち出し、暖められた大気、200年前に伐採された森――自然が完ぺきに「手つかず」すなわち「原初的」であらねばならないとすれば、「自然」をこの世から追い出すのに大した手間はかからない。

純粋な自然という不可能なヴィジョンを理想として打ち立ててしまったから、マッキベンのような考え方をする人たちには永遠に幻滅が運命づけられている。この種の自然はもはや決して存在し得ない。というのは、一旦人間の手に触れたからには、それは永遠に破壊されたことになるのだから。マッキベンがいうように、「私たちに唯一できるのは、放置してさらに悪化させるよりは、悪化の程度を抑えることだけである」。*76

ビャウォヴィエジャの自然はさらに改善できる？

ある晩のこと、ビャウォヴィエジャの森のすぐ外にあるパブで、私は哺乳動物研究所の研究者たちとともに寛いだ時間をすごしていた。子どもたちは追いかけっこをし、川に木の棒を投げ込んでいた。子どもたちの家族はズブロ・ビール（ズブロは「バイソン」を意味する）を飲み、フライドポテトとビゴスという狩人のシチューを添えたシカ肉のステーキを食べていた。会話がオーロックスの話題に転じた。オーロックスは家畜牛の祖先にあたる野生種で、現在は絶滅している。最後の1頭は1627年、ワルシャワ近郊のいまはなき森で射殺された。

オーロックスがかつてビャウォヴィエジャにも生息していたことを化石資料が証明

していたが、この森の生態系においてオーロックスたちはどんな役割を果たしていたのだろうか。コヴァルチェクは、おそらくオーロックスはバイソンとはかかわりあうことは決してなく、この森のなかでは生息域を異にし、そこを離れることはなかったと考えている。私の友人のマット・ヘイワードはオーストラリアのスコティア出身で、当時は訪問研究者としてビャウォヴィエジャに滞在していたが（ヘイワード一家はコヴァルチェク家と家をシェアしつつ、両家は家庭菜園づくりを競いあっていた）、彼の見方では、オーロックスはおそらく森の植物を大量に消費したので、森の伐開地の草原が維持され、そこでバイソンも草を食むことができた。「たぶん川辺の草刈りと冬場の給餌がこれに取って代わった」というのがヘイワードの推測である。もしかすると、ウシを森に放し、野生化させ、この役割を引き継がせることも可能かもしれない。

ヨーリス・クロムシッグは、痩せて、眼鏡をかけた、オランダ出身の草食獣の専門家だが、ヘックウシという、オーロックスそっくりに品種改良された家畜を放牧することを提案した。オランダのオーストヴァールダースプラッセンと呼ばれる保護地には、数百頭のヘックウシが人の介入を受けずに暮らしている。それは金曜日の午後の会話だった。だからむろん、珍しいウシを勝手に森に放つことが許されるなんて、誰も真剣に期待したりはしなかった。その森はいまだに、無垢の自然という性格ゆえに、観光的にも科学的にも貴重だと考えられているのだから。しかし、もしヘイワードとクロムシッグに一任されたとすれば、ひょっとして彼らはこの実験を試みるかもしれない。やって悪いことはなかろう。2人ともこの森が純粋だとか、始原的だとか、不変だとかとは考えていない。あるいは、その同じ午後にクロムシッグが使った表現を借りれば、「私たちは絶対的な過去の基準点などというものを信じてはいません」。

ビャウォヴィエジャを去る前に、私は森のなかでのパーティーに参加した。哺乳動物研究所がサマースクールに参加しているヨーロッパの大学院生のために開催したパーティーである。私はラードを塗って、生玉ねぎをのせたパンを食べ、冷えていないビールを飲み、私のバイソン案内人コヴァルチェクがたき火を飛び越えるのを見つめた。たき火のまわりを、埃を蹴り上げながら踊る人々の輪に加わった。私たちの踊りの輪の回転はどんどん速くなっていき、みんな笑いが止まらなくなったところで、ようやく、誰かが輪を解き、私たちの先頭に立った。埃だらけの、長い列になって、私たちは大はしゃぎで、ひんやりとした夜気のなかへと進んでいった。私たちはすっかり森に囲まれていた。私たちよりずっと古く、大きく、ずっと厳かな森——だが、私たちとつながりがないわけではなく、不変のものでもない。私たちはその繙《ひもと》かれつつある森の物語の一部なのだった。その森が私たちの物語の一部だったように。

手つかずのウィルダネスという概念は、何を自然と見なすべきかについての、人間が歴史的につくりあげてきた概念だから、私たちがこれを変更できない理由は何もない。市民の定義が、政治的諸概念が変化するにつれて、変化し、当初より多くの種類の人たちを含むものになったように、「自然」概念も拡張して、もっといろんな種類の場所を含むようになっても不思議はない。今日では多くの生態学者たちが、私たちは自然概念を拡大する必要があると主張する。歴史と大気化学への理解が深まった結果、私たちは人間によって変えられたことのない地域はまったく残されていないことを知るにいたったからである。そして、一旦、私たちが自然概念を変えれば、これまで想像も及ばなかった、刺激的で、活力をもたらす思考が生じる。すなわち、私たちはもっと自然を増やすことが可能なのだ。私たちは地球の状態を――単に悪化を抑えるだけではなく――もっと良いものにすることができるのだ。

第4章　再野生化で自然を増やせ

オランダの干拓地で太古の草原を再現する

オランダでは、1967年までは海中に没していた土地が、現在は広大な草原に変貌していて、はるかな遠い昔を彷彿させる景観を呈している。自然史博物館のジオラマや、水彩画による再現や、洞窟画などでしか見たことのないような太古の草原だ。ここがオーストヴァールダースプラッセンで、アムステルダムから30分ほどの距離にある、60平方キロの広さを持つ保護区だ。保護区全体はある生態学者がデザインし、1万年前当時を再現しようとしたものだが、計画は当初から大きなハンデを抱えていた。すなわち、その風景のなかを歩き回っていたはずのマンモスなどの大型哺乳動物のほとんどが絶滅していたのだ。

フランス・ヴェラは、長身の精力的な生態学者で、油圧プレス機のような力強い握手で迎えてくれたが、政府の科学者として、オーストヴァールダースプラッセンを支えるヴィジョンを提供した人物だ。２００９年夏の霧の朝、ヴェラはオランダ・サファリ旅行と呼ぶほかないような旅に私を連れ出した。

もし人間の影響を受ける以前の手つかずの基準となる自然という考えを論理的に極限まで突き詰めたとしたら、私たちはどんな結論を得るだろうか。そうした場合、基準となる時点は、１４９２年（コロンブスのアメリカ大陸上陸の年）ではなく、１７７８年（クック船長のハワイ上陸の年）でもなく、あるいは１８７２年（イエローストーンが公園となった年）でもなく、1万３０００年以上前の、まだ人類がいかなる生物種の絶滅原因にもなっていない時代への回帰の提案ということになるが、さてその結論は、「更新世再野生化」と呼ばれる新しい考え方である。もちろん、人間が到達する以前の状態は、仮にその場所がその後も人跡未踏だった場合の現在の状態とは、同じではない。すでに学んだように、人の存在のいかんにかかわらず、自然は変化をやめることはないのだから。しかしこの新しい考え方を支持する科学者たちがより遠い過去を求めることによって、植民開始に関連する歴史上の年を「基準となる過去の自然」に選ぶという考えは次第に衰退をはじめた。さらに過去1万３０００年間に起こった多くの絶滅のおかげで、本物の復活という考えは捨てて、失われた種の「代理種《プロクシーズ》」[proxies　巻末の訳語注記参照］で間に合わさざるを得なくなった。彼らはまったく新しい生態系をデザインするプロジェクトを本当にはじめたのであった。

ある霧のかかった朝、ヴェラと私は車で保護区に入った。発電用風車、送電線鉄塔や近隣都市のくすんだ灰色の塔が、地平線から次々に姿を現してきた。傍らを轟音を立てて通りすぎる列車は、テレグラフ紙を開いた通勤客で満員だった。しかし、保護区の境界の内側に入ると、一面緑の草に覆われた広々とした視界が開ける。ヴェラはすぐにウマの群れを発見した。総数１００頭を超える群れである。小型でずんぐりとした、クリーム色がかったあし毛のウマで、足に縞の入ったものもいた。オスたちはハーレムのメスに向かってうるさく声を上げ、時折、後ろ足で立ち上がっては、互いに軽く嚙み合いけん制しあっていた。このウマたちはかつてヨーロッパに生息したターパンと呼ばれる野生ウマにとても良く似ている。しかし彼らはターパンではない。コニックウマといって、ポーランドで生まれた品種で、ターパンと類似性があると考えられている。この品種は冬の野外での放牧に耐え得る頑健さを持つが、１８００年代にポーランドの農民たちが流行りの品種に買い替えようとしたので、次第に姿を消していき、ついにはほとんど絶滅状態になった。何年も前のことになるが、ヴェラは獣医を伴ってポーランド中を探し回り、見つけ出せる限りのコニックウマを買い取ったのだ。

先端が白い尾をしたアカギツネは、丈の高い、湿った草藪を出入りしている。地面に点々と散らばっているキツネの糞は、用心を怠ったコガネムシの光沢のある殻が交じっているせいで紫色をしている。さらに行く手にはずっと、私たちの車からは一定の距離を保ちながら、何百ものアカジカの群れが広々とした平原を横切っていった。彼らは、魚の群れのように、非常に密な隊形を組んで移動していたにもかかわらず、産毛に覆われ霧に濡れた彼らの枝角が、走っている最中に絡み合うことがないことに、私は驚いたものだった。

ヘックウシの群れはもっと小さかった。このウシのことは、ビャウォヴィエジャではじめて耳にした。2人のドイツ人の兄弟による品種改良から生まれたウシだ。絶滅したオーロックスに似た品種をつくり出そうという明確な意図があって、何種類もの家畜牛の品種をかけ合わせたのだ。ヘックウシについては賛否両論がある。育種計画を一時ナチが支援していたことがあったからだ。ナチにはナチなりの動機があった。彼らはオーロックスをアーリヤ民族の栄光ある過去の象徴と見なしたのだった。

オーストヴァールダースプラッセンのヘックウシたちは、当然だが、自分たち種族の歴史も、この生態系のなかで果たすべく期待されている役割も知らない。ホルスタインには似ていないが、かといってまったく異質とも見えない。巨体で、角は左右に広がっていて、色は黒から、茶、ベージュまで数種類ある。「肝心なことは、私にすれば、見た目が乳牛とは違うことです」とヴェラはいった。一般の人たちには野生動物として見てもらいたいのである。コニックウマについても同様だ。「もしアイスランドポニー［アイスランドの固有のウマの品種。小さくて人なつこい］をここに導入したとすれば、塀に沿って入り口まで、小さな女の子たちが列をつくるでしょうが」と彼はいう。

ヴェラと私は1頭の新しいアカジカの死骸を囲んでしばしの時をすごした。両の枝角は、外側の皮をこすり落とした痕から血がにじんでいたが、それ以外には体にひっかき傷一つなかった。私たちにはシカがどんな死に方をしたのかはわからなかったが、死後にどんなことが起こるか、どんな種類の生き物がその死によって自分の命を養うのかは推測できた。すでに、赤らんだ脇腹にはワタリガラスの白い糞が縞模様を描いていた。肛門はキツネにかじられて、大きな穴が開いていた。両の眼球は失われていた。眼球はいつでも最初に失われるものなのだ。

ビャウォヴィエジャ同様、この場所を遊園地と分かつものは死の存在である。死はここでは重要なものなのだ。屍は、オーストヴァールダースプラッセンに希少なオジロワシのつがいを引き寄せた。2羽が止まっている枝のすぐそばにある巣は、骨のように真っ白な枝でつくられた巨大なツリーハウスのようだ。2005年には、フランスの再導入計画で放たれた極めて希少なクロハゲワシが1羽、やはり死骸に誘われて飛来した。姿を現したこの大きな鳥は、ここに定着する可能性があったが、何と、残念なことに、ある日、線路の上で餌を啄《ついば》んでいる最中に列車に轢かれてしまった。その屍は自然史博物館に寄贈された。[*1]

ヴェラのプロジェクトにはそれなりの数の批判者たちがいて、ほとんどが1万年前のヨーロッパの風景がサバンナのようだったとは認めない生態学者たちである。しかしヴェラのしていることにある種の正しさがあることは間違いないのである。というのもこれまでに彼は数種の希少な鳥をこの地に舞い降りさせたのだから。オジロワシとハゲワシだけではなく、保護区内の沼地には、数百羽の子育て中のハイイロガンのつがいとオオサギがいるが、そのどちらも、少なくとも19世紀以来、オランダでは繁殖が確認されていなかったものだ。

「更新世再野生化」とは何か

更新世再野生化という考えは、1990年代半ばころに、アースファースト！［地球第一！］の共同設立者のデイヴィド・フォアマンがつくった造語「再野生化(rewilding)」に由来する。再野生化の前提として、生態系を強靭で多様な状態に保つために必要な主要素には、以下のものがある。すなわち、食物連鎖の頂点にある大型の捕食者による調整。これら大型捕食者がその役割を果たせる空間。捕食者たちが出会い、つがいになり、健全で多様な遺伝子のプールを維持し得る、捕食者の生息域間のつながり。

餌食となる多様な種を狩る捕食者が周囲に存在しない場合、理論上は、個体数の抑制機能を果たすものは唯一、食物をめぐる生存競争である。この単純な競争の結果は、ある被食種たちが他の種を追い出していき、ついにはより少ない種数の被食者たちが個体数を増大させて生き残ることになる。最後に生態系を支配する種たちはそれがなんであれ、その種が好む植物を選んで食い尽くしていくだろう。その結果、その地域の植物の多様性の単純化も生じることになる。同時に、生態系の頂点にいた大型の捕食者がいなくなったことで、アライグマやヘビのような中型の捕食者の生息域が広がるから、彼らは個体数を増大させ、野鳥のような小型の生き物に大きな圧力を及ぼすことになる。こうした事態がもたらす結果は種の減少である。

以上の見解は、1998年版のジャーナル『ワイルド・アース』に掲載された論文のなかで、保全生物学者のマイケル・スーレイとリード・ノスが示したものである。[*2] 多様性を保存するために、彼らは「コロンブス以前に揃っていた肉食獣の全種」を北米大陸の広い範囲に回復させる必要があると考えた。その種類にはオオカミ、クマそしてクーガーが含まれるが、これら獣たちの現在の生息地は狭い保護区域に限られている。[*3] 多くの自然保護論者がこの呼びかけに応じた。

大型動物たちで賑わう大陸の風景を一旦夢想しはじめると、欲が湧いてくる。何千年もの昔、アメリカに生息していた本当に巨大な哺乳動物のことをあれこれと考えはじめ、そうなると、仮にそんな大型哺乳類まで復活させることができたなら、どんな生態系が出現することになるのだろうかと思いをめぐらせるようになる。

2005年のこと、更新世の大型動物の絶滅原因は人間であるという仮説の主要な擁護者であるポール・マーティンは、グランドキャニオンから野生化したロバを排除しようとする国立公園局の計画に異を唱えた。このロバは19世紀末に炭鉱夫や試掘者たちによって荷運びに使われたロバの野生化した子孫で、長いこと公園局は、この動物が在来の植物種を食い荒らさないようにグランドキャニオンからの排除を考えていたのだった。さらには、ある記事によれば、「幅広いひづめのロバの存在は、国立公園は手つかずのウィルダネスであるべきだという考え方に矛盾する」のだった。[*4] マーティンは反論した。ロバという種はグランドキャニオンでは新しい種かもしれないが、この種が属するのはウマ科で、ウマ科の動物は更新世の大絶滅以前には、何千年間にもわたって、大峡谷中にひづめの跡を残しながら走り回っていたのだと。[*5] この一帯の植物は、おそらく、ロバに非常に近い動物たちとの間で共進化を遂げていたと考えられる。だから、彼らをそのままにしておいてやったらどうだろう。ことは野生ウマについても同じであった。ウマは、確かに、スペイン人がヨーロッパから持ち込んだのだ。しかし、彼らは絶滅したアメリカ大陸の在来種エキュウス・カッバルスとさほどの違いはない。彼らは絶滅したこの動物の代役を務め得るだろう。[*6]

太平洋の島嶼についても、マーティンは同じような考えを持っていた。そこでは、多くの絶滅寸前の鳥や獣が周辺部のほんのわずかな小島で命をつないでいる。これらの生物を、かつて生息していた島へと再導入しようではないかというのだ。さらに、帰還事業を手掛ける一方で、かつての生息域を越えて外の島――近似種が永遠に滅びてしまった島――にも少数を導入することを提案した。とくに、本来の生息地で絶滅が危惧されている場合に、その対策になるからだ。2003年のこと、マーティンは、かつての教え子で、現在はゲインズヴィルのフロリダ大学にいるデイヴィド・ステッドマンとともに、偶然に導入されたオーストラリアのブラウンツリースネークによる捕食の結果、現在絶滅に瀕しているグアムクイナという森林に生息する飛べない鳥を、150キロとは離れていないアグイアグアン島へと移すことを提唱した。グアムクイナにとってはアグイアグアン島のほうが安全であろう。ヘビも人もいないからだ。さらに、アグイアグアン島にも、現在は絶滅したが、かつては飛べないクイナの固有種が生息した。だから、グアムクイナはアグイアグアン島の生態系のなかで、絶滅したアグイアグアンクイナの役割を果たし得るだろうというのだ。[*7]

この説明を聞いて、理に適った考えだと思う人も多かろうが、ロバを野放し状態のままにしておくこと、別種のクイナに在来種のクイナの役割をさせること、絶滅して久しい動物の代理を持ち込むこと、この3者の間にはちょっと危うげな数段の段差がある。同族の大型動物の役を果たしてもらうために、アリゾナにチーターを、あるいはミズーリにゾウを持ち込んだらどうだろう?

北米の更新世再野生化計画に対する賛否両論

2004年に、ポール・マーティン、マイケル・スーレイ、デイヴィド・フォアマンを含む13人の科学者および自然保護論者たちが、放送界の大物テッド・ターナーが所有するニューメキシコの大農場に集まり、絶滅した大型動物を復活させるべく代理生物を北アメリカに導入するという提案について議論した。自然が壮大で野生の活力にあふれていた時代、毛深いマストドンやゾウのようなナマケモノが巨体を揺らしながら大陸中を歩き回り、恐ろしい猛獣たちは大型で、素早く動き、神出鬼没だった。そんな時代をできるならぜひとも復元したいというところで、彼らの意見は一致した。彼らは「更新世再野生化」のための計画の概要を2005年に『ネイチャー』誌に発表した。[*8]

この会議の参加者のなかに、フィールドエコロジストのジョシュ・ドンランがいた。

ドンランは会議で立案された計画を要約した論文の主著者となったが、以来、この案の非公式な広報官として自分の時間の多くを割いている。これまでドンランは島嶼の生態系から移入種を駆逐する仕事に携わってきた。こうした島では、しばしば移入種が在来種を捕食し尽くすことで、絶滅の原因となっていた。「ネコとネズミの駆除が手遅れになった場合もありました」。ドンランは説明してくれる。「絶滅はすでに起こってしまっていたのです」。かつてメキシコのカリフォルニア湾でネコ駆除チームに参加していたときには、ある島でネコの駆除が間に合わず、モリネズミの亜種――街に生息する大型で、嫌われ者のノルウェーネズミよりずっと小型で、臆病なネズミ――が絶滅してしまった。「そこで、私たちはこの発想をいじくりまわしはじめたわけです。まあ、要するに、隣の島から、生態学的には同様の役割を果たすことがほぼ確実なモリネズミを捕獲して、導入すべきではないかと」

ドンランを含めターナー農場に集まった一団は、再野生化という概念をスーレイとノスによって述べられた通りに受け取り、基準となる過去の自然を人間が北アメリカに到達する以前の時代まで遡らせ、再野生化の対象となる種を捕食動物だけでなく、草食獣を含めたすべての大型獣まで広げた。強度の草食行動や大型肉食獣による個体数のコントロールといった、長らく失われていた自然の作用を回復し、現在の生息域のなかでかろうじて生きながらえている大型獣の個体群に「進化的・生態学的な潜在力」を回復させ、自然保護に力を貸してもらえるよう人々を鼓舞しようとしたのである。[*9]

「北アメリカで、体重45キロを超える60あまりの種が滅びたときに起こった、生態系の大きな変化を記録した人間は一人としていなかったのです」。ドンランはいう。「しかし、現在行われている長期にわたる生態学的研究からわかることがある。それは、大型哺乳動物を生態系から排除したとき、予想外の生態系の変化が次から次へと続けざまに発生していくということです。そして大型獣を生態系に戻してやると――イエローストーンへのオオカミの再導入がもっとも良い例ですが――6カ月と経たないうちに、オオカミの再導入と予想外の生態系の変化を関係づける論文が発表されるといった具合です」。というわけで、絶滅種に代わる動物を導入することは、大規模な科学的実験であるとともに、北アメリカに人間が到来して以降失われたものを一部復活させることにもなるのだが、新たな生態系がどんな変化を見せるのかは推測の域を出ないのである。

この一団がまとめた計画は、まずは、50キロもある絶滅危惧種のボルソンリクガメをメキシコから合衆国へと再導入するという、比較的穏当なやり方でおもむろに開始される。次に彼らが提案しているのは、北アメリカの民有の特別保護地へのアジアロバ、野生ウマ、バクトリアラクダ（ゴビ砂漠産）の導入である。3種とも、現在の生息地では絶滅に瀕しているが、かつて北米大陸を歩き回っていた野生のウマやラクダの代わりを果たし得ると見られている。南西部をいまや覆い尽くさんばかりのメスキートのような木質の藪がラクダの餌になるだろうと彼らは期待しているのである。

次に、万事がうまくいったなら、保護区域にチーター、ゾウ、そしてライオンの個体群を定着させることを、彼らは提唱する。彼らの計画では、多くの代理動物たちはアフリカからやって来ることになる。アフリカでは更新世における大型動物の絶滅は他地域に比べずっとまれであった。その理由は、おそらく、アフリカの動物たちは人間と共進化した結果、狩猟者となった人間に突如として対面する羽目におちいらなかったからだ。この3種それぞれには、更新世の北アメリカに同類がいて――アメリカ産のほうは種類が異なり、大型であったが――3種とも現在の生息地でも絶滅が危惧されている。チーターを、いまも北アメリカにいるエダツノカモシカの保護区に導入したとすると、エダツノカモシカは再び閃光のような脚力を発揮する理由ができるだろう。彼らの俊足はどうやらアメリカ産チーターから受けた選択圧により進化したもののようだから。ゾウはオーセージオレンジ「アメリカハリグワともいう」の種子を広範囲にまき散らしてくれるかもしれない。オーセージオレンジは、多数の小さな堅果《けんか》が結集して球状をなす、マスクメロンほどの大きさの緑色の果実だ。北アメリカでは更新世の絶滅期にゾウに類する動物たちを失ったが、その後、オーセージオレンジは絶滅寸前の状態におちいったのだった。[*10] ゾウはさらにアメリカサイカチの30センチもある莢豆《さやまめ》を主食の一つにするかもしれない。この樹木も共進化の相手と思しき動物を失った孤児である。[*11] おそらく、草地が森に取って代わるようなことも起こるから、植物の分布および景域の性格もところによっては変わるかもしれない。そうなれば、もちろんコンドルはこの変化を歓迎するだろう。大型の動物たちや大型の捕食者たちに伴って出現するのは、大きな屍とそれに群がる大型の腐肉食動物たちであろうから。コンドルも人間のハンターが残した内臓の山にもはや依存せずとも済むようになるのだ。

再野生化された動物たちは人間の居住地からは慎重に分離され、集中的に管理されることになろう。この点では、再野生化の概念は人間と自然との区別を曖昧にするのではなく、むしろ強化するきらいがある。「トレーラーに満載したチーターを解き放つといった乱暴な主張をしているのではありません」とドンランはいう。やがては、しかし、保護地区は拡大され、互いに連結され、その結果、人口が減少しつつある中西部のグレート・プレーンズのような場所では、景域の大半は野生地となるだろう。町や農場では、大型の獣の侵入を防ぐために、周囲に塀をめぐらすべきかどうかを検討せざるを得なくなるだろう。この巨大保護地区は、人間の管理下にあり、保護されているのは外来種であるが、多くの点で、今日の北アメリカ大陸のどこよりもずっと野生的な場所となることだろう。そしてより多様性に富んだ、より危険な場所ともなるだろう。ドンランと仲間たちは数種の動物を輸入することを提案しているが、彼らに批判的な多くの人たちが二の足を踏むのは肉食獣である。ドンランの考えでは、北アメリカの人々の生活を死の恐怖に曝すべきではないという彼らの批判はおそらく人種差別的である――この世界にライオンを存在させるために、アフリカの人たちの生活は危険に曝されてよいと、もし私たちが考えているとするならば。「アフリカの人々は危険な大型の肉食獣を相手にしなくてはならず、アメリカ合衆国ではそんな必要はないということでしょうか?」

更新世再野生化という考えは信じがたいほどの議論を巻き起こした。「一般の方々からは500通ものEメールをもらいました」とドンランはいう。「人々の反応は大いに気に入るか、ひどく反感を持つか、そのどちらかでした。私たちが受け取った便りには『仕事を辞めて、一緒に働きたい』というのから『殺すぞ』という脅迫状まで、何でもありました」。この考え方自体は多くの人たちにとって非常識なものだった。理由としては、とりわけ、人々はこれを人間による野生へのとんでもない介入と考えたからだ。「主要な批判の一つは『お前たちは神を演じようとしている』というものでした」とドンランはいう。「まあ、私はこの考えは認めませんがね。すでに、私たちは神を演じているのですから」。この状況の克服に必要なことは、ドンランによれば、「自分たちが極度に管理された世界に暮らしているということを、私たちが自らに認めることです」。

アメリカに大型動物を導入するのは本当に問題か

アメリカにアフリカの動物を導入するという発想は多くの人には無理があると思われるのは確かだが、ところが、それはすでに起こりつつある現実なのだ。ドンランたちは論文のなかで指摘する。「7万7000頭の大型哺乳動物（ほとんどがアジアとアフリカ産の有蹄類だが、チーター、ラクダ、カンガルーも含まれる）がテキサスの農場をうろつきまわっているが、この動物たちを保護することの意義はほとんど評価されないままである」。その気なら、私でも申し込めば、明日にはグアドループ河畔でシマウマ狩りに参加するのも可能な状況なのだが、生態学者たちは手つかずの姿をしていない地域を無視する傾向があるため、これら「テキゾチック［Texotic　エキゾチックとテキサスの合成語］」な動物たちと新しい環境との間に生じる相互影響という魅力的な問題を研究するものは誰もいない。

論文が発表されて以来、ドンランによれば、多くの人たちが彼らの考えに同調するようになってきた。「確かにこの考え方が人々の意見を次第にけん引するようになっていますし、ここ5年ほど前から」。ドンランによれば、「自然保護論者たちもこの考えを支持して結集しはじめています。一つには、それが積極的だからであることはほぼ確かです」。つまり、環境保護論者たちは、開発や負の変化を起こすことに頑なに反対を唱え続けるよりも、もっと積極的なことができるということを意味するからだ。

ニューヨークのコロンビア大学の生態学者ダスティン・ルーベンスタインの批評の観点はまた異なる。ルーベンスタインの主張は、現代の景域に代理動物を放つことはトラブルを招きかねないというものだ。*12 生態系そのものが変化してきたし、大型動物たちの絶滅以後数千年経つうちに現存種も進化を遂げてきた。とうの昔に閉じてしまった隙間を代理動物で埋めようという試みからは、思いもよらない結果が生じる可能性がある。在来種による再野生化と更新世代理種による再野生化との違いは、「既知と未知との間の相違に等しい」とルーベンスタインはいう。代理動物は、彼の考えでは、有害な侵入種となるか、あるいは公園から逃げ去り、地元の地主に迷惑を及ぼす可能性がある。そうなれば、迷惑を被った地主たちは自然保護論者たちや、さらには自然保護そのものに反旗を翻すことになるだろう。

自分と仲間たちのすることが、逃げ出した種が侵入種となる可能性をつくり出すことになるという考えをドンランは受け入れない。歴史からわかるのは、大型の哺乳動物は、植物や魚類あるいは昆虫などと比べて、有害な侵入種とはなりにくいということだ、とドンランはいう。そしてさらには、「私たちは大型哺乳類を一度は殺したのだから、もう一度殺すこともできるさ」とも。

ドンランの更新世再野生化もスーレイとノスのコロンブス以前への再野生化のどちらも、前提とするのは北アメリカ大陸を野心的な基準線まで戻すことが望ましいという考え方であって――両者が用いる基準となる自然がそれぞれに異なるだけである。ドンランは、すべての基準線は「ほとんど主観的な価値判断の問題」であることを個人的には認めている。しかしまた両計画とも、大型動物、そしてとくに肉食獣は生来的に狂暴であるという意識を呼び起こす。「こうした野生の要素抜きでは、自然はどこか未完成で、不完全な、飼いならされすぎた存在のように見える」とスーレイとノスは書いている。「人が謙虚さを学ぶ機会は減少したのである」「手つかずの自然」に代わる選択目標を私たちは明確化する必要があるが、再野生化はこれらの目標への注目を後押しすることにもなるだろう。愛すべき大型動物の生息域の拡大による保護、生物多様性の維持（生態系頂点の捕食者によってより多様で複雑な生態系が支えられるという生態学理論が有効性を失わなければ）、ツーリズム、そして審美的価値などである。多くの自然保護論者たちは、つい最近、幾分か地位を失ったかに見える、「ウィルダネスとは恐ろしい場所である」という観念も堅持すべきであると主張するだろう。

ドンランと同僚たちの手になる計画の第一部は現在進行中である。あの巨大なボルソンリクガメたちが現在ターナー農場で暮らしている。ドンランによれば、「ニューメキシコに戻ったのは800年ぶり」とのことだ。

一方、アメリカ合衆国外では、固有種の大型リクガメを失った世界中の島々へ、絶滅危惧種の大型リクガメを再野生化計画を実地に試すための理想的候補だとドンランは見ている。リクガメは輸送しやすく、魅力的であり、脅威を与えず、侵入種として問題になる可能性はない。問題を起こしたとしても、1匹ずつ拾い上げて、取り除けば済む。[*13]

過去を指向しながら新しい生態系を創出する

さて、オーストヴァールダースプラッセンでは、導入された動物はすべて囲いのなかに放たれている。オランダの人々にとって、しかし、ヴェラの実験についてのもっとも大きな関心事は野生ウマが侵入種化する脅威ではなく、野生の生態系を構成する極めて重大な要素、すなわち死に対する極度の嫌悪感だった。

私たちが車をあちこち走らせているとき、道路からほんの1メートルもないほどのところに見捨てられた子ウシを見つけた。眼には生気がなく、膝はガタガタと震えていた。ヴェラはしばらくの間子ウシをじっと見ていたが、無線に手を伸ばすと、保護区の職員に子ウシを撃ちに来るように命じた。オランダには農業の現場を念頭においた、動物虐待に対する厳しい法律があるが、そのオランダ政府との間で策定されたある協約に従っての射殺である。幾世代にもわたって、オランダの人たちは人の手が加わらず、飼いならされていない自然と争う必要がなかった。動物を飢え死にさせることとは、多くの人たちにとっては、たとえ自然の名においても、許されざる虐待行為なのである。

オーストヴァールダースプラッセンでは死は完全にもとの地位を取り戻したわけではない。というのはオーストヴァールダースプラッセンの再野生化は完全なものではないからだ。ここには、草食動物の数や行動を変化させる捕食動物は存在しない。しかしながらヴェラは、ヨーロッパの生態史についての彼の理論やオオカミの再導入というオーストヴァールダースプラッセンの管理をめぐる戦いに辟易としているので、オオカミのオーストヴァールダ政治的地雷原に不用意に飛び込むつもりはない。オランダは家畜所有者の政治力がとんでもなく強い国なのである。そんなことはしないで、オオカミたちが自分のほうにやって来るのを待つのだ、とヴェラはいう。オオカミは現在、中央および東ヨーロッパに残る個体群から分かれて、生息域を次第に広げつつあるのだから。「オオカミはドイツで生息域を広げています」。ヴェラはいう。「もっとも近い目撃情報があったのはここからわずか200キロほどのところでした。オオカミは北フランスのヴォージュにもいます。好むと好まざるとにかかわらず、いずれはここにもやって来るのです」

ドンランと仲間たちにもよくわかっていたが、捕食動物導入ほど受け入れがたい提案はないのである。サウジアラビア中央部のマハザト・アス・サイード保護地域の呼び物はこの地に再導入されたフサエリショウノガンであり、リームガゼルであり、アラビアンオリックスという1970年代に野生では絶滅した、一角獣の角に似た2本の角［真っすぐでねじれがある］を持つ偶蹄目である。これら再導入種に交じって、アフリカ産の北アフリカダチョウがいるが、これはかつてこの地を威張って歩いていたアラビア産の絶滅した亜種の代理である。[*14] 在来の植生と鳥類が揃って完成するアラビア半島の風景は、ひょっとして2000年前にはそうだったと思えるようなものである。とはいえ、完成というには少々もの足りない。際立つのはオオカミとチーターがいないということだ。おそらくこの地で狩りを行っていたであろう捕食動物たちである。[*15]

もしもオーストヴァールダースプラッセンにオオカミを導入する人間がいるとするなら、それはヴェラということになろう。この土地を永久的な自然保護区にするように最初に主張した人々の一人が彼だった。ここはかつてマーカメールという淡水湖の一部だった。マーカメール自体も1932年に北海の入り江から切り離すことによってつくられたのであるが。土木技師たちにより干拓が行われたのは1968年のことで、その後は一時的に鳥獣保護区とされることになった。それは工業地域としての利用準備が整うまでの間だけの措置のはずであった。しかしヴェラが関心を持つようになるのである。何万羽ものハイイロガンが飛来し、湿地の風景に変化をもたらしはじめたからだった。ガンが草を食うパターンが開水域と葦原の交じりあう風景を生み出し、それが今度はサンカノゴイやヒゲガラといった多くの種類の鳥を引き付けた。[*16] 若いころから鳥類観察に熱心だったので、ヴェラはこの場所に好奇心をそそられた。この場所は自律的に見事な環境づくりを行っているように思われた。ヴェラによれば、当時のヨーロッパにおける自然保護地管理は非常に干渉的だった。オーストヴァールダースプラッセンとなった土地もあまりに広大で管理費用がかかりすぎると見なされていた。そもそも、鳥を呼ぶには人手を使って水面を開く必要があること、ガンの集結場所を整えるにも人手を使って乾燥地の草刈りを行う必要があることが、当然の前提と考えられていたからである。ヴェラは保護地を低予算で管理する提案をまとめた。開水域の維持をガンの摂食行動に任せ、ガンの集結場所の「草刈り」は野生のウシとウマの摂食行動に任せるというものだ。ヴェラによれば、当時、このやり方では効果はなかろうと多くの生態学者は考えた。ガンによって沼地の性格が形成されることはあり得ないし、天蓋が閉じた密林――これがヨーロッパ本来の自然植生だと彼らは信じていた――の必然的発達を、ウマとウシだけで食い止めることもできないだろうと考えたのだった。ところが、これが見事に結果を出したのだ。そして新たに発達してきた景観に鼓吹されて、ヴェラはヒト以前のヨーロッパに関して新たな考え方を抱くようになった。

以来、ヴェラがオーストヴァールルダースプラッセンで試みてきたことは、人間がヨーロッパの景域に変化を与えはじめる以前、最後の氷期の氷河が後退しつつあった時期に、ヨーロッパの環境形成や管理にかかわったと彼が考える諸作用——おもに、草食動物の摂食行動——を再現することだった。基準となる過去の手つかずの自然に焦点を定めた従来の自然保護と、それはどのように異なるのだろうか。第一に、ヴェラが試そうとしている「基準となる過去の自然」は、ほとんどの自然保護プロジェクトのそれをさらに数千年遡るものである。第二に、更新世の生物種の多くがすでに絶滅しているゆえに、基準となる過去の自然の厳格な遵守は不可能であることを知りながら、ヴェラはこの実験に踏み込もうとしている。したがって、奇妙なことに、ヴェラのプロジェクトは過去を指向しながら、過去に例のない生態系を創出するのである。

再野生化で太古のヨーロッパの姿を明らかにする

ヴェラの目的にはほかに、希少種のための生息地を創出すること、およびヒト以前のヨーロッパが果たしていた生態的作用についての持論を試すために、長期的実験を行うことがある。彼は自分の理論については熱心だった。これまで何十年もの歳月を費やして、図書館を尋ね歩いては、昔のヨーロッパの景観を描いている稀覯本を探し、自分と見解を異にする人とはやむことなく議論を尽くした。

大多数の生態学者はヒト以前のヨーロッパの姿を、天蓋が閉じた巨大な森林の広りだったと見る。ビャウォヴィエジャの拡大版である。しかしヴェラの見方では、それはパッチワーク型の景域であって、そのどの部分を見ても、森林から草原そして灌木の疎林へと周期的な交代を繰り返す。大きな広がりを持っていたのは草地で、いくつもの草食動物の大きな群れによって維持されていた。ところどころに芽を出したサンザシ、リンボクのような陽光を必要とする灌木が、柔弱な若木の段階を生き延びては、固い棘や木質の幹を形成して、草食動物の食害を防いだ。こうして、景域の一部は必ず棘のある灌木の藪で覆われたのである。この斑状の灌木の藪が樹木の実生を育てる温床となった。灌木の藪は実生が草食獣に食われるのを防いだのである。高木の群落がサンザシの藪から育ち、ついには林床の暗い濃密な林冠を育てた。この暗い林床はサンザシの藪を殺すので、私がビャウォヴィエジャで目撃したような下層植物群落に覆われた開放的な空間が形成されるのだ。こうなると、草食動物たちは苦労なく木立の間へと侵入し、歩き回って、親木の周囲に芽生えた実生を食いはじめる。そうなると、森は自ら更新することがかなわず、おそらく数百年ののち、古木が枯れて倒れると、消滅してしまう。その後、そこは草地へと戻り、長い時間を経て、再び、棘のある灌木が生え、食害に耐えて固い幹を、さらに藪を形成し、歴史は繰り返されていく。

ビャウォヴィエジャも、ヴェラによれば、かつてはこのように開かれた原と閉じられた森とがモザイク模様をなして広がる土地、彼が呼ぶところの「公園のような景域」だった。今日のビャウォヴィエジャが天蓋の閉じた森である理由は、ヴェラがいうには、オーロックスが果たしていた役割を引き継いでいたウシが排除されたこと、および神経質な林業者によって草食動物の頭数がいまでも制限されていることである。林業者は草食獣が森の再生を妨げることを心配するのだ。現在のバイソンの生息密度の低さは、ヴェラによれば歴史に類を見ないほどでお話にもならない、「ホメオパシー的解決法」だということになる。

天蓋が閉じた森という概念が生まれたのは、ヴェラによれば、初期の生態学者たちが太古の原野とは人間と家畜から隔てられた場所のことだと考えたからである。このような原野が密林へと変わるのは必然だった。しかし当時の生態学者たちは、人間がやって来る以前のヨーロッパにも森の成長を抑制する力を持った草食動物は生息していたということを理解していなかった。オーロックス、野生のウマ、シカ、エルク、バイソンをはじめとする草食獣たちが実生が育つのを妨げた。

ヴェラはこの分野における自分の異端者的地位を気に入っているし、明らかに、自分の理論を完全に信じている。ヴェラは2日間をかけて本当に熱心に彼の論を私に説いたので、私には彼の論法に異議を唱えるのが難しかった。ナラを例に取ろう。ナラの実生は他の木々の陰では成木まで育たないものなのだが、それにもかかわらず、ナラはヨーロッパ大陸のあらゆる古い森にも、また花粉化石標本中にも豊富に見つかるのである。ヴェラの考えでは、ナラは、古くは、広々とした土地の、あのサンザシのような棘のある藪で成長し、その後時を経て、成長したナラを中心にして周囲に森が形成されたのだ。野生の果樹やハシバミなども日陰では再生しないものだが、花粉化石には豊富に見つかるのだ。

ヴェラの批判者たちは、彼が持ち出す証拠の多くに異議を唱える。いわく、適した土壌と、倒木によって時折生じる林冠の隙間があれば、ナラは日陰でも成長できる。わずかな木漏れ日に頼って成長しているときでも、ハシバミは大量の花粉を生産できることをほのめかす。過去には森林の構成が現在と完全に同様ではなかったので、ナラやハシバミやその他の種の間に行われる競争の力学も現在とは異なっていたかもしれない、と指摘する。[*17] さらに加えて批判者たちはいう、歴史記録では草本類の花粉は極めて少ないのだと。[*18] ヴェラは反論として、草食動物による摂食が盛んな草地では花粉を大量につくれるほど草本類は丈を伸ばさないことを示唆する。一方、シェフィールド大学の研究者ポール・バックランドは生息環境が異なる一連の甲虫の化石から、古代ブリテンの様子がかなり密度の高い森に覆われ、草食動物の個体密度はかなり低めだったと描き出してきた。バックランドは、野火のある土地に繁殖する複数の甲虫の種の様相から、ヒト以前のブリテン島の生態に火事が重要な要素をなしていたと見ている。しかし、ヴェラは火事がヨーロッパでは生態学的に重要性を持っていたとは考えていない。[*19]

かつてヨーロッパに生息した草食動物——木の葉や小枝を食うもの、草原の草を食うもの、そして植物全般を食うものを含む——の数はわからない。初期の生態学者は草食動物が森に生息し、個体数は少なかったと想像する傾向があった。一方、ヴェラの考えでは、草食動物は、アフリカに似て、開けた草地に大群で暮らしていた。結局のところ、双方ともが認めるのは、開かれた原も、閉じられた森もあったということであり、見解を異にするのは、原と森の占める割合がどうだったかという点、およびこうした状況を築き上げるのに草食動物が推進力になったのかどうかという点につきている。

これまでヴェラのオーストヴァールダースプラッセンが実証してきたのは、草食動物の生息密度の高さが景域に、確実に大きな影響を及ぼすということである。ウシやウマやシカやハイイロガンが維持する平原の姿は、樹木が密生した暗い森ではなく、アフリカのサバンナに似る。保護地内のそこここで、クロサンザシの藪から樹木が姿を現しはじめていて、ヴェラの考えるサイクルの第2段階を示す好例となっている。「クロサンザシが食害を受けずに固い棘を育てるのに1年かかります」とヴェラはいう。ならばオオカミの存在は草食動物の行動や数に変化をもたらし、棘を持つ植物の藪をさらに大きくするだけの十分な効果をもたらしたかもしれない、と私は想像してしまう。

「人工的な野生」で自然を増やす

オーストヴァールダースプラッセンは、再野生化によって自然を増やす方法の模範的な例かもしれない。しかしここは手つかずの自然からははるかにかけ離れた土地であるというのが面白いところだ。周囲は見渡す限り文明に囲まれていて、「野生」動物の一部はトラックで運ばれてきたものだ（多くは自ら移住して来たものだが）。キーストーン種［生物量が少ないにもかかわらず生態系に大きな影響を与える種］は、自らの野生の祖先の代わりを務める家畜化された動物たちである。おまけにこの土地全体が、海抜マイナス４・２メートルにあるのだ。数カ所の人工的に建設・管理されている堤防が崩れれば、全保護地は水没する。それでも、ここ以上に野生的な場所は西ヨーロッパにはおそらくないだろう。日が出ると、草藪のなかから、オレンジ色の靄のように、アカタテハの群れが一斉に舞い上がる。ミツバチは羽音を立てて飛び回り、ウマたちは嘶《いなな》き、ヘラサギはその平らなくちばしを微妙に動かし、几帳面に水面をさらう。鈍く輝くつぶれた甲虫の羽の色や獣の骨の白さを、日の光が浮かび上がらせる。ここでは、生と死が白日の下に曝されていて、しかもどちらも豊富に存在する。

人間が定住する以前のヨーロッパについてのヴェラの理論が正しいかどうか、私にはわからない。しかし、彼が持論を実証しようとして行っている実験は、仮に彼が間違っているにしても、試みるに値するものだと私には思える。そこでは興味深い出来事が現に生じつつあるのである。

「私が良いと考える判断基準は、人工的な景域ではなくて、自然の諸作用がつくり出していく景域です」とヴェラはいう。「自然の生態系のほうが開墾地より優れています。過去対現在という考え方は捨てるべきです。重要なのは、自然地対開墾地という問題です」。とはいえ、オーストヴァールダースプラッセンという場所自体は、開墾地であり、人工的であり、創造されたものだ。しかしヴェラの見方は異なる。「人間がしたことは条件を整えただけで、その後条件を満たしたのは自然でした」

ここには見たところ一つの逆説がある。オーストヴァールダースプラッセンは野生をめざして人工的につくられた。初めから変わらずそこにあったかのような存在として、無から創造されたのだった。こうして生まれたものは果たして野生の地なのだろうか？　あるいは、野生をテーマとする公園なのだろうか？

第5章　温暖化による生物の移動を手伝う

温暖化に適応する生物の移動は間に合うか

アメリカナキウサギは丸い耳をした、花をかじる小型の哺乳動物で、北アメリカ西部の高山帯の巨礫《きょれき》の多い平原に生息している。ナキウサギは高山帯の最低部ではところにより姿を消しつつあるが、驚くにはあたらない。1970年代に行われた実験によって証明済みだが、この毛玉のような小動物は、華氏78度［摂氏約26度］の気温のなかに2〜3時間いただけで、体を丸めて死んでしまうのだ。地球の気候が温暖化するにつれて、ナキウサギは生息に適した気候帯を求めて、より標高の高い場所へと移動する必要があるだろう。山によっては、不運にも、すでに彼らの生息地は山頂付近である。彼らにはもはや逃避先はないのだ。

カリフォルニアの独立峰の頂で、暑さに耐えながら、物欲しげに北の方角を眺めやるナキウサギの姿を想像してみよう。この動物が自力で移動することはできないのである。隣の山へ到達するための低地に降りる旅の途中で、死んでしまうだろう。しかし心配した人間がクーラーボックスを持って助けに来るとしたらどうだろうか。次第に多くの自然保護論者たちが、気候温暖化に先立って、将来も繁殖可能な土地へと動物を移動させることを考えはじめている。しかし彼らは神経質なほど慎重で、なかなかふん切りがつかない。移動を助けることは、若いときから受けてきた環境保護教育からはかけ離れた発想なのである。

人間の活動に起因する、すなわち人間由来の気候変動は、私たちがかつて考えていたよりは古い時代に生じ、いまに続いている。すでに見たように、更新世の絶滅は大気に痕跡を残した。ドイツのハンブルクにあるマックス・プランク気象学研究所の気候学者の分析では、中世後期ころにはすでに人類は大気中の二酸化炭素濃度を増大させつつあった。農地獲得のため大規模に土地を焼き払ったり、森林を破壊したりした間接的影響によるものだった。二酸化炭素濃度は、産業化以前の時代には、人間に起こった事件に反応して明らかな減少も示した。１３４７年の黒死病をきっかけに18万平方キロの農地が森林に戻った。13世紀に起こったモンゴルの侵攻の際に森に返った土地は、もっと多かった。これら大量死の後に、所有者が死んで打ち捨てられた畑地に成長した木々が、排出量を減少させるに足る量の炭素を吸収したのだ。産業革命へとまっしぐらに進んでいく前に、地球という惑星が一瞬息を整えたかのようである。[*1]
現在では、もちろん、人間由来の気候変動は本格的にこの惑星全体を暖めはじめている。ここでは温暖化の事実を証明するための議論はしない。すでにこれをテーマに論じた優れた書籍等が多数存在するから。ここでは次のことを指摘しておけば十分だろう。すなわち、人類が排出する二酸化炭素やメタンといった気体やＨＦＣ（代替フロン）のような工業用ガスが地球の大気の組成を変えた結果、大気中にとどまる熱量が増加している、と科学者たちは信じているのである。その結果は単に世界が高温化するだけではなく、ある場所では雨量が増大、ある場所では減少するなど、地球の気候パターンは概して予想しがたくなるのである。人間由来の気候変動によってすでに自然界では、春の花の開花時期から動物の生息地まで、いたるところで変化が生じている。生態学者たちは、研究対象である生態系にとって気候変動が何を意味するかを、いまようやく理解しはじめている。これは人類が地球という惑星に残した最大の刻印なのである。
多くの種が気候変動によって移動することが予想されている。すでに移動したものも多い。ほとんどの動植物は、好む気温や好む降水パターンが異なる。ほとんどの動植物には環境耐性の限界値が決まっていて、それを超えては生存せず、あるいは生殖ができない。新たに生じた高温に対処できないものたちは、死力を尽くして困難な状況から逃れ出ようとするだろう。何世代もかけて極地へと向かい、あるいは山の高みをめざすのだ。

たとえば、アメリカのブナは現在ではフロリダ北部からカナダ南部にいたるまで、北アメリカ大陸の東側に生育する。ブナの樹皮は滑らかな灰色で樹幹下部は広がっている。今日の東部の落葉樹林を代表する樹種である。気候が温暖化すると、生育地の南限付近のブナは成長し繁殖する十分な能力を失うかもしれない。ブナは水を好む木で、華氏100度［摂氏38度］を超える温度は苦手である。もしフロリダ北部の気候が乾燥化し高温化すれば、この地域のブナは枯死するおそれがある。一方、カナダでは温暖化でブナの生育に適した気温の土地がさらに増える可能性がある。そうなると、現在の北限を越えたさらに北方の地にルリカケスが落としたブナの実が発芽し、順調に成長するかもしれない。そうなれば、100年後には、ブナの生育範囲全体の位置が現在とは異なったものになるだろう。アメリカのブナは北進し、現在は針葉樹優占の寒帯林に覆われた土地の南部へと進出することになろう。現在の寒帯林は北へと移動し、現在のツンドラ南部へと進むだろう。ツンドラは北進の結果、現在は氷床に覆われている北極南部へと侵入するだろう。そして氷床に覆われた北極圏は……溶解するだろう。

もちろん、ことはこれほど単純には進まないだろう。2006年、カナダ人と中国人の2人の科学者がチームを組んで、世界中のブナの調査を行った。さまざまな具体的な気候状態を描き出した地図と、ブナの分布図とを重ね合わせたのである。[*2] その結果、もっとも重要な変化要素——ブナの実際の分布範囲をもっとも正しく予測するもの——は、ブナの成長期における気温だということがわかった。しかし状況は世界中でさまざまに異なる。中国においては、現在の北限よりずっと北でもブナは気温には対処することが可能であるが、乾燥がひどいために実際には生育できないのだ。イギリスのブナはその潜在的北限付近のどこにも見られないが、おそらくその理由は、最後の氷期が終わってから、北限への到達に必要な時間がまだ経過していないだけである。

生態系が一斉に隊列を組んで移動することはありそうにない。これまでの気候変動においてもそうであったように、行動の機敏さは種によって異なるものだ。それに、現在の世界では、移動の途中に障害が現れることもしばしばである。海が、都市が——ときには、たった一本の道路でさえ小型の種にとっては移動を阻むに十分だろう。さらには種によって環境耐性も異なれば、移動能力も異なるから、私たちが知っているような生態系はばらばらに解体されてしまいそうである。

チョウには羽があるから、植物よりは容易に移動することができる。しかしチョウの多くはそれぞれ限られた種類の植物にのみ産卵するから、彼らは植物が先に移動するのを待たねばならないだろう。一方、植物の多くは生殖のために、授粉を鳥や昆虫に依存している。もし授粉媒介者たちが温暖化を逃れるため、植物よりも先に、北へあるいは高地へと飛んでいってしまったら、いったいどうなるだろう。そして種によっては——そんな種は実際に多そうだが——単に移動が遅すぎて気候変動に追いつけないことになるだろう。生息地を出て繁殖可能な地にたどり着く前に、こうした種は死に絶えるかもしれない。

動植物は実際に極方向や高地へ移動している

個々の種の生息域の移動についてはすでに多くの実例報告がなされている。エクセター大学の生物学者ロバート・ジョン・ウィルソンによれば、スペイン中央部のシエラデグアダラマにおいて、チョウの生息域が、過去35年で平均200メートルほど垂直方向に移動したことがわかった。すでに山頂付近に生息しているチョウは頂を離れ希薄な大気のなかへと移動するしかない——すなわち、絶滅途上にあるのだ。たとえば、シエラデグアダラマにおけるアポロチョウの生息地は現在では標高1300メートル以上の北向き斜面に限定される。広さとしてはいくらでもない。[*3]

高木限界線とは、高山において森林が途絶え、緑草高地や類似の生態系がはじまる境界線をいうが、この線の上昇が続いている。多くの場所で、とくにスイスアルプスでは顕著だが、高原の草場での放牧が行われなくなったことが高木限界線の上昇を助長している。先駆樹種の若木を食うヤギ、その他の草食獣がいまやいないからである。[*4] しかし高木限界線の移動は一律かつ整然としたものではない。１６６地点を対象にしたある分析では、前進しつつある高木限界線はわずか52パーセントであった。47パーセントは不動であり、１パーセントは後退していた。[*5] この動きをより適切に予測する助けとなるのは、夏季の温暖化より冬季の温暖化のほうだ。これは、「地球温暖化」が数多くの要素からなる事象であり、これら要素のそれぞれが環境に異なる影響を及ぼす、ということを思い起こさせてくれる好例である。

さらにこれらは上方向への変化の例にすぎない。極へと向かう動きもまた報告されつつある。１９９９年、アメリカ国立生態学分析総合センターの生態学者であったカミール・パーメザン率いる調査団は、研究対象にしたヨーロッパ産の35種類のチョウのうち63パーセントが、１９００年以降32キロから２４０キロほど北に生息地を移動させたことを突き止めた（チョウが生態学者たちにとって人気の基準種であるのは、多くは色が鮮やかで視認しやすいこと、比較的採取しやすいこと、そしてとりわけ大きくもなく、狂暴でもないことなどが理由だ）[*6]。以来、パーメザンは気候変動に対する生物種の反応について研究を続けている。気候変動に関する科学的総意の要約として、「気候変動に関する政府間パネル（IPCC）」が定期的に刊行している例の分厚い報告書の作成にもかかわってきた。2003年におけるパーメザンの評価では、種の生息範囲は10年ごとに6キロあまり、北極へ向かって移動している。彼女はまた、開花といった春を告げる出来事が10年ごとに2・3日ずつ早まっていると見ているが、このことは現在の生態系の同調状態［開花と花の受粉を助ける昆虫の活動時期の同調など］を維持する助けにはならないだろう。[*7]

生物の移動に手を貸すことを躊躇する研究者たち

極へと向かう動きは憂慮すべきだが、温暖化によって絶滅する初期の犠牲者はおそらく高地に生息する種であろう。その理由は、パーメザンによると、幾何学的である。「北へ向かうと想像してください。土地は十分にあります。しかし生息地が高山帯に限定されている種の場合には、山の幾何学的形態のために、上方の生息域はますます狭まります」。完全に円錐型の山を想像してみれば、この効果を容易に視覚化することができるだろう。円錐の高みをめざせば、めざすほど、円錐の表面積は小さくなっていくのだから。

しかし、パーメザンはいう、「山そのものを高くすることはできませんが、より標高の高い、ないしより北方の別の山へと種を移動させることを考えることはできそうです」。害の生じない方法に聞こえるが、どうだろう。多くの生態学者は、しかしこれを無害とはいわない。生涯をかけて、現存する生態系の限りなく複雑な働きを研究した研究者には、ある種を別の生態系へと否応なしに移動させるなど聞くだに恐ろしい話なのだ。移動させられた生物たちは死んでしまうかもしれない。生きるために彼らが何を必要とするかは正確にはわかっていないからだ——必要なものが、ある特殊な土壌微生物だったり、ある微気候的条件だったりもするだろう。あるいは、さらにいっそうひどいシナリオなら、移住してきた連中が新たな環境で大いに繁栄した結果、恐ろしい「侵入種」となり、在来種の座を奪い、彼らを追い出してしまう可能性もある。これは人類がたまたま侵入種を生み出してしまうこととは別の話だ。人類とは愚かしい存在なのだから、そのようなことは仕方ないのかもしれない。しかし、知識がありながら、この時代にわざわざ侵入種をつくるようなことをしでかすとなればどうだろう。多くの生態学者や保全生物学者たちにとっては、それは狂気以外の何ものでもないだろう。だが同時に……私たちが引き起こした気候変動によって動植物が絶滅していくのを、ただ手を拱《こまね》いて眺めているだけでよいのだろうか。

気候変動について興味深いことは、それが２つのよく知られた仮説を対立関係にしてしまうところだ。１つは始原性という神話であり、もう１つは地域ごとに正しい

「基準となる過去の自然」があるという神話である。人間は自然の外部に存在するものであり、人間が気候変動を引き起こしたのだと仮定するなら、論理的帰結は、人間は償うべし――すなわち、気候変動がなければ生き延びていたはずの種の生存を、何をしてでも、保証すべしということになろう――たとえそれが、ストレスにすっかりやられた生物を新たな土地へと移動させ、新たな気候のもとで繁殖できるようにしてやることを意味するとしても。しかし、もし生態系には私たちが回帰すべき正しい状態があるなら――2つ目の仮説だ――そのときは、私たちには生物種をある地域から別の地域へと移動させることは断じてできないのだ。それは基準となる過去の自然を乱すことであり、意図的に侵入種をつくるに等しい行為となるからである。

この難問を突き付けられて、多くの科学者は身動きが取れない状態になった。気温の上昇に脅かされる動植物を移動させる案の提唱者たちは絶滅率の上昇のほうを心配するが、反対派たちのほうは共進化してきた生態系の無欠性の喪失を心配するのである。概して、科学者たちはこの移動案について、口が利けないほどひどく狼狽しているのだ。

科学者たちが口を閉ざすもう1つの理由は、種の移動という考え方に「適応策」のにおいがすることである。「適応」という言葉は、最近まで、環境保護運動家たちの間では禁句だった。理由は、この語が「温室効果ガスの」排出量削減という最重要目標から人の目をそらすものと考えたからである。「本当に、適応について語るのはほぼタブーでした」。インディアナ州ノートルダム大学の生態学者ジェシカ・ヘルマンはいう。「IPCCはこれまで適応策について話題にはしてきましたが、実際には、緩和策のほうに重きがおかれていました。この偏りが生物学の分野ではこういった形で現れたのだと考えています」。始原性の神話と適応策タブーが自然保護論者と生態学者を身動き不能にしている状況で、科学者たちが動植物の移動についての会話を開始せざるを得なくなったのは、一人の好奇心あふれる、風変わりな市民ナチュラリストの功績だった。

タブーに挑み、立ち上がった市民ナチュラリスト

コニー・バーロウは巡回説教師である。髪は短く、白髪が交じりはじめていて、眼鏡は縁が針金で、ジャンパーとカーディガンを身に纏い、快活な学校の先生といった雰囲気をしている。夫のマイケル・ダウド師とともに、小型トラックを住まいとして暮らしている。2人は国をめぐりながら、おもにユニテリアン派の教会で、科学に関する刺激的な講演を行い、自らを「進化的福音伝道師」と称している。彼らの教育プログラムは、子どもたち大人たちに「140億年にわたる宇宙と生命と人間の歴史を、

万物を讃える聖なる叙事詩として語る」ものである。こう聞いて困惑を覚えるなら、他派とは際立って異なるユニテリアン派の特徴を覚えておいてほしい。唯一の神を主張し、三位一体を退けるところからはじまったユニテリアン派は、今日では、政治的にはリベラルで、科学を支持し、反教条主義を旗印にしている。無神論者のユニテリアン派さえあり得るし、しかも珍しくない。

バーロウがこのようなプログラムの実行を思い立ったのは、人々に「深い時の目」で世界を見ることを教えるという動機からだった。過去200〜300年という短期での事態の推移に関心を奪われることなく、長大な時間的コンテクストのなかで物事を研究することに彼女の関心はあるのだ。さらに彼女は筋金入りの環境保護論者でもある。

1990年代のこと、バーロウはトレイヤ・タクシフォリア、すなわち世界でももっとも希少な常緑樹の1種であるフロリダトレイヤのことを知り、その後、数度にわたり原産地と考えられている土地にこの木を訪ねた。「私はこの木が本当に好きになっていたのです」。バーロウはいう。「個々人が、自分の心に従うことによって、変化を起こすことができるという考えに私はとても愛着を持っています」。絶滅の危機にある種を一つ選んで、それを守るために戦うことが自分の引き受け得る仕事のように思われた。二度目にその地を訪ねた折、本人によれば、その木に個人的に忠誠を誓ったのだった。

トレイヤ・タクシフォリアの種子は乳白色で青みがかった光沢のある卵型をしており、平たい針のような葉は揉むとテレピン油の強いにおいがする。このにおいのせいで、この木の一般名の一つはstinking cedar［臭いスギ］なのだ。トレイヤ・タクシフォリアの原産地の範囲は、これまでにナチュラリストたちが自生を確認できた地域ということになるが、それは65キロほどの長さで、フロリダとジョージアの州境を流れるアパラチコーラ川東岸の一部にあたる。この種がこの場所だけに存在する理由の一つとして考えられるのは、これが、カリフォルニア大学デイヴィス校の生態学者マーク・シュワルツのいう、最終氷期の「残存生物」だということである。

3万年ほど前にはトレイヤ・タクシフォリアは北アメリカに広く自生していた。そのころ、氷河時代にはしばしば起こっていることだが、気候に変化が生じ、氷河はゆっくりと南進をはじめた。これが最後の氷河拡張期で、その結果トレイヤ・タクシフォリアは南へと押しやられ、おそらく小さな孤立した低地へと閉じ込められた。現在この種が見つかっている河谷のような場所である。こうした比較的温暖で小さな場所を、古生態学者は「氷期避難地」と呼ぶ。およそ1万2500年前に氷河の後退がはじまると、それまで南へと押しやられていた動植物が後退する氷河の後を追って北へと移動を開始した。しかし運の悪いものたちもいた。避難場所のすぐ外に生じた新たな環境が好ましくない場合もあったかもしれない。個体数が少なすぎたために、生殖による生息域の拡大がままならない場合もあったかもしれない。

もしトレイヤ・タクシフォリアがそうした孤立した場所から動けなくなったとすれば、気候の温暖化による気温上昇がひどいために繁殖が難しくなった可能性がある。すなわち、気候が再び温暖化するにつれ、かつては最後の安寧の地だった、以前の避難場所が、この種の生存に不利な状況を呈するように変わってきたのだ。1950年代に、個体数が激減した。理由はいまだに不明である。高温によるストレスを受けたとすれば、菌類や昆虫の攻撃には弱くなっていたかもしれない。いずれにせよ、木々が立ち直ることはなかった。『フロリダの灌木と木性蔓植物（The Shrubs and Woody Vines of Florida）』によれば、「年配者の伝える話では、トレイヤはかつてとても豊富にあったから、クリスマスツリーに使うため毎年切られていた」[*8]。最近では、原産地には成木がまったく見られず、あるのは小さな若木だけで、地上部を枯らしては、また芽吹くことを繰り返している。種子をならす木は一本もない。この木の衰退に気候変動が何らかの役割を果たしているのかどうかは科学者もわからない。気候変動が助けにならないことは確かではあるが。

コニー・バーロウが友人のポール・マーティン――人間による更新世大型動物の絶滅説を唱えた科学者――とこの話題について語り合ったとき、彼女は例の「深い時の目」で問題を見ようとした。彼女にとっては、トレイヤ・タクシフォリアの本当の生息範囲、言い換えれば、基準となる過去の自然に対応する生息範囲は、この木が氷河の去るのを待っていたちっぽけな避難場所などではなく、はるかに広大な土地であり、氷河時代がはじまる以前には、ことによると数千万年にもわたってこの木はそこを占拠していたかもしれないのだ。これを出発点とすれば、次の段階は明らかだ。トレイヤをかつて馴染んだ土地に移植するのだ。そうすれば、進化で獲得した形質を発現し、逞しい14メートルもの高木へと成長できるだろう。

2004年ころ、バーロウとマーティンはトレイヤの移植について、植物学者たちと便りのやり取りをはじめた。通信相手にはカリフォルニア大学デイヴィス校の生態学者、マーク・シュワルツもいた。Eメールでのやり取りのプリントアウトは現在、ミシガン州のアナーバーにあるバーロウの保管用ロッカーのなかに資料として収納されている。「それらのEメールは、この問題を植物学者たちが考え抜いた記録として本当に価値のあるものです」とバーロウはいう。「歴史上とても画期的な出来事に思えました」。そして本当に、将来、図書館の資料庫のなかで、生態学史の研究者が、手袋をはめた指先でそのプリントアウトをめくる日がくるかもしれない。時が経てばわかることだが。

人による移転という考えを生態学者が認めはじめた

次の一歩は、『ワイルド・アース』の2005年1月号に載った2本の論説だった。ほぼこのころに、種を移動させるという発想に「管理移転〔assisted migration　巻末の訳語注記参照〕」という名称がついた。ここではmigrationは、冬に鳥が南へ渡るという意味で使われているのではなく、古生態学的な意味で使われている。すなわち、気候変化に呼応することが多いが、生物種がゆっくりと、地質学的時間規模で動き回るということなのだ。バーロウとマーティンはトレイヤの移動に賛成の立場で論説を書いた。シュワルツは反対の立場から書いた。シュワルツの論評は委細含めて引用する価値がある。この問題について、多くの生態学者たちがどう感じているかを実にうまく把握しているからである。

「ほとんどの場合、私たちが歴史記録を利用するのは、基準となる過去の自然としての森林生態系の確定のためであり、これが私たちが現在の森林を管理するときの到達目標になる。基準となる過去の自然がないということは、私たちは目標を失うということである。目標がなければ、在来種の絶滅を生じさせる管理も含めて、あらゆる管理が成功だと言い張れることになる。そのような成功を私は危ぶむ。種の保全を目的に、その種を現在の分布地の外部へと意図的に導入することは、この基準となる過去の自然の価値を損ない、矮小化することであり、自然保護の水準を引き下げるおそれがある。冷静さを欠いた感情の高ぶりから、ある一群の人たちはどうやら次のように発言するつもりのようである。いわく、フロリダトレイヤは南アパラチアの奥まった小さな森には居場所がないのだと。結果としては、管理移転を行うことが自然保護論者たちの間に怨恨を生じさせるはずであり、実際にそうなるであろう。この怨恨は自然保護には役立たない」[*9]

要するに、ある種が絶滅に瀕していようとも、その種を救い得る方法が他の生態系を危機に陥れ、自然保護活動を導く基準線の存在を脅かし、他の自然保護論者たちの怒りを買うことにならないとも限らないというわけである。泣きたければご勝手に、ただしフロリダトレイヤには手を出さないように。

これで一巻の終わりとなっていたかもしれないのだが、バーロウはこの論争についてのウェブサイトを立ち上げ、そしてサイトのなかで彼女は自分と共鳴者たちを「トレイヤの番人」と名付けたのである。市民ナチュラリストタイプの人たちが接触してきたのはこのころだった。そして彼らが求めたものはとても討論だけで満足することではなかった。彼らは移植の実行を望んだのだった。

一方、生態学者たちは管理移転を話題にしはじめていた――公開された論文上ではなく、仕事を終えてバーでグラスを傾けながらである。ヘルマンは、ノートルダムで同じ学部に勤めていた、ジェイソン・マクロクランという古生態学者と語り合ったことを覚えている。ヘルマンがインディアナに飛んで、引っ越しの準備で家を探していたとき、2人で女子バスケットボールの試合を見た。2人は「ファイティング・アイリッシュ」を応援しながら、トレイヤの問題を話し合った。とりわけ、彼らが自分たちの研究について講演を行った後の質疑応答の時間などに、動植物種の移動について取り沙汰されることが多くなっていることも話題だった。

「必ず誰か手を挙げて、こんな質問をするのです。『では、生息地を広げることができない種を予測できるなら、そんな種のために介入しないのですか？』」とヘルマンは語る。「衝動的に出てくるのは嘲笑とこんな答えです。『まあ、相手は自然です。自然に代わって介入することはありません』」

しかし質問は後を絶たなかったので、ヘルマン、マクロクラン、マーク・シュワルツはこの問題を少なくとも科学的議論の主流――学術出版――に持ち込むべきであるという決断をした。そして、この主題について彼らの最初の論文が果たしたのはほぼその通りの役割だった。それは会話のきっかけであって、賛成あるいは反対を表明するものではなかった。「あの論文で私たちが述べたことの一つは、科学者はこの問題を議論する必要があるということです」。ヘルマンはいう。「それはちっとも重要な問題ではないと高をくくっていると、20年後には人々が指導も受けずに種の移動を実践しているのを知り、ショックを受けることになるのです」。この論文は2007年3月に出版された。[*10]

出版直後の反応は長い沈黙だった。科学関係の出版においては、ほとんどの論文が日の目を見るまでに長大な時間を要する。『サイエンス』や『ネイチャー』のような少数のメジャーなジャーナルは、とくに新発見ともなれば急いで活字にすることもできるが、これらを除いては、しばしば論文の出版に要する時間は子どもをもうけるのに要する時間よりも長いのである。しかも、これは最初の提出先のジャーナルで原稿が無事受理されたとしての話である。

結局のところ、数編の論文が後に続いた。うち1編はカミール・パーメザンとオーストラリアの著名な生態学者ヒュー・ポッシンガムを含む7名の著者による有力な論文だった。この大物たちは管理移転が適切である場合がときとしてあることを主張し、種を移動させるべきときを判断するための大雑把な手引きを提供した。彼らはファースト・パスとして彼らが世に送り出した分析に、以下の条件で種を移動させるべきことが示唆されていた。すなわち、当該種が気候変動の影響を受けて絶滅する危険性が高い場合、そしてその種の輸送が実行可能である場合、さらに「移転による利益が生物学的および社会経済的コストと制約を上回る場合」である。[*11] もちろん、この最後の判断は実に厄介だ。

彼らはまたこの実践を管理移転（assisted migration）ではなく定着支援（assisted colonization）と呼んだが、その結果、現在では、立場の違う各派の間で交わされる科学的議論が白熱しているのは、この考えの適不適についてではなく、種を移動させる行為の呼称をめぐってであることは確かなようである。その後さらに2、3本の論文が出版されているが、どれも理論的で手堅いものだ。国際自然保護連合（ＩＵＣＮ）は、２０１２年までに公式見解を発表することを目標に、ワーキンググループを招集してこの問題の調査にあたらせている［ＩＵＣＮは２０１３年に「再導入とその他の保全的移植に関するガイドライン」を公表し指針を示した］。

そしてほぼそんなところが、この問題に対する公式的な科学界の反応について私たちに届く最新情報である――科学者たちが、自らが大変に恐ろしいと考える提案に、とりあえず取り組む約束をしたといったところだろう。しかしながら、市民ナチュラリストたちのほうはそんなにグズグズしてはいなかった。２００８年夏、トレイヤの番人たちは行動を起こした。彼らは苗床から集めた31本のトレイヤ・タクシフォリアの若木を、慎重に選んだ北カロライナ州の土地に移植した。そこは私有地で、所有者である2人の市民はトレイヤを救うことに興奮していた。若木の一本一本には歴史上の人物の名前が与えられた。それらはフロリダトレイヤに関連した、あるいはより一般的に自然保護に関連した人物で、ジョン・ミューア、エドワード・アビー、アルド・レオポルドが含まれている。

「管理移転」は既成事実化しつつあり止められない

すると今度は興味深い急展開が生じた。この活動は、バーロウが長年同好の市民たちと重ねた会話が自然に形をなしたようなものだが、これがついにメディアの触媒作用によって変化を起こしたのだ。バーロウによれば、『オーデュボン』誌がトレイヤの話を記事にすることに関心を持った。しかし、編集者たちは誌面づくりのためにまず良い写真がほしかった。そこでバーロウは、彼らに写真を撮らせるために植樹会を組織した。そして結果的にすべてがうまくまとまったことに彼女は満足している。この活動についてのエッセイのなかで、バーロウは次のように述べている。「保全生物学者や地所管理人は、一般市民が独力で、絶滅に瀕した植物を『自生』地から持ち出して、はるか北方の地に移植しようとしている事態に、恐慌をきたした。もし、彼らがそういう反応を示さなかったら、絶望的な状況にある無名の植物にメディアが関心を寄せる理由はほとんどなかっただろう。そしてメディアが関心を示したことで、私たち『番人』はさらにやる気になり、どうやらいまこそ行動のときであり、どうやら私たちこそが行動主体となるべき人間なのだ、と考えるようになった」

トレイヤ・タクシフォリアは侵入種として非常に厄介な問題を起こすことはなさそうである。マーク・シュワルツですらそれは認めるところである。これまで有害種となった多くの種とは違い、トレイヤの種子は風で拡散されない。繁殖には長い時間がかかるし、木としては十分な大きさに成長するので、バーロウがいうように、「たとえ移植が間違いだったとしても、一本残らず除去することは可能」である。しかしながら、先例はつくられた。そして先例をつくったのは専門家というよりアマチュアだったのだ。

意図せぬ管理移転も盛んに進められつつある。ヨーロッパの養樹園で販売されているヨーロッパ原産の植物約350種について分析して明らかになったのは、そのうち73パーセントが自生地よりもはるかに北の地域で売られていて、その平均移動距離は1000キロほどになるということだ。[*12] 美しいピンクの花を咲かせるロックソープワートは、植物学者が公表している正式な自生地によれば、ドイツより北では生育しない。しかしスウェーデンでこの花を買って、自分の庭で育てることはできるのだ。研究者たちの示唆するところでは、このような売り買いによる移動がことによると気候変動への種の適応を助けることになるかもしれない。「管理移転についての議論は続いているが」、彼らの論文によれば、「その一方で明らかなことは、地球上いたるところで、気候変動の機先を制するように、すでに私たちは多くの種を意図せぬまま優先的に移住させているのである」。

総じていえることは、ちょうど代理動物を使った再野生化の件がそうであったように［第4章参照］、もはや事実が先行しており、いまさら止めようとしても後の祭りだということだ。明らかではないのは、将来ショーを取り仕切ることになるのはパーメザンのような科学者たちなのか、あるいはバーロウのような市民たちなのかである。動物や植物の移動が大規模に行われていても（動物については、郵送は難しいし、輸送が違法な場合もあるから、件数は少ないだろうが）、臆病な科学者たちは尻込みするのだろうか。あるいは、この類いの行動を規制するようにと科学者たちは政府を説得するだろうか。そして、つまるところ、どちらのほうが地球にとってはより好ましいのだろうか。

バーロウは情熱的な市民がこの活動をするのは理にかなったことだと考えている。だからこそ、彼女はトレイヤ移植パーティーを推進させたのだった。「私たちの社会が、あらゆることを専門家にさせるための支払い能力やその意志を持っているとは、私にはとても思えなかったのです」とバーロウはいう。ヘルマンなら専門家がショーを取り仕切るのだったら、もう少し好意的に見るのかもしれないが、バーロウは専門家が必ずや仕切るようになるだろうとは考えない。それゆえに、バーロウが望むのは、この活動を効果的かつ安全に行うために、市民たちにせめて科学的な道具《ツール》だけは提供できるようにしたい、ということだ。

管理移転の指針づくりのための実験は意外に困難

そこでヘルマン、マクロクラン、そして彼らの友人でブラウン大学のダヴ・サックスの3人はこの問題に関する調査委員会をつくる決断をした。どのような場合に、種の移転が不可避だと考えられるかという条件についての科学的研究を促そうとしたのである。ヘルマンが望んでいるのは、委員会で一種の手引書を作成することだ。それがあれば、救済したい生物種を満載したレンタルトレーラーを極地方向に走らせようと目論んでいる人たちに、科学的な情報を提供できるだろう。

「人々が意思決定の際に頼りにしてもらえる程度のものは公表します」とヘルマンはいう。「私たちの評価に対して、各州および連邦政府の関係機関も注意をはらってもらえることを私たちは望んでいます。州および国の諸機関もこの問題について考えていることは確かです。しかし、もちろんですが、私たちには法をつくったり守らせたりする権威もないし願望もありません。個々の人間には自らが望むことを実行することが許されているのです」

ヘルマンは現在、動植物種の移転を望む人たちに指針として役立ててもらえるように、この骨の折れる研究の真最中である。ヘルマンが研究対象にしている場所の一つにバンクーバー島がある。彼女が研究しているのは、カリフォルニアというと多くの人が思い浮かべる、オーク［ナラ］がまばらに生えるサバンナ的生態系である。カリフォルニアサバンナのスター選手はギャリーオークあるいはオレゴンホワイトオークと呼ばれる、しばしば瘤だらけの独特な姿に育った大きな木である。樹冠の下は苔むした草地になっていて、ウマノアシガタや星形の青いヒナユリなどの野の花々が咲いている。カナダの人たちにとっては、この種の生態系は常緑樹が優占する景観に変化を与える愛らしい存在である。そして非営利団体の「ギャリーオーク生態系再生チーム」によると、カナダにおいては、「この生態系に属するおよそ１００種類に及ぶ植物、哺乳類、爬虫類、鳥類、チョウをはじめとする昆虫などが『危存種』として一覧表に正式に記載されている」。これらギャリーオークサバンナの分布範囲は太平洋沿岸地域に沿って、南はカリフォルニア州中部から北はバンクーバー島中部にいたるまでである。

このようなサバンナはカナダではとても希少であり、また土地開発に脅かされてもいる。気候が温暖化するにつれて、バンクーバー島のさらに北部に、あるいはことによると州本土に同様の生態系を成立させることに、ブリティッシュコロンビアの人たちが関心を示すこともあるのではないかとヘルマンは考えている。そこで、ヘルマンは移転による効果を直接問う一連の疑問を掲げて研究を行っている。たとえば、ギャリーオークサバンナの本質的構成要素は何であるのか？　それらの構成要素中の何が、北部におけるサバンナの分布範囲を限定しているのか？　ギャリーオーク生態系は将来自力で移動することができるであろうか？　もしできるとするなら、生態系の構成要素のなかで機動性に優れた、たとえばチョウのような種が最初に移動を開始するのだろうか？　そして人がこの生態系の移動を行うと仮定して、新たな土地に手はじめに導入する生物としては、生態系分布領域の北端に生息する生き物を使うのが最良の選択だろうか？　あるいは生態系分布範囲中心部付近の生き物のほうが新たな環境への適応力において勝るであろうか？　この最後の疑問は重要である。その理由は、ヘルマンの予想では、チョウ、オークその他の生態系構成要素には南から北への移動の過程で遺伝的変異が生じているだろうからだ。たとえば、バンクーバー島のチョウの仲間と本土に生息する同種のチョウとの間には遺伝的な差異がある。「この差異の匂配のすべてから漏れなく選んで移動させるというのでしょうか？」とヘルマンは問うのである。

このような疑問への答えを見つける作業は、家を1軒借りることからまずははじまる。生態学調査には大変な量の仕事が必要で、わずか1、2行の文に要約し得る結果も、何年にもわたる後方支援的運営管理、疲労困憊のフィールドワークの日々、そしてカフェインを補給しながらのおおわらわのデスクワークによって、やっとの思いで勝ち取られた成果なのである。バンクーバー島のギャリーオークサバンナの動力学について学ぶために、ヘルマンが最初にしなくてはならなかったのは研究を行うための助成金を得ることで、そのためには競争相手たちに打ち勝てるだけの十分に魅力のある提案をまとめる必要があった。助成金が手に入ると、今度は地域研究本部を設置しなくてはならなかった。今回の場合には、ブリティッシュコロンビアのレディスミスに家を1軒借りた。次に、チームを組むために人集めをした。メンバーには、オンタリオ大学の博士課程学生のキャロライン・ウィリアムズとブラウン大学の学部生のアンドレ・バーニアがいて、日々の仕事を大いにこなしてもらうつもりだった。ヘルマンは、衛星画像を使い、レンタカーで島内をめぐって、ギャリーオークの生育地およびギャリーオークの移植先となりそうな場所を特定し、数回分の実験を立案し、データの収集とチョウの飼育に使う器具を購入し、フィールドワークに耐え得るような資料採集装置を即席でつくりあげ、チームのために数台の車を入手した。しかもこれは2カ所の本部のうち1カ所の話である。オレゴン州のギャリーオークサバンナ分布領域の中心部においても、1チーム分の同様の煩雑な作業をやり遂げなければならなかった。オレゴンの現場は対照標準として、サバンナ分布領域の端《はし》を比較するためのものである。北の実験現場を私が訪ねた週には、ヘルマンもチームの様子を見に来ていて、フィールドワークのデータをダウンロードして、移植したオークをチェックし、万事うまくいっていることを確認した。

私たち4人は一緒に車に乗って、バンクーバー島の陸地側の道を行ったり来たりしながら進んでいった。生態系の広がる範囲を出たり入ったりしながら、軍の基地や公園や林業のために管理されている「王室御料地《クラウンランド》」や私有地の自然保護区などにあるオークサバンナを訪ねた。車から見ると、町や道路になっている部分を除き、この島は全島針葉樹で覆われているようだった。ギャリーオークの生育地は、曲がりくねった道の先にひっそり隠れた、秘密の宝物だった。ベイマツとツガの一面の広がりのなかに、花々と草本類と瘤だらけのオークの大木が小さな群落をなして点在している。カナダ人がこうした場所に魅せられる理由が私には理解できた。またこうした生態系が自力で北へ移動することはおそらくできないだろうことも私には理解できた。

これらすべての場所で、ヘルマンは2種類のチョウを集めて、飼育している。黒ずんだ羽を持つセセリチョウとアゲハチョウである。分布範囲内の生息場所が異なるチョウの間に生ずる差異を調べようというのである。実際には、ヘルマンが突き止めようとしているのは、最北のチョウは生態系分布領域の端に生息することに特化した適応の仕方をしてしまったのか、あるいは、実は、彼らは最北での暮らしを多少とも惨めに思っていて、はるか南のカリフォルニアでの生活を夢見ているのだろうか、ということである。「私がチョウに尋ねようとしているのは、『どこに暮らしたいの?』ということです」ヘルマンはいう。仮に、「北カリフォルニアですよ。故郷ですから」とチョウが答えたならば、そのときは、次のように予想してもよさそうだ。すなわち、気候が温暖化してくるにつれ、バンクーバー島のチョウたちはさらに幸福に、さらに健康になり、生殖頻度も上がり、自分たちの力で北へと生息域を押し上げるだろうと。もしチョウたちの答えが、「バンクーバー島さ! 私たちはこの島に適応しているのだから」だったら、そのときは、気候の温暖化は彼らの健康を損なうことになるはずである――そして、北へと生息域を広げるために強健な個体群である必要が生じるまさにそのときに、彼らは衰退へと向かうことになるかもしれないのだ。もしも後者の場合であるなら、チョウたちは北へ移動するために手助けを必要とするかもしれない。ヘルマンの予想では、アゲハよりもセセリのほうに局地適応の度合いが強く見られそうである。セセリのほうが南に生息する同類たちからの孤立性も高いからだ。このセセリは飛翔能力もアゲハほど高くはないし、幼虫の食草はオークの葉に限られる。となると、多くの個体群はそれぞれに特定の小さなギャリーオーク生育地に孤立して生息していて、隣のサバンナからやってくるチョウと交尾することもまったくないのかもしれない。

オーク生育地を次から次へとめぐりながら、途中で2、3の墓地に車を止めた。墓地の1つは、いまのところ最北に位置するギャリーオークサバンナのさらに北にあるが、そこには数本のじつに大きなギャリーオークが生えていて、至極健やかな生育ぶりだった。これらの木は、墓地をつくるために最初にこの辺りの森を伐開した人たちによって植えられたものだろうか。もう1つの墓地は、島の南端に位置し、メチョーセンの町に属している。墓地の地面は白いヒナユリの花に覆われ、ギャリーオークが木陰をつくっていた。1862年にこの地にセントメアリ・ザ・ヴァージン教会が建立される以前から、オークはこの場所で途絶えることなく成長してきたものかもしれない。墓地は、基地と同様に、希少な種や生態系がよく見つかる場所である。最近では、広さが0・1平方キロほどの、トールグラスプレイリー［丈の高い草に覆われた大草原］の名残がセントルイスの市街地の墓地で発見された。[*13]

ここでも「手つかずの自然はない」ことが問題に

ヘルマンのチームと一緒に車で島を行ったり来たりしながら、私はギャリーオーク研究にはもう一つ難点があるということを学んだ。彼女らが調査しているオーク生育地のいくつかは、少なくとも部分的には人間が生み出したものらしいのだ。ヨーロッパ人到来以前のバンクーバー島在住の人々もこの生態系を好み、火を使って維持管理を行ったのだ。この生態系の美的な性質とはまた別に、オークの生育する草原では狩りが容易にできたし、そこで採れるヒナユリの球根は補助的カロリー源ともなった。岩の多い斜面にあるギャリーオークの草原はいわば自己管理で生態系を維持してきたらしいが、土壌が良質な場所では、針葉樹の侵入によってギャリーオークサバンナが乗っ取られるのを防ぐのは困難だということが自然保護管理官たちにもわかった。彼らは草刈りと、迫りくるベイマツを切り倒すという方法で対処してきたのだ。

さらに知識を得るため、私はマーク・ヴェランドという、ブリティッシュコロンビア大学出身の若い保全生物学者と会った。彼はヘルマンの管理移転研究グループに参加していて、庭師たちが植物を北へと移動させているという事実を示した論文の著者の一人である。ヴェランドは徒歩でギャリーオークサバンナを2、3カ所ほど案内してくれた。私たちは縦一列になって、ほっそりとしてはいるがたいそう古くて瘤だらけのオークの幹の間を通り、ウマノアシガタやキバナノクリンザクラやロマティウムやヒナユリの咲く傍らを抜けて歩いたが、その折、彼は一つの物語を語ってくれた。

「8000年前は、バンクーバー島の気候はもっと温暖で、乾燥していました。そのころには、オークと花々の生育地はもっと広がっていたのかもしれませんが、時が経つと、こうした植生の維持はもっぱら人間による野焼きに頼ることになりました」。そこで、私は尋ねた。もし気候の寒冷化の後に人々がここで野焼きをしなかったら、カナダでは絶滅種となった花もあったのかと。いかにも科学者然とした答えが返ってきた。「それは理に合わない仮説ではありませんね」。ということは、カナダにおけるギャリーオークサバンナは人間がつくり出したものであり、人間の活動によって脅かされてもいるということだ。それなのに人々は、人間の手で北へと移動させることでこの生態系を救うことが「不自然」だといって、危惧しているのか？　この生態系を管理移転することは、何千年間も私たち人間がこの生態系のために続けてきた世話をさらに継続していくことにほかならないではないか。

ヘルマンが選んだ場所の一つは森のなかの岩が露出した小さな伐開地で、キャンベル川にほど近く、最北のギャリーオークの木より北に位置している。移転先の一つとして選択された場所であった。オーク、チョウの仲間、草花やその他、小さなおとぎの国のサバンナをつくり出している生物種一式を人の手によって運び入れるのだ。しかし、目下、この場所はすでに別の種によって占拠されている。露出した岩は厚いパッド状のアシッドグリーンの苔で覆われていて、苔の間からは草本の長い葉が伸びており、点々とエルクの丸い糞が散らばっている。岩々の間からは低木の小さな藪が育っている。4月も下旬のこの日、藪にはまだちっぽけな赤い芽しか出ていないから、いろいろな種類の地衣類がよく見える。クマもこの伐開地を訪れるので、データをダウンロード中の研究者たちは少々不安である。そこはベイマツの壁に囲まれた、とても魅力的な森の部屋だった。しかし「ギャリーオークサバンナ」というようなキャッチーな名前がついているわけでもなければ、この土地のファンクラブがあるわけでもない。私はそのことを少し申し訳なく感じた。あたかも引っ越しトラックがすでにこの地に向かっていて、まさにこの日、この場所がギャリーオークサバンナへと変貌させられる予定になっているかのように。「現在の気候変動と、氷期後に生態系が再定着する場合とが異なる点は、北部のこの辺り一帯は現在すでに生物種で満たされているということです」とヘルマンはいった。

チームの気分は明るかった。実は、使用中の気候センサー——特大の腕時計用電池のような形だ——のうちのいくつかが、注意深くダクトテープを巻いてプラスチック製のピルケースに入れておいたのに、水に濡れてしまって、データをうまく記録できない状態だったというのに。この場所まで引きずり上げたオークはみな鉢に植えておいてあった。オークを食草とするチョウが伐開地に移動させられたとき、どんな行動を取るかを観察するために持ってきたものだ。もちろん、もしオークが鉢ではなく直接地面に植えられていたら、そのほうが状況は本当の移転により近いものとなるだろう。鉢植えの植物のほうが寒さの影響を受けやすいことは、庭師なら誰でも知っている。しかしヘルマンは、これらのオークを新しい土地の地面に植えるための政府の許可を取ってはいたが、公式記録にある生育範囲を超えてギャリーオークを個人で移動させる気にはどうにもなれなかったのだ。

ヘルマンはいまだにどっちつかずの状態である。「冷静に見れば、私たちは介入主義の時代に入りつつありますが、私には介入主義は心地よいものではありません」と彼女はいう。しかし一方で、「今後いくつもの種が絶滅することを平然と容認したいわけでもありません。種の数はかつてよりも減少しています。まず私たちが気にかけるべきことはこれ。私の関心は、種の組み合わせや配置より種の存続のほうにあります」。

どっちにしろ、人々が管理移転を重視しすぎることをヘルマンは心配する。「管理移転が気候変動の脅威に曝されている生物多様性を救う万能薬だとは思いません」。彼女はいう。「非常に重要な種もいます。そして本当に重要な種のためには、人々は管理移転を行うことでしょう……しかし、私がつらく感じるのは、すべての甲虫類や微生物について、私たちはどのような対応をするだろうかと想像するときです。これらの生物は、膨大な種数で生物多様性を支えています。しかし、誰もそれらを採集してきて、移動させようとはしないでしょう」。正しくその通りだろう。莫大な費用がかかるだろうし、それを賄うために調達できる資金はおそらく自然保護団体の乏しい財源から得るしかないだろう。しかし材木として利用価値のある樹木など、種のなかには多額の金をかけるに値するものもある。というわけで、科学者や市民ナチュラリスト以外にも、管理移転に興味を持ちそうな第3のグループがある。林業関係者たちである。

温暖化に対応した最適の植林パターンを探す実験

林学者のグレッグ・オニールはカナダのブリティッシュコロンビア州、オカナガン峡谷にルーツ——出身地と精神的故郷という両方の意味で——を持っている。彼の父親は少年時代に自転車ではるばるラトルスネークポイントまでやって来た。州立公園の一部でカラマルカ湖に突き出した岬である。グレッグも子どものときにカラマルカ湖で泳ぎを覚えた。大人になってもなお、グレッグは湖まで出かけて、「街から離れた側」で素っ裸になって泳ぐ——すぐ近くのヴァーノンの町にあるブリティッシュコロンビア森林省に勤めて、樹木の品種改良を行っている。

カラマルカ・リサーチステーション&シードオーチャードには、何列にも植えられた種類も樹齢もさまざまな木々が、夏の日差しに緑を滴らせて静かに立っている。ブリティッシュコロンビア州の風土に適した高品質の種子を生み出す目的で設計された、品種改良プログラムのために植えられているものもある。それ以外の木々は、非常に長い時間を要する科学実験に参加中だ。科学としての林学を特徴づけるものがあるとすれば、それは研究者に多大な忍耐を要求する点である。多くの実験が本当に妥当なデータを得るまでに20年はかかるのである。

だから、現在45歳のオニールは彼の傑作――管理移転適応試験（AMAT）――のタイミングをしっかり決めているのである。わずか10センチほどの高さの、最初の若木が植え付けられたのが2009年だった。信用できる結果が出はじめるころ、オニールはほぼ定年年齢に達するのだ。

AMATでは、ブリティッシュコロンビア、ワシントン、オレゴンおよびアイダホ産の16の樹種の40の個体群から若木を採取し、同じくこれらの域内にある48の「普通の庭」に移植する［北から南へブリティッシュコロンビア、ワシントン、オレゴンの順に並んで位置し、南北2000キロにわたる。これら3州はいずれも太平洋岸にある。アイダホはオレゴンとワシントンに接する内陸にある］。オニールは説明する。「たとえばオレゴン州の沿岸部産のベイマツがはるか北のブリティッシュコロンビア州北端付近に植えられることになり、クイーンシャーロット群島［ブリティッシュコロンビア州の本土沖にある］のハイダグワイイ雨林産のシトカトウヒは、はるか内陸のアイダホ中部の半砂漠地帯に移植されるでしょう」

オニールは50パーセントの若木が枯れると予想する。樹木、とくにブリティッシュコロンビア特産の針葉樹は遺伝的多様性が非常に大きく、しばしば非常に特殊な地域的気候に適応している。沿岸部のベイマツを内陸に持ってきた場合は、数年と経たないうちに枯死しても不思議はないだろう。仮に枯れないにせよ、成長を止めるか、害虫に取りつかれるか、あるいは奇形化しそうだ。「ベイマツはメキシコシティからブリティッシュコロンビア中部まで広く生育しています。そのどこでもよいのですが、もし移植先の標高が700メートルほど低くなると、ベイマツは爪楊枝ほどにしか育たないでしょう」

オニールは気候の異なる土地へと移植することで少数の実験用の木々に苦痛を与えているのだが、将来は、世界中の木々がすべて気候の変化に曝されるのである。これに対応して、オニールは南の地域および標高の低い地帯に産する種子を植えることで木を「移動させる」後押しをしている。次世代の木が、温暖化し、乾燥化した将来の気候によりよく適応できることを願ってのことだ。オニールは一刻の猶予もならないと考える。気候はすでに変わりつつあり、すでに多くの木が現在の生育地において適応不全におちいっている可能性もある。「森では本当に醜い木がときどき見つかります」とオニールはいう。「現在盛んに発生している病虫害も、この適応不全によって悪化している可能性があります」

オニールと林学者たちは手を出さずに、気候変動への対処を木々自らに任せることもできるのである。伐採後に林業者たちが再植林を止めれば、森は再び自ら種子を落とす。風は花粉を北へ、また南へと運ぶので、新しい気候によく適応した木は生き残り、うまく適応できなかった木は枯れるだろう。しかし、森林がゆっくりと厳かに行進していくさまを想像してはいけない。むしろ、快調に歩を進める木など一本もなく、進むスピードはまちまち、進む方向でさえもまちまちといった、支離滅裂な混乱ぶりを思い浮かべてほしい。そして今後長期にわたって、土地への適応が気温の上昇の速さに追いつかないから、森の姿はどうやらこれまでよりも少々みすぼらしく、萎縮症気味で、入り乱れた様相を呈することだろう。ツーバイフォー材［約5×10センチの角材］を取るには理想的とはとてもいいがたい。

林業関係者が戦慄した気候予測地図

こうした変化が起こる可能性をブリティッシュコロンビアの林業関係者たちがはっきり認識したのは、2006年に『エコロジー』誌に載ったブリティッシュコロンビア大学のアンドレアス・ハマンとトングリ・ワングが著した論文によってだった。ハマンとワングは、2025年、2055年そして2085年のブリティッシュコロンビアにおける気候の様子を地図で表したのだ[*14]。重要なのは、彼らはこれを林学者たちが使う言語によって表現した点だ。「BEC区分」という専門語である。BECはBiogeoclimatic Ecological Classification［生物地気候的生態学的分類］の意味で、林学者たちが共通言語を使って異なるタイプの森林を話題にすることができるように、1960年代から1970年代に考案された体系《システム》である。その体系はゾーン、サブゾーンそして200を超える変異ゾーンからなっている。それらは植生、気候、さらに地形や土壌の種類といった具体的な場所の特徴に基づいて定められている。林学者たちはこれらの特徴の識別法を会得している。「林学者たちは、藪のなかに入っていって、地面の植物、傾斜の状態、土壌を観察して、『この標高にフォールスボックスの藪があることが証拠だ。われわれは間違いなくIDFmw2にいる』などといえるようになりたいのです」。だから、ハマンとワングの地図が示すところによれば、乾燥した草地に生育し、現在は州南部の峡谷の底だけにしか見られないポンデローサマツが優占するBECが、州北東部の寒帯林へと急速に移動することを知り、林学者たちはびっくり仰天したのだった。

ハマンとワングの地図は森が厳かに行進する印象も与えているが、解説を読めば彼らが実際に予見している混沌が明らかになる。その分布域が現在はブリティッシュコロンビア州内にとどまっている木々は、彼らを包み込んでいる現在の「気候エンベロープ」が10年ごとに少なくとも96キロのスピードで北へ移動するのを経験しているのだ。しかし、木々が10年に96キロも移動できるか否かを左右する要因は数十にものぼるだろう。たとえば、木々の遺伝的多様性、二酸化炭素濃度上昇が成長に及ぼす直接的影響、そして「複雑な景域を抜けて移動する能力の違い」などである。

しかしブリティッシュコロンビア州においては、ほとんどの新しい木は、自らの種子による世代交代ではなく、植え付けた苗から育っている。そんなわけで、オニールが呼ぶところの「飛ぶように移動するBEC区分図」は、「手をつけずにおいたらどうなる」シナリオとして、ないしは「植え付け区域の指導手引書」として見ることができる。

オニールによれば、ブリティッシュコロンビアの林業関係者と政策立案者たちとをぎょっとさせたのは、飛ぶように移動するBEC区分だけではなかった。アメリカマツノキクイムシは近年ブリティッシュコロンビア州にひどい被害を与えている。成熟したロッジポールマツを食い荒らし、木の健康な濃い緑色は乾ききって褪せた赤色に次第に変わりながら、枯れていく。1350万ヘクタールが被害に遭っているが、これはギリシャの国土に相当する面積である。[*15] 通常、冬季の低温によってキクイムシ大量発生の背後には気候変動があると広く信じられている。通常、冬季の低温によってキクイムシの大多数は死に絶えてしまう。ところが最近の温暖化傾向で事態が変わった。「見渡す限り、赤く枯れた木ばかりです。こうなると、かなり大胆な政策も実行しやすくなります」とオニールはいう。最終的にこの州の世論をまとめさせたのは1998年と2003年に、干ばつのなかで起きた2度のひどい森林火災だった。何か手を打たねばならない。誰もの意見が一致した。

その結果、2009年4月、ブリティッシュコロンビアは計画的な樹木の移転を開始した初の行政組織となった。ほとんどの木材産出地域と同じく、州には「種子移動政策」として知られる法律がある。植林地の木々が地域環境に遺伝的に適応していることを保証するべく考えられたものだ。林業会社が木材を切り出した後に蒔く種子は同じ地域産の種子でなくてはならない。樹種によって規則は変わるが、一般には、種子を植え付ける範囲は、種子の採取地から東西南北それぞれ200キロ以内、高度については下方200メートルまで、上方300メートルまででなくてはならない。

新しい規則は高度に関するガイドラインを広げて、採取地点より最大で500メートル高い地点に種を蒔くことができるようにしているが、これは高度が低くより温暖な地点に産する木を適応させる気候は、新たな移植先における数年後の気候状況の予測値であるという理論に基づいている。「こうした規則変更は、植林予定地の気温よりも摂氏2度ほど暖かい気候に適応した種子を蒔くことを促しています」とオニールはいう。「これは、前世紀に生じた気候変動および植え付けられた木の成長初期段階に予想される諸変化を考慮したものです」

タイミングとは厄介なものだ。木は大変に長命な生き物だからだ。もし植えた種子が植えた年には完ぺきに気候に適応していたとして、最初の1、2年は逞しく成長するが、その後、気候が変化するにつれて成長が鈍化し、おそらくは、想定していない状況にいたるだろう。しかし、もし植える種子が、収穫時期に予想される気候に適応したものだったら、その種子は成長初期の寒冷な数年をひょっとして乗り越えられないかもしれない。「つまるところ、私の予想では、最適移転距離は、収穫時期に最適な気候を迎える地点までの、中間地点より手前です」とオニールはいう。「おそらく木の一生の最初の4分の1ないし3分の1の時期に最適となるくらいの地点です」

現在オニールは種子移転ガイドラインの全面的改訂に取り組んでいる。彼はガイドラインを、BEC区分図にリンクさせることを計画している。BEC区分図は林業関係者に人気があるので、区分域が移動すれば、蒔かれる種子も速やかに変更されるだろう。オニールは大いに役立ってほしいと期待している。彼は「この計画をさらに新たなレベルまでもっていくこと」についても、話題にしている。今後しばらくは伐採と再植林が行われそうにない地域の、1ヘクタールほどの半端な土地に南から持ってきた種子を蒔けばいいというのだ。これは適応のための一種の予防接種と考えればよい。新たな気候が訪れたときに、高温に適応した遺伝子を持った木々がすでに広くいきわたっていることが望ましいというのが彼の考えだ。「彼らの後押しをしてやるのがいい」とオニールはいう。「1地域について1ヘクタールに植林し、うち2分の1ヘクタールには気温1度ほど温暖な土地に産する木を植え付けて、温暖化を迎え撃つ準備をしておくこともできるのです」

現在、樹木群集の移転は行われているが、どんな樹種もその樹種の歴史的な分布域外に移植されることは行われていない。しかしオニールは、自分が取り組んでいる事業が自然に拡張されれば、そのような移転も行われるようになるだろうと予測する。

営利活動による管理移転計画への賛否両論

誰もがオニールの活動の大ファンであるわけではない。ノックスヴィルのテネシー大学の生態学者で、侵入生物学の創始者ダニエル・シンバロフは、ブリティッシュコロンビアの計画を「時間の浪費」だという。彼は管理移転という概念全体を、時流に遅れまいとみんなが乗り込もうとする「バンドワゴン」に見立てる。「種子をあちこちと移動させることに関しては、生物種を移動することほど心配はしていません」とシンバロフはいう。しかしオニールのAMATの試みは、政策に影響を及ぼすほどの成果は当分出ないだろう――「オニールが生きているうちに、AMATから本物のデータを得るのは無理だ」――さらに一方で、シンバロフによれば、未知なる問題が多すぎる。「私なら、移動を開始する前に、病原体とか虫害のことをもっともっと知っておきたいと考えるが……実際AMATが成果を上げるという確証はほとんどないわけだから」

そしてシンバロフの嘲弄の対象となる管理移転は林学という分野に限らない。モントリオールのマギル大学のアンソニー・リチャルディーと彼の最近の共著論文には「管理移転は有効な環境保全戦略ではない」と単刀直入なタイトルがつけられている。[*16]

管理移転に好意的な生態学者たちでさえも、性急にことを進めすぎる点を心配する。オニールの実験は「素晴らしい。彼がこれを実行しているのは喜ばしいことだ」。ヘルマンの検討委員会のダヴ・サックスはいう。しかし、「現在の木材収穫地からはるか北の地点に数へクタール分の植林をするというのは――私には少々恐ろしい考えに思えます」。植えた木がもし予想もしなかった形で森の生態系を変えたとしたら、どうするのだろう？　そのうえ、非介入の伝統は非常に強いのだ。サックスはさらに研究を積むことを、そして性急な行動を慎むことを求めている。しかしサックスは、自分の慎重さへの要求も、オニールの前進しようという意欲も当然といえば当然のことと認める。「商業的な関心を持つ人たちがなるべく急いで解答を見出したいと思う理由はわかるでしょう。自然保護論者のほうは、実験が予想通りにいかなかった経験をしているから、より慎重になろうとするのです」

これまでのところ、批評者たち（私が接触した人たち以外）は、ブリティッシュコロンビアにおける政策の変化に気づいていないか、あるいは彼らがまだ一線を越えてはいないと感じているかのどちらかである。オニールの上司が私に語ったところでは、新政策については、これまでただの1件も苦情は受け取っていないそうである。

サリー・エイトキンはバンクーバーのブリティッシュコロンビア大学の森林遺伝学教授であるが、管理移転には全面的に賛成である。エイトキンの指摘では、現在検討中の移転はまったく新しいものというわけではない。思い出しておこう。更新世の間中、北米大陸で北上と南下を幾度となく繰り返した氷河の動きと、それにつれて南へまた北へと、分布域をゆっくりと、だが激しく変えながらの樹木群集の移動を。「更新世の氷期と間氷期が交代を繰り返していた時代に、どこかの時点で相互に影響を及ぼしあうことのなかった種同士が」、ブリティッシュコロンビア州が行う移転計画によって「お互いに接触を持つことにはならないでしょう」とエイトキンはいう。

エイトキンにとっては、管理移転はいくつかの種を救うために必要となるものなのである。しかし絶滅が危惧されていても、商業的には無価値な、ホワイトバークマツのような木を救う仕事を完遂するのに必要な財源をかき集めるのは無理だ、とエイトキンはあきらめている。「ブリティッシュコロンビアでは、毎年、2億本の苗木が植え付けられています」とエイトキンはいう。「保全目的で、これほどの数の木が植えられるなんてことは決してないでしょう。植林は、大規模な管理移転を成し遂げる限りある方法の一つです。完全なシステムがあるわけです。すべて法制化されていて、すべて追跡されているのです」

オニールは同意する。ホワイトバークマツは、オニールによれば、標高の高いところに生える優美な針葉樹で、材は真っ白で、非常に魅力的な樹種だ。「山を登っていって、ハイキングコースの終点なんかで出くわす木ですが、現在は危機におちいっています。気候変動、ミヤママツノキクイムシと発疹サビ病に苛まれていて、逃げ場もありません」。オニールは、実利主義で考えれば財源をこの樹種に割くことはできないという。そして何を移転し、何を移転しないかについて、オニールがどう考えるかが驚くほどの重要性を持つ。オニールの報告書が州有地に対するブリティッシュコロンビアの政策に大きな影響を与えるのだ。しかも州有地の広さはブリティッシュコロンビアの95パーセントに相当し、その27パーセント、言い換えれば2500万ヘクタールが営利的森林管理のために利用可能なのである。これに比べれば、公園や保全地とされている面積はわずか1330万ヘクタールほどである。

もしオニールが集団と種を移動させると決断してしまえば、自然保護論者たちの判断は問題にならないだろう。オニールが決めた「予防接種」が保護地区では禁止されたとしても、その保護地区も、商業林から風に運ばれてやって来るライムグリーンの花粉の霞にすっかり浸されてしまうだろう。針葉樹はとりわけ精力的に花粉による遺伝子拡散を行うから、保護地域で育つ針葉樹の若木が商業林からもたらされる遺伝子にまったく影響を受けずに済む可能性はなさそうである。「過去には、植林地から保護地域への遺伝子拡散はすべて汚染と考えていたものです」とエイトキンはいう。「しかしもし私たちが、遺伝的に多様な樹木集団を北方の植林地へと移転させているとするなら、前もって気候変動に適応した遺伝子を植林地の樹木集団に提供することになるのかもしれません。私たちにはわかりませんが」。「汚染」が公園の木を救うかもしれないのだ。

多くの生態学者たちが、結果が予測困難であるというもっともな理由で、種の移転に反対するのだが、感情が一役買っていることも否定できない。一般に、人々は自分の周囲の生態系が好きで、そこでいちばん目につく植物や動物と故郷とを連想の糸で結びつける。南の方面から避難する生き物たちが大挙して姿を現し、子どものころからの記憶にある木やチョウが北へ避難し姿を消すと、故郷の表情も趣きも変わってしまうだろう。

オニールは土地に自生する木々に明らかに愛着を持った地元出身者であるにもかかわらず——在来のポンデローサマツがいちばんの好み——、オカナガン峡谷が変貌していくことをあまり心配していない。もしラトルスネークポイントからマツがすっかりなくなり、代わりに、たとえば、セージだとかアロエが主体になったとしたら、どう感じるかと私がオニールに尋ねると、「それも、いかしてると思うな」というのが彼の答えである。

管理移転には直感的に人が魅力を感じる点が多々ある。商業的に重要な木材生産用樹種のためなら、管理移転は不可避だ。庭を飾る園芸植物に関しては、とうに実行済みの事柄だ。富裕な有閑階級の支持を受ける大人気の種では、とくに原産地においてその種が困難な状況に立たされた場合には、管理移転はあり得る話だろう。しかし大多数の種——ヘルマンが挙げた甲虫類や微生物類のような——にとっては、それは相変わらずのるかそるかの大冒険だ。ほとんどの種は、温暖化に適応して存続することが可能な場所にいたる道を、自力で見出すか、さもなければ絶滅である。

しかし移転に必要な意志と現金が提供される種にとっては、歴史に記された故郷から一時身を寄せる住み処への移動の最大の障害は、間に横たわる谷だとか郊外の住宅地だとかではないかもしれない。彼らの最大の障害となるのは、もしかすると侵略的な種を導入しているのかもしれないと想像するときに、多くの生態学者が感じる恐怖なのかもしれない。しかし導入された「侵略的」である種が、本当にこれまで私たちが聞かされてきたほどの恐ろしい存在なのだろうか？　次の章では、多くの外来種が人間によって仕立て上げられたほどの悪者ではないということを明らかにする。

第6章　外来種を好きになる

外来種は必ず生態系を崩壊させるか

ニュージーランド沖のスティーブンズ島で起きたことは、いわゆる「侵入種」がもたらす変化の好例である。この島では、伝説によれば、灯台守に飼われていたたった1匹のネコ――侵入者――が、スティーブンイワサザイと呼ばれる飛べない小鳥のまさに最後の末裔たちを殺害したのだった。最近の歴史研究によれば、どうやら、この殺害行為は数年にわたって行われ、犯人は1匹のネコではなく、たまたま島に放たれた「妊娠中のメスネコ」の野生化した子孫たちだったようである。[*1] ネコが単数であれ複数であれ、世界最後の飛べない小鳥は、島に持ち込まれたネコ族ハンターの爪を逃れるには、あまりにも無力で、あまりにも食欲をそそる存在だったのだ。[*2] この話は、生物種を移動させる行為が生態系にもたらす結果について触れようとするときに、生態学者が好んで語る類いの話である。ある生物種が侵入し、生態系が崩壊し、複数の種が絶滅した結果、複雑な多様性に取って代わるのは、侵入種の支配する単調で、雑草だらけの景観であると。

しかし外来種にはまた別の側面がある。ロドリゲス島の例を考えてみよう。モーリシャスから550キロほどの距離にある、インド洋上の小島である。ロドリゲス島の固有種である3種類の生物――小鳥2種とフルーツコウモリ1種――は、1950年代から60年代に島の森が伐採されたときに、ほとんど絶滅しかかった。[*3] 小鳥もフルーツコウモリも森がもたらす果実や果汁を失い、もちろん森に生息する昆虫類をも失ったのである。1970年代、この3種の生物の生息数はわずかとなっていたが――ロドリゲスベニノジコは10羽まで減っていた――そんななか、島では木材生産と浸食防止を目的として、成長の早い外来種の植林が行われた。樹種の選択は自然保護への考慮もなく行われ、悪名高い有害種も含まれていた。しかしまったくの偶然といってもいいのだが、この植林によって、衰退しつつあった種が救われたのだった。その驚くべき速さは、成長の遅い在来種ではとても太刀打ちできなかったろう。そして電光石火のスピードこそは、これらの種を絶滅の縁から引き戻すのに必要なものだったのだ。現在では、ベニノジコとフルーツコウモリの生息数は数千に達しており、もう1種の小鳥――ムシクイの1種――も250羽という数で安定している。一方で、人々は徐々に森を在来種に戻そうとして苦労を重ねている。なぜならば、外来種は相変わらず侵略的だと見なされているからである。外来種を植えたところ、害を及ぼすより、むしろ役に立ったのだったが、外来種に対する偏見はとても根強いので、彼らはお礼を受け取るどころか、斧の一撃を食らっているのである。

こうした偏見もようやくいま改められつつあるのかもしれない。外来種には大問題となっているものもあるが、そうでないものが大多数なのである。科学的にも、外来種のなかには極めて品行方正で無害なもの、あるいは有益なものさえあることがわかってきている。だから、本来はいない「はず」の場所にいるからという理由だけで、外来種を駆逐することに時間と金を使うことは、もっと建設的な自然保護計画に投入し得る時間と金を無駄にすることだ。結局のところ、敵は外来種ではない。敵は私たちなのだ。しかし、「侵入種」の駆除は自然保護における文化として、非常に安泰な地位を得てしまっているのである。「侵入種」にかんする考え自体が、駆除するのが本当に厄介な、ああした頑固な雑草のようなものかもしれない。

外来種とそれに対する人間の対応の歴史

「侵入種」という分類表示は最近のもので、使われ出してほんの20年から30年ほどであるが、人間による種の導入のはじまりは有史以前に遡る。私たちは、少なくとも農耕開始以来の長きにわたって、あちこちと種を移動させ続けてきたのである。栽培植物と家畜類の移動がもっとも頻繁に行われているのは間違いないところだが、一方、私たちはかなりぞんざいに、不用意に種を移動させてしまうこともよくあるのだ。いろいろな生き物が、苗木の根鉢や包装材やバラスト水のなかに潜んでいたり、飛行機の車輪格納壁にくっ付いていたり、そして私たちの靴底の泥のなかに紛れ込んでいたりするのである。人間というのは感傷的な生き物でもある。私たちが世界中あちこちと移動するときに、園芸植物やペット、狩猟鳥や釣りの対象魚も連れていき、さらには元気づけてほしいというだけで小鳥までをも連れ歩いた歴史がある。

こうして持ち込まれた種の一つが「帰化」することもまれではない。新たな故国で繁殖を開始するのである。たいそう巧みに帰化した結果、時に乱暴な厄介者と化す種もある。在来種が支配していた土地や水域を奪ったり、在来種を食い尽くしたり排除したり、あるいはボートの船体を糞で汚すといった行為で不快感を与えるのだ。一般には、ニュースになるのは気の小さいよそ者たちよりはこうした悪漢どもであるから、多くの生態学者や自然保護論者には、彼らこそが敵となったのだ。

読者が耳にしたことがありそうな指名手配中の凶悪犯には、次のような連中がいる。「南部を食い尽くした雑草」のクズ［葛。日本由来］。五大湖には取水管を詰まらせ、プランクトンを貪り尽くすゼブライガイ。平原をすっかり覆い、燃えやすいので、野火の危険性を増大させるスズメノチャヒキ。昼夜なく人の血を吸う、足に縞模様を持つアジアネッタイシマカ。西部の大草原を覆い尽くし、家畜の牧草地として利用できなくしてしまった、リーフィースパージ［トウダイグサの仲間］。そしてオーストラリアにはとてつもなく巨大なコロニーをつくる、異常な食欲を持つアシナガキアリがいる。[*4] アメリカ人にはお馴染みの在来種にも、導入先の生態系次第では、非常に破壊的になるものもいる。とくに、ヤギ、ネコ、ネズミ、そしてウサギなどは、その食欲によって、さまざまな動植物種に被害をもたらすことでよく知られている。

新種の細菌やウイルスが人間や動物に疫病を伝えることもある。大変な数のアメリカインディアンやオーストラリアのアボリジニたちを死滅させた天然痘などの病原体はヨーロッパ由来の種である。蚊やネズミなども病気を持ち込み、感染勃発の原因になることがある。導入された種によっては農場経営者たちに多大な経済的損失をもたらす。農作物に加害する、あるいはより好ましい種を駆逐してしまうのだ。土壌の保水力のような、生態系が果たす有益なサービスが外来種によって崩壊することもある。[*5]

そしておそらく、スティーブンズ島で起こったように、もっとも劇的な出来事としては、導入された攻撃性の強い種が在来種を食い尽くすことで絶滅を引き起こすことがある。ブラウンツリースネークはオーストラリアとその周辺諸国の固有種だが、貨物船の密航者としてグアム島に到着後、島の森に生息する在来種の小鳥12種のうち10種を絶滅させてしまった[*6]。小鳥が消えただけでは終わらなかった。小鳥の絶滅からはじまったカスケード効果は、小鳥による播種によって繁栄していた多くの果樹に及んでいるのである。初期の研究によれば、小鳥による播種が行われなくなったおかげで、グアムでは多様な果樹が混在する森は姿を変え、将来は樹種ごとに小集団を形成、拡張する形になるようである[*7]。

　疑いもなく、種の移転によって、誰が見ても有害といえる結果が生じることは実際にある。だから人々はいま反撃を開始したのだ——政府および非政府組織主導で、さらには独力で。1995年、南アフリカでは、喝さいを浴びたワーキング・フォー・ウォーター計画が、「膨大な量の水をより生産的に利用することを阻んでいる」[*8]侵入植物を除去するという新しい仕事を貧しい人々のためにつくり出した。1999年、ビル・クリントンは侵入種に対する戦いを宣言する大統領令に署名した。そこでの侵入種の定義は「外国の種で、その導入が経済ないし環境に有害な、あるいは人の健康に有害な結果を引き起こしている、あるいは引き起こす可能性があるもの」[*9]となっている。すべての行政組織は可能な限り侵入種の勢力拡大を防ぎ、根絶に努めること（その種のもたらす利益が発生し得る損失を上回らない限りは）が義務となった。2001年、生物学者のデイビッド・ピメンテルと同僚たちは、全世界における侵入種のコストを見積もった――コスト計算には、外来の害虫や雑草による農作物の損害、侵入種駆除費用から、さらには小鳥1羽を30ドルとして、野生化したネコが小鳥を殺すことで生じるコストの概算、といったものまで含まれていた。総合計額は1兆4000億ドルであったが、これは世界経済の5パーセントに相当するものだ。[*10]

コロンビア大学のシャイード・ネイームのような影響力のある生態学者たちは、ネイームの言葉を借りれば、「ぜひとも地球上のあらゆる侵入種を排除し、在来種をすべてもとの地位に戻したい」と考えているのである。生態学関係のある一流誌の編集主幹は、有害な侵入種と見なされているエゾミソハギという植物を匿っている隣家の庭に夜襲をかけたことがあると白状した。

外来種駆除の現場では何が行われているか

対侵入種戦争の無数の舞台の一つがヴァージニアのチェサピーク湾である。湾に近いジェームズタウンは、はじめてイギリスの入植者が入った土地である。ヨーク川の岸に沿って、つぶれたビール缶や誰かのびしょ濡れのハンチングが散らばる光景は、人間の入植者がその後成功を収めたことを証している。同じ川岸にもう一つ別の種類の入植者が根を下ろしている。高潮線から1メートル足らずのところに生えている羽毛のような穂をつけるアシだ。これは学名フラグミテス・アウストラリスという「アシ」で、ヨーロッパ由来といわれているが、いまや公園局が宣戦布告する敵である。2005年のある日、侵入種撲滅チームによる一斉駆除が行われた。

ハイテク装備で武装した専門家チームは――オフロード車を引き連れて――公園から公園へと移動しつつ、場違いであることを宣せられた植物をかたっぱしから引っこ抜く、除草剤で毒殺する、あるいは焼き殺そうとするのである。2000年に設置されて以来、国立公園局の襲撃チームがこれまで駆除にあたった総面積は2600平方キロを超える。ミッションの成功を宣言できるか否かは使う物差し次第だ。植物の種子は数十年にわたって生き続けることができるから、標的にされた植物種の多くが早晩戻って来るのだ。駆除後2〜3年のうちに再帰することも多い。

淡いカーキ色の制服を纏い、腿《もも》までの防水長靴をはいて、撲滅チームの一員であるケート・ジェンセンは手持ち式のGPS装置を使って、フラグミテス・アウストラリスの正確な位置を記録する。位置を確定するのに必要な数の衛星とつながると、GPS装置が陽気にピーピーと音を立てる。30分ほど経つと、チーム仲間のデール・マイヤヘッファーとマシュー・オーヴァストリートが、ハビタットという除草剤入りの200ガロン［約760リットル］のタンクを持って到着する。薬剤はその朝早くチームで調合したもので、青色の染料が加えてある。薬剤が命中した草を確認するためである。

目的は在来種が生息可能な土地にすることだ、とジェンセンはいう。彼女が指さすほうを見ると、フラグミテス・アウストラリスの背後にわずかな数のガマが生えている。「この土地に私たちがほしいのはそれです。好きな植物です」。マイヤヘッファーはさらにホースを手繰り出して、オーヴァストリートが枯れてお化けのように立っているフラグミテス・アウストラリスの背後へと回りこめるようにする。このフラグミテス・アウストラリスは前年に駆除されたものだが、まだ執拗に新芽が隠れている。「ここに2、3本戻ってきてるぞ」とオーヴァストリートが叫ぶ。「残りはそのままにしておこう、職の確保のためにね」。しばし間があって、「冗談ですよ[*11]」。

公園局に16ある外来植物管理チームは、何百とある合衆国の国立公園に乏しい財源をうまく配分する方法として構想された。中部大西洋チームが追いかけるのは中国原産のシンジュの木と、猟鳥を太らせるために移植された東アジア産のアキグミである。彼らはまた、濃密な茂みになる生け垣用植物のイボタノキと、その名から驚くべき成長ぶりがうかがわれるマイルアミニッツウィード［1分に1マイル伸びる草の意］も標的にしている。

それでは、ジェームズタウン付近で導入されたアシが駆除対象となっているのは、その存在が歴史的に誤ったものだからだろうか？　公園局の駆除チームを統括しているリタ・ビアードの答えは「否」である。「これは単なる美学的問題というのではありません。また単に、歴史上ずっとここに存在した植物群落を救うという問題でもありません。生態系を維持するということは、今後必然的に起こって来る生態上の変化に耐え得るものにするということでもあるのです」。導入種が生態系を不安定化し、その多様性を低下させる傾向があるという、こうした主張は少なくとも1950年代に遡るものだ。

外来種は生態系の不安定化・多様性低下の原因か

侵入《インヴェージョン》生物学という現代科学分野の成立は、1958年に出版されたチャールズ・エルトンの『侵略の生態学』に遡るととらえるのが普通である。この本がこのテーマを扱った最初の出版物だったわけでは決してないのだが。[*12] エルトンの本は一般の人々向けに放送されたラジオのシリーズ番組を発展させたものだった。「侵略」だとか、爆弾のような「種数の生態学的爆発」といった派手な軍事的表現をエルトンが選んだのは、番組に興味を持ってほしかったからだろう。[*13] 彼が種の侵入を説明するのに使った善対悪という修辞法は、今日外来種について議論する際に一般的に用いられている語彙を生む要因になったかもしれない。しかしこの修辞法があろうとなかろうと、エルトンは種の移動が広範な影響を持つものと見ていた。「私たちは決して過ちを犯してはならない」とエルトンは書いた。「私たちは、現在、世界中の動植物相に生じている歴史的大動乱の一つを目撃しているところなのだ」*14

エルトンは種の「侵入」をニッチの文脈で見た。共進化した健全な生態系においては、あらゆる種はそれぞれわずかずつ異なる役割、すなわちニッチを有するものであり、そして彼の信じるところでは、すべてのニッチは満たされているものである。動物のなかには草本を食むものがおり、樹木の葉を食うものもいる。植物には湿った土壌に育つものがあり、乾燥した土地に育つものもある。また鳥には枯死木に巣づくりするものがおり、生きた木に巣をかけるものもいる。新たな種が導入された場合、理論によれば、導入された種が足場を築き、繁殖を開始する可能性がある。これを実現するには、空いたニッチを見つけるか、あるいはほかの種をニッチから追い出すかのどちらかの方法によるしかない。「たとえば、移民なら移住先の国や大都市で職を見つけ、家を手に入れ、子どもをもうけようとするかもしれないが、それと同じようなものだ」

導入された種のなかには新しい環境で驚くばかりの成功を収めるものもいるが、それは在来の近隣種たちが彼らの策略に抵抗する手段をまったく進化させていないためである、とエルトンは書いている。クリ枯れ病菌はアジアにおいては、木に取りついても控えめで目立った問題を起こすこともない。しかしながら、アメリカのクリはこの馴染みのない菌にすっかりやられてしまったとエルトンはいう[*15]（エルトンの著書に載っている1911年の地図では、クリ枯れ病による枯死木の広がりがニューヨークを中心にした不規則な染みであった。[*16]1950年までにはほぼすべてのアメリカのクリの木は枯れてしまった）。

また別の例では、種が繁栄するのは導入先が捕食者のいない土地だったからだと考えられる場合もある。後の生態学者の発見によれば、これらの理由のほかに、新しい導入種が定着する時と場所を予想するのにおそらくもっとも重要な変数は「散布体の導入圧」――ある地域に到着する種子ないし生物の全個体数――である。圧が大きければ大きいほど導入種が定着する確率は高くなるという意味である。[*17]

地球という種の鉢をかき回す行為は最終的には生命の多様性の減少という結果をもたらすに違いない、とエルトンは信じていた。「生物の世界が最後に到達する状態はより複雑なものではなく、より単純な――そして、より貧しい――ものとなることだろう」とエルトンは書いている。[*18]そしてこれこそが現在の「侵入種」概念なのである――侵入種たちは複雑な在来種の生態系との闘争に打ち勝ち、食い尽くし、代わりに残るのは数種のつまらない雑草だけといった具合だ。

非在来種についての関心は、エルトンの本が出版されてのち数十年間は沈黙のなかにあった。1980年代に、それは生態学のサブフィールドとしてにわかに台頭しはじめ、1990年代には、このテーマへの学問的関心が爆発的に高まった。[*19] 1998年、合衆国の無防備な植物相と動物相に対して、外来種は生息地破壊に続く2番目に深刻な脅威である、と宣言した科学論文が出た。[*20] この学問上の流行が次には1999年の大統領令［侵入種に関する大統領令］に、また侵入種駆除チーム（2005年に私が訪問したような）の形成にも影響した。1990年代に、私はシアトル地域の公園で駆除のボランティア活動をしたことを覚えている。在来の地被植物を覆い尽くすように繁茂し、身をくねらせながら木々を這い上がっていたセイヨウキヅタとセイヨウヒイラギを引き抜いたのだ。社会的に容認された破壊行為をする機会が与えられた場合にしばしば味わうような、それはとても充実した経験だった。私たちは切り付け、引っ張り、ちょん切り、限りない数のゴミ袋いっぱいの植物を掘り取って、たっぷり汗をかき、心地よい身体の痛みを感じつつ、心は正義感に満たされて公園を後にしたものだった。

2002年、ブラウン大学の研究者ダヴ・サックス――ヘルマンの管理移転研究グループに参加していたダヴ・サックスと同一人物である［第5章参照］――は『アメリカン・ナチュラリスト』誌に論文を発表した結果、一夜にして多くの人間を敵に回すことになった。[*21] 海洋の島々における侵入種の問題に関する文献を遍《あまね》く渉猟して、サックスが発見したのは、侵入種数のほうが絶滅種数をはるかに上回るので、島嶼全体では生物多様性が増大しつつあることだった。植物の場合、島嶼全体での多様性は現在、人間が種の移転をはじめる前の2倍となっている。例を挙げよう。イースター島にはかつて50種の在来種が存在した。人間の到着以降、そのうちの7種が絶滅した。しかし68種の植物がさらに島に持ち込まれたので、今日では合計で111の種が生息している。サックスと共著者たちはこの多様性の突出は1島ごとに見た場合にいえることであるということを、用心深く指摘した。一つの島にだけしか生息していなかった種で、絶滅し、普通種に取って代わられたものもいたのだから、地球規模で見れば多様性は低下していたわけである。

それでも、多くの生態学者はサックスの調査結果にうろたえ、困惑した。海洋島は侵入種がもっとも破壊的な影響を及ぼすと考えられる場所だった。侵入した草がどこまでも広がり、複雑な生態系と希少種を覆い尽くす、という多くの人たちが持つイメージは払拭しがたいものだった。しかしこのような競争によってもたらされる絶滅は調査記録には表れてこなかった。たとえば、サックスが確認したところでは、海洋島において他種の鳥との競争が直接原因となって滅びた鳥の例はほとんど存在しない。導入種が直接に在来種の鳥を殺すことによって絶滅が生じたことはあったが、競争によるものではない。そして外来植物が多大な面積の土地を占領している島は多いが、在来種を完全に追放するまでにはいたっていない。

地球規模では、導入種を直接的な原因とする絶滅はかなりまれなものである。絶海の孤島あるいは湖では(湖は一種の水の「孤島」と考えられよう)、ごくわずかながら、導入種が直接に在来種を食い尽くすことがある。しかし大陸においては、絶滅が新たな種の導入によって生じることはまずない[*22]。導入種が在来種の個体数を、ときには深刻なほどに、減らすことがあったし、遺伝的見地からは、こうした種の減少が多様性をかなり大きく損ない得ることも確かだが、それでは実際に絶滅にいたった例はどうだろう? 実例が相当数見られるのは、海洋島および湖に限られるのである[*23]。

従来の「侵入生物学」に異を唱える生態学者

サックスの論文は、1990代に構築された「侵入種」概念に疑問を呈した最近の例としてとくに顕著であったが、現状を疑う科学者にもう一人マーク・デイヴィスという、ミネソタ州セント・ポールのマカレスター大学の生態学者がいる。彼が十代のころ、五大湖の畔を歩きながら女性たちとロマンチックなデートをしようとしたところ、爆発的に増えた導入種エールワイフフィッシュが岸辺でおぞましくも大量死していて挫折したということがあった。エールワイフに対する個人的なうらみにもかかわらず、デイヴィスは人間自らが持ち込んだ種の説明に「善対悪」というたとえを使いたがる現在の流行を支持していない。彼は、生命とは実際にはもっととりとめもなく、もっとダイナミックで、もっと複雑な何かであって、白か黒かの闘争の比喩でとらえきれるものではないと感じている。害虫（獣）一種ごとに、ずっと多くのおとなしい移入種が存在し、新しい生息地で静かに暮らし、場合によっては在来種の成長と繁栄を促す役割さえ果たしている。これは非在来種がまったく無害だという意味ではなく、デイヴィスの説得力のある主張では、導入種それ自体が問題なのではないということなのである。

『侵入生物学』という教科書のなかで、デイヴィスは侵入生物学の常識に挑んでいる。科学者たちに侵入生物学という学問分野を解体することを提案するという、特異な方針を採用した教科書なのである。デイヴィスの主張では、変化はすべての生態系における常態であり、さまざまな規模で、種の移動は絶え間なく行われているのだ。そう、確かに、過去数百年間にわたり人間は多くの種の長距離移動をもたらした。しかし人間によるこれら移転は過去の「自然による」移動と本質的に異なるわけではないから、同じ科学的方法を使って研究することも可能なのである。「侵入生物学には、生物学の一分野として維持する必要があるほどの独自な特質はほとんどない」とデイヴィスは記す。[*24]

デイヴィスは侵入生物学の原則をさらに取り上げ、批判する。多くの原則はエルトンに由来するものだ。もし空のニッチが侵入種を呼び込むなら、多様性に劣る生態系はより容易に種の侵入を許すはずではないか。[*25] なぜそうはならないのか？　侵入種が有利である理由が、在来種が侵入種に対する抵抗力を進化させていないからだというのなら、逆もまた真なりで、侵入種のほうも在来種の手練手管に抗う手段を進化させてないのではないか。[*26] どの種が新たな環境で地位を確立するかを予想するうえでより重要なことは、デイヴィスによれば、散布体の導入圧と攪乱である。攪乱はより多様な景域をつくり出す。つまり生息環境の種類が増えるのであり、その結果、新たな移住者に適したニッチが見つかる可能性が増大する。攪乱が起こるにつれて、食物や栄養素のような資源の利用しやすさも変化する。良き時代というものはみなに公平にやって来るものである。[*27] 在来種であれ外来種であれ。みなに地歩を確立するチャンスを与えてくれるのである。エルトンの比喩を借りれば、新しい都市への移住者が身を立てるには好況時のほうが容易であろう。

導入種が在来種と競合ないし捕食関係に入ることが必然であるとする仮説にも、デイヴィスは不同意を示す。ときとして、侵入種が在来種の繁殖を助けることもあるようなのだ。たとえば、ピュラ・プラエプリアリスは、柔らかく水っぽい茶色のホヤに似たオーストラリア産の生物だが、チリの潮間帯の岩場の生物多様性を高めた。岩場に付着し、ゼラチン状の環境をつくりあげて、大型の無脊椎動物や藻類が繁殖できるようにしたのである。[*28] 侵入した草本類が、草原に恵まれない在来種の小鳥に格好の棲み処を提供することもある。[*29] かつて絶滅した在来種が果たしていた役割を導入種が担おうとする例もどうやら1つや2つではない。たとえば、アーバナシャンペーンのイリノイ大学のジェフ・フォスターとゲインズヴィルのフロリダ大学のスコット・ロビンソンが率いるチームは、ハワイにおいては、多くの在来の小鳥が絶滅している状況のなかで、外来の小鳥が在来植物の種子を拡散する役割を務めていることを突き止めた。事実、ハワイでは、摂取した種子を遠くで排泄するという仕事をほぼ完全に外来種が引き継いでいるのである。[*30] こうした最近の移住者がいなければ、ハワイの状況は、種子を拡散するものが誰もいないというグアムの現状と似たものになっただろう。

あるいは、イギリスのアオガラの例を見てみよう。この小さなかわいい小鳥が飢餓の脅威に曝されたのは、気候の変動によってアオガラの孵化する時期が変化し、他方、ヒナの通常の餌となるイモムシの出現時期は変化しなかったからだった。幸運にも、アオガラは救われた。大陸ヨーロッパからトルコオークが北上してきたからだった。トルコオークにつくタマバチも一緒にやって来たが、アオガラはイモムシの代わりにタマバチを好んでついばんだから、アオガラの生存を望んだ人々は外来種のトルコオークを喜んで受け入れざるを得なかった。[*31]

多くの環境保護論者が、アメリカ南西部で何十年も続けられてきたタマリスク殲滅の取り組みの中止を求めている。タマリスクは中東原産で、樹形がちょっとヒマラヤスギに似た木である。南西部ではタマリスクが大量の水を消費するということで非難の対象になっていたが、最近の研究で、タマリスクが在来種よりも多くの水を消費するという見解は覆された。[*32] そしていま、絶滅危惧種である南西部のメジロハエトリがタマリスクの枝に巣をかけているのが発見されたので、しばしば「塩スギ（ソルトシーダー）」と呼ばれるこの木に執行猶予が与えられるかもしれない。

外来種と交雑する「遺伝子汚染」をどう考えるか

次にくるのは哲学的な難問である。タマリスク属の多くの種が交雑中である。こうして生まれた雑種は在来種なのか、そうではないのか？「交雑によって進化が進行する程度と、その比類のなさの程度に応じて、それらが在来種か否かを主張し得る」というのは、テンピのアリゾナ州立大学のマシュー・チュウである。タマリスク根絶への取り組みの歴史を研究してきた生態学史研究家である。

移転してきた種が在来種と交雑した場合、生態学者はしばしば交雑によって生じる結果を「遺伝的圧倒」あるいは「遺伝子汚染」とすら表現する。[*33] コモンミクリはバラスト水に交じってイギリスに持ち込まれたアメリカのミクリとイギリスのミクリとの間に自然に起こった交雑の結果、生まれたものである〔水辺に生える単子葉植物で2メートルほどまで伸びる〕。この新たな種は、それが誕生した国——すなわち、イギリス——のものでないとすれば、いったいどの国に所属するのだろうか。しかしながら、当初は海岸の泥濘地の安定化に有効な草として受け入れられたが、現在ではその出自の疑わしさと大繁栄ぶりゆえに侵入種の扱いを受けているのだ。「在来種の先駆植物からその役割を奪うことで、スパルティナ・アングリカ〔コモンミクリの学名〕が遷移の順位を変えてしまった」というのは、自然保護問題に関してイギリス政府の助言役を担う共同自然保護委員会である。「それが通常生み出すものはモノカルチャー〔monoculture　巻末の訳語注記参照〕であって、モノカルチャーは湿地の自然な種の多様性よりは内在的価値〔自然保護の文脈において、生物や自然要素そのものが持つとされる価値。生物の道具的・功利的価値と対立する概念〕の低いものである[*34]」。この植物はイギリスの外でも侵入種と見なされるから、事実上、無国籍の種ということになるが、しかし同時に高度に世界的な（汎存的な）種でもあって、世界中の温帯の泥濘地に見られるのである[*35]。

自然保護の資金が乏しい状況のなかで、「遺伝子汚染」をめぐって純粋主義が働くと、自然保護論者たちが有効性の極めて乏しそうなキャンペーンに資金を投入してしまうこともある。アカオモテガモのためにどれだけの時間とエネルギーが費やされたことか。アカオモテガモは南北アメリカに産する。この鳥は1950年代にイギリスに放鳥されて、1982年にはスペインまで広がった。スペインには、アカオモテガモと血縁関係にあるカオジロオタテガモの最後に残った繁殖個体群が生息していた。この2種類のカモの生殖戦略は異なる。カオジロオタテガモはピラミッド型の階層組織を持ち、階層上位のカモだけに交尾の機会が許されているが、一方、アカオモテガモのほうは「オスはそれぞれみな独力で」という攻撃的な戦略を取る。[*36] 結果として、アカオモテガモとカオジロオタテガモとの間での交尾は普通に行われるようになり、繁殖力の強い混血種が現れはじめた。この状況にヨーロッパの保護論者たちは驚いた。カオジロオタテガモが絶滅する――混血によって独立種としての存在を失う――ことを恐れたのだった。[*37] イギリス王立鳥類保護協会が声援を送るなか、イギリス政府は撲滅計画に数百万ポンドを支出したのだ。しかしここで本当に失われる危機にあるのは何だろう？　アカオモテガモもカオジロオタテガモも双方ともに栗色で、くちばしは青く、頭頂は黒く、尾はピンと伸びているが、見た目が確かに異なるのだ。さらに、生殖戦略が異なることから明らかなように、行動も異なる。種の定義はよく知られるように問題の多いものであるが、カオジロオタテガモが赤ら顔のいとことの間で豊かに子孫を残すことができるにもかかわらず、種として区別される理由はおそらく、彼らが物理的な意味で離れていたことにより、200万年から500万年にわたって孤立状態で繁殖を繰り返してきたことのようだ。[*38] もしも彼らが——長距離飛行とか、よちよちと歩いて渡れる陸橋とか、あるいはカモ版コンチキ号みたいな筏によって——「自然に」再会を果たしていたとしたら、交尾は同種内で行われているのであり、したがって許容できると考えた科学者もいたのかもしれない。

もし私たちの焦点を、混乱した種のレベルから、たぶんもっと明解な遺伝子レベルへと移すなら、混血種についてあれこれ心配しがたくはなる。2つの血統に由来する遺伝子が未来へと伝えられ、混血の子孫たちに受け継がれていく。「生まれてくるものはアカオモテそのものでもカオジロそのものでもないが、両系統ともにこれまで続いてきたのです」とチュウはいう。「カモたちは呼称が異なるだけです。この鳥たちが将来も私たちが引いた区分線を認識することがないなら、呼称の問題は私たちの問題です」

私たちは何を恐れているのだろう？　カオジロオタテガモそのものの絶滅を恐れているのだろうか、それとも単に馴染みのある分類群が滅びてしまうことが怖いのだろうか？　もっと大まかにいえば、私たちが「侵入種」を攻撃するとき、私たちは絶滅の可能性を回避しようとする思慮深い警戒心から行動しているのだろうか、あるいは私たちはそもそも変化というものを恐れ嫌っているのだろうか？　もし人類をもう一度自然のなかに組み入れて、私たちの存在を、生物種をあちこちと移動させる自然の手段の一つ、生物自身の渡りや回遊、あるいは海流と同じようなものと考えるとしたら、「侵入種」の概念はどうなるだろう。もちろん雲散霧消してしまう。

画一的な外来種駆除が無意味なら、何をすべきか

「生き物がどこから来たかなど忘れ、私たちの価値観に基づいて問題種を同定し、対策に取り掛かるだけでいいのではないか」とデイヴィスはいぶかしむ。しかしこれは行うに難い一大飛躍だ。「侵入種」というパラダイムはとても安易なものである。もしある生物種が在来種でなければ、それは無法者であり、排除されるべき存在だ。もしある生物種が在来種であるなら、それは良きものであり、保護されるべき存在である。もし私たちがこの単純なルールを放棄するなら、突然、あらゆる植物や動物が一種一種個別の対象となるから、私たちは自らに次のように問わなくてはならない。「私たちはこの種が、いまここに存在してほしいと思うのか」と。これに答えるためには、私たちは自ら欲するものを知る必要がある。私たちは、土地ごとに、その土地の未来のヴィジョンを持たなくてはならないのだ。

しかし侵入種に対して現在闘われている戦争は、おそらく私たちが考えるほど容易

なものではない。テロに対する戦いがそうであるように、「敵の戦闘員」と市民との区別はしばしば困難である。種の身分を「在来種」とするか「侵入種」とするかの判定に意見の一致を見るのが思いもよらぬほど難しいこともある。5000年前に人間の手によってオーストラリアに導入され、「フクロオオカミ」を絶滅へと追いやる要因となった可能性のあるディンゴは侵入種だろうか？　だとすれば、なぜヴィクトリア州は2008年にディンゴを絶滅危惧種に指定したのだろうか？[*39]　フナクイムシは七つの海をあまりに大昔から渡り歩いているので、その出自を定かに知るものは一人もいない。[*40]　それに実のところ――さあ、驚くなかれ――公園局侵入種撲滅チームがあれほどおおわらわで駆除にあたっていたアシ（フラグミテス・アウストラリス）は、本当の外来種ではないのだ。メリーランド大学環境科学センターのクリスティン・ソールトンストールによれば、アシ（コモンリード）はヨーロッパのみならずアメリカにも自生する世界共通種なのだ。更新世の昔、地上性ナマケモノはこれを食べていたのである。18世紀ないし19世紀に渡ってきたヨーロッパ「系統」のコモンリードがいつの間にか侵略的になり侵入種のように振る舞うことになり、モノカルチャーを形成したのだ。というわけで、コモンリードは侵入種ではない。それは侵入系統なのである。[*41]そうなるとたぶん、1492年の時点を基準の自然としたい生態学者はコモンリードを隠喩として使うことができるだろう。ヨーロッパ人たちは侵入種ではなかった。すでにアメリカインディアンたちが先にいたのだから。ヨーロッパ人たちは単なる侵入系統だったのだと。

外来種を利用しはじめた自然保護論者たち

生態学者たちが外来種に対して自分たちが持つ偏見の検証に忙《せわ》しなくしている間に、自然保護論者のなかから、一足飛びに先頭に立って、外来種を――意図的に――利用しはじめる者たちが出てきた。再野生化を進める人たちは代理種として選んだ外来種に、絶滅した動物がかつて果たしていた作用を再現してもらおうとしている。管理移転の推進派は種を自生地外の土地――そこではその種を多くの人が外来種と見なすだろう――へと移転させることを提唱している。生態学者たちは希少な在来種を助けるために外来種を導入することもした。アメリカ大西洋岸のニシンダマシ［ニシン科の魚。「シャッド」「アロサ」とも。産卵時に川へ上り、産卵後は海へ戻る］は絶滅が危惧されるサケの餌としてアメリカの太平洋岸北西部の河川を泳いでいるのである。[*42] 成長が早く、強健な外来種は優れた「保護植物」になることもある。不毛の地に入り込み、在来種の生育を助ける日陰と土壌を準備するのである。ニュージーランドでは、この目的で、すっかり疲弊した放牧地にセイヨウエニシダを移植している。[*43] 外来の害虫や病原菌も望ましからざる外来種を抑制するために導入される。クリスチャン・ジャディーナはストローベリーグァバをやっつけるために、ハワイに外来のサビ病を持ち込みたいと望んでいる。ある種の生態系に特徴的な軽度の頻発性の野火の燃料役として外来種が役立っている場合もある。ライグラスや多年生のピーナツのような外来種は植えられた土地を数年間占有し、その間に寿命のより長い植物が定着するのを防ぐことで、土地を守るために移植されることもある。[*44] 金属やその他の有毒物質を土壌から取り除く能力に優れた植物は土地の汚染除去に使うことができる。たとえばモエジマシダは土壌中のヒ素を吸収する。[*45] 外来種は、在来種より価格が単に安いという理由で、浸食抑制などの目的で使われることもしばしばである。

外来種が将来生物多様性をさらに高めることになるかもしれない。もとの個体群から離れて別の土地に帰化した種は、新たな環境への適応と、遺伝的浮動（とりわけその個体群が小さな場合は）によって、進化を遂げていくだろう［小さな個体群では交配の際の偶然による作用だけによって、遺伝的多様性が減少する。これにより他の個体群との遺伝的違いが固定されやすくなるということ］。ヨーロッパイエスズメのように、生息域を広範囲に広げ繁栄を遂げてきた種は長期的に見れば、10を優に超えるほどの種へと分化していくかもしれない。[*46] 私たちが種の多様性を好ましいと考えるなら、種が増えることはよいことである。

実のところ、地球が温暖化し、人間による支配への適応を進めているいまこのとき、移動と進化と新たな生態的関係の形成に忙しいのは世界中の外来種たちである。蔑視される今日の侵入者たちにも、未来の生態系のキーストーン種となる可能性は十分にある。私たちが彼らに適応できる場を与えてやり、あわてて追い出したりしなければの話だが。現在出現しつつある、外来種が支配する生態系は、まだほとんどの生態学者にとっては無価値なものにしか見えない。しかし勇敢な少数の者たちは、これをもろ手を広げて受け入れ、「『新しい』生態系（novel ecosystem）」というもっと肯定的な名称を与えたのである。

第7章　外来種の交じった生態系の利点

外来種でできた生態系を持つ島

南大西洋に浮かぶアセンション島は生態学者たちにはよく名の通った島である。生態学者たちがよく話題にするのは、たった1種類の侵入種が複雑な生態系をすっかり平板で単調なものに変えてしまったといった話だが、この島で起こったのはまったく正反対の事態だった。アセンションは、当初、シダばかりの単調で変化に乏しい島だった。1836年7月にそこを訪れたダーウィンは、この島の自然を近隣のセントヘレナより「はるかに劣る」ものと見なした。7年後に植物学者のジョセフ・フッカーは多くの種を外から入れることで、島の自然を改善するように勧めた。現代の生態学者なら大規模な侵略行為ととらえそうである。しかしこの侵略がもたらしたのは、生態系のメルトダウンではなく、雲霧林の創出だった。さまざまな土地から来た種が構成する森は、霧をとらえ、栄養素を循環させ、世代交代しながら生き続けているのであるが、これらの種は互いのあいだで共進化したことなどないのだ。[*1]

生態学の教科書によれば、何千年にもわたる共進化がなければ、植物、動物、微生物、栄養素、水などの生態系を構成する要素間の複雑な相互作用は成立しないのである。だから、あちこちから無作為に植物をたくさん集めてきた結果、むしろ本物にも等しい生態系を生み出し得るというような考えは、これまでは明らかに信じがたいものだった。そんなことをすれば、生態系は崩壊し、種の数も乏しい機能不全の荒地となり果てると考えられていたのだ。

このことを誰よりもよく知っているのはジョー・マスカロ〔第1章参照〕である。彼は私とともにハワイのオステルターグとコーデルの森の除草地を訪ねたあの大学院生だが、ほんの数年前には、型通りの生態学的価値観でしっかりと武装し、母親の庭で、「侵入種」の木を盛んに切り倒していたのだ。そんなマスカロもいまでは「新しい」生態系〔novel ecosystem　巻末の訳語注記参照〕を評価するようになっていた。[*2]新しい、人間の影響により生まれた種の組み合わせが、在来の生態系と比べてそん色のない、またはより優れた機能を果たし、水のろ過や炭素の除去、さらには希少種の生育場所にいたるまで、生態系による多種多様なサービスを人間に提供することができるのだ。こうした生態系の構成員である外来種はときに大きな文化的価値を持つこともある。

マスカロは研究対象にしているハワイ島の「新しい」生態系を案内してくれた。これらの研究地をマスカロは独占している。他の生態学者はこのような場所を研究に値しないくだらない場所《トラッシー》と考えているからである。マスカロは人が顧みない「新しい」森のなかで発見した異様な物体について話してくれた――樽、ワイヤー、車の部品やまるごと燃やされた車まで――ゴミのごとき場所《トラッシー》に捨てられたゴミ《トラッシュ》だ。

彼が研究中の「新しい」森の一つは、マツに似たオーストラリア産のアイアンウッドが優勢である。樹冠は密に茂っているので、下生えはほとんど皆無で、わずかにインド産のイノデ［シダの仲間］、南米熱帯産の樹木イぺほかの種が点々と生えているばかりである。芝の上に落ちたアイアンウッドの「針葉」の心地よい弾力が足の裏に感じられる。「このような土壌の形成も外来種から得られるサービスの一つです」。足を地べたに擦りつけながら、マスカロはいう。森を出る途中で、彼は一本だけ生えているシルクオークを指さした。これもオーストラリアの樹種である。

私はさらに多くのアイアンウッドを見た。今度は小さな木で、生えている場所は1960年に溶岩流が新たにつくり出した海岸の土地だった。人間がハワイ諸島にやってくる以前には、新しい溶岩流の上に最初に根を張るのは必ずハワイ原産の木で、雄しべの赤いオヒア・レフアだった。今日では、まず南米熱帯原産のオートグラフツリー（こう呼ばれるのは、葉の表をひっかくとクチクラがはがれて、オートグラフすなわち自筆で文字が書けるから）とオーストラリア産の小さなアイアンウッドが溶岩流にコロニーをつくっている。結果として面白いことは、オートグラフツリーとアイアンウッドがその場所を「侵略した」という主張が成り立たないということだ。ここでは、彼らはまったく新しい土地への最初の入植者だったというだけである。

外来種が在来種より優れている場合がある

マスカロが自分の師と仰ぐ人物にアリエル・ルーゴがいる。歯を見せてにこやかに笑う、白い顎髭を蓄えた60代の愛想の良い森林局の科学者で、「新しい」生態系の「発見」に力を貸してくれたのだった。ルーゴはプエルトリコで仕事をし、暮らしている。１９７９年のこと、ルーゴはマツの植林地における樹木の占有面積を測定する研究者チームの面倒を見ていた。この植林地は積極的な管理は行われていなかった。最初に植林を行った人たちはマツを植えただけで立ち去ったのだ。ある日のこと、研究者たちは汗に濡れ、落胆した様子で本部に戻ってきた。ルーゴによれば、「後から生えてきた下生えをすっかり刈り取らなければ、木の測定は無理だ、と彼らはいった」のだ。

最初はルーゴも、彼らが仕事をさぼろうとしているか、あるいは、少なくとも、誇張していっているのだと考えた。というのも、この生態系の優占種はマツで、非固有種だからだ。自分が訓練を受けた通りに、ルーゴはマツの下に育っている植物――下層植生――を予測した。非在来種の下では、在来種の樹下に育つ下層植生に比べて、生産性は低く、活力に乏しいものとなるだろうと彼は考えたのだ。何千年もの共進化によってつくり出された生態系ならば、ほぼすべてのニッチは何らかの種が占有していて、利用可能なエネルギーをもっとも効率的なやり方で樹木へ、また他の種へと変換しているだろう。ルーゴはそう教わってきたのだった。しかし、もし生態系の果たす機能を生産される生物量の総量で測定するなら、ここでは外来種主体の森のほうが、近隣の在来種の森よりも優れていたのだった。[*3]

ルーゴは自らの目で確かめに出かけた。以前はマツの植林地だった場所は生物たちで満ち満ちていた。植林からの年月がほぼ等しい近隣の在来種だけの森には、追いつけない繁栄ぶりだった。ルーゴはこのマツの植林地および同じように野生化したいくつかのマホガニーの植林地を対象に、体系的な研究を行った。在来種からなる下層植生に比べて、植林地の下層植生が育む生物種はより豊かで、地上の生物量はより大きく、栄養素の利用もより効率的だった。ルーゴは結果をまとめ、『エコロジカル・モノグラフ』というジャーナルに論文を提出した。ジャーナルからの依頼で論文を査読した科学者たちは、外来種の生態系が在来種よりも優れた機能を発揮し得るという異端の説に怖じ気を震った。査読者のなかには、ルーゴが到達しようとしている結論のもたらす煩わしさから逃れるために、マツを在来種として再分類化しようと試みる者さえいた。ようやく、ほぼ10年をかけて、論文は査読を通った。１９９２年、ついにそれは出版された。

プエルトリコでは、ホウオウボク、アフリカユリノキやマンゴーのような非固有種である樹木の多くが国民に大いに愛されており、国の景観の一部として適切なものと考えられている。プエルトリコの人たちは、朱色の火炎のような花をつけるホウオウボクを正式な国の木に認定させようとまでした。呆れ返った科学者たちがその木は侵入種だといって、計画を断念させるにいたったのだが（面白いことに、ホウオウボクは原産地であるマダガスカルでは絶滅の危機にある。プエルトリコのような場所で個体群が維持されていなければ、絶滅しても不思議はないのである）。こうして新しい種を喜んで受け入れる伝統は、プエルトリコのみならず、生態学の領域外にある世界の大部分に存在するもので、ルーゴが侵入種を蔑視するのは忍びないことだとする理由の一部になっている。「私の両親と祖父母が見たプエルトリコと私が将来目にするプエルトリコとは違うだろうし、私の子どもたちが見るプエルトリコもまた違うプエルトリコだろう」

「新しい」生態系は生産性も多様性も高く健全かもしれない

「新しい」生態系とは、人間による変化を受けた生態系のことだが、人間の積極的な管理下にあるわけではない。あるものは人間による意図的な変更を受け、たとえば、植林地、放牧地、あるいは農地として利用された後、放棄されて野生化した。またあるものは計画的な変更は受けなかったが、間接的な人間の関与、移入種の侵入、気候変動、絶滅、その他さまざまな力によって変化を加えられてきた。予想される通り、「新しい」生態系はいまや手つかずの生態系よりも普通に見られるものなのである。

すでに学んだように、実のところ、地球上のすべての生態系は人間に起因する変化を経験してきた。生態学者たちは「新しい」生態系なる語を、もっと劇的な変化を被った生態系を意味するものとしてこれまで使用してきた。2、3種のおとなしい外来種が在来種の間に紛れ込んでいたとしても、またその森がすでに人間によって変えられた環境のなかに位置していたとしても、1000年もの間、生物種の構成においてあまり変化を経験していない森には「新しい」生態系の資格はないだろう。しかし非在来種が支配する森は「新しい」生態系として数えられるだろう。たとえ人間が伐採を行ったことも、火を放ったことも、あるいは訪れたことさえなかったとしても。

ルーゴとマスカロが見てきた生態系の多くが、導入種と在来種の多様な混成状態を示していて、生態学者の悪夢に現れる外来種が支配するモノカルチャーではなかった。彼らが見出した「新しい」生態系の多くが在来種の森に比べてかなり多様性に優れてさえいるのだが、生態学者からは敬遠されている。「『新しい』生態系の多様性は関心の対象にならないのです。構成種が正しい種ではないからです」。ルーゴは左右に頭を振る。

多くの生態学者がこうした生態系を嫌う理由は、それらが手つかずの生態系ではないからだけではなく、そこで成功を収めた種と同じような外来種が世界中あちこちに出現するからでもある。シラキューズのニューヨーク州立大学の生態学者ジェームズ・ギブズは、何千年、何百万年という時間をかけて共進化してきた生態系の洗練された複雑さを評価する。「なぜ私たちは自然言語の絶滅や、音楽の起源や、風変わりな料理などのことが気にかかるのだろう？」とギブズは問う。「多様性とそれを私たちが守ろうとすることには何か大事なものがあるのだ。生命を興味深いものにするのは、その繊細さや微妙な差異が織りなす複雑さなのだ」。「新しい」生態系は、ギブズにとっては、こうした価値を欠いたもので、「ちょっとマクドナルドで食べるのに似た」代わり映えのしない、人工的なものに思えるのだ。マスカロのような生態学者にとっては、「新しい」生態系はマクドナルドよりは多国籍料理に近いものなのだが。

マスカロは「新しい」生態系のお気に入りの一例を私に紹介してくれた。それは田舎道の先にひっそりと佇む「マンゴーの森」で、見た目も、においも、受ける感じも、私には本物の異国のジャングルだった。空気は湿り気を帯びている。昔移植されたマンゴーはここでは巨大で、立派な姿に成長しており、地上はるか、信じがたい高さにその果実を結んでいた。道路を越えて、蚊の群がるジャングルに分け入ると、かの巨大なマンゴーから陽光を求めて競いあう若木の群れまで、現れる木は大小さまざまだ。蔓性植物とマンゴーの入り組んだ支柱根が森の天蓋と林床との間の視界を埋めている。あらゆるものに何か別の生き物が宿っている。すべての枝の付け根にはラテンタマシダが生え、苔に纏われた枝の一本一本には小さな若木が一列に並んでいる、といった具合だ。

この森に特徴的な種には私がすでに出会っていたものが数種含まれていた。ヤツデグワやテリハバンジロウなどだ。これらに加え、東南アジア産のフトモモ、ハラ、すなわちハワイ固有種のタコノキ（バラク・オバマが通ったプナホウ・スクールの校舎の棟飾りとして描かれている）、さらに、数は少ないながら、オーストラリア産のクイーンズランドカエデやククイノキなどの外来種も生育している。ククイノキがどこからやってきたものかは誰も知らない。この種は人の手によって世界中あちこちと移植され続けてきたので、ルーツが現在ではわからなくなっているのだ。ハワイの鳥はこの森には生息していないが、マスカロはフィールドワークの最中に一度大型の白いフクロウを目撃して「本当にびっくりした」という。ほかには野生化したブタの数は多く、よく見かけるとか。森の土壌は黒く豊かである。マスカロはここが気に入っている。保守的な生態学者にとっては、この森は嫌悪されるべきものにすぎない。そしておそらくは無視されるべきものである。というのも、侵入種によって単一種支配の単調な生態系が出現するという固定観念に、この森が当てはまらないからである。ここでは、侵入種のすべてが一緒に家族のふりをして暮らしていて、その暮らしぶりが不気味なくらい「健全な」生態系の姿に見えるのだ。

すべての生態学者が、変化した生態系も相変わらず生態系であるという考えに目をつぶっていたわけではない。クレメンツの極相生態系が大いに流行っていた１９３５年に遡るが、イギリスの生態学者のＡ・Ｇ・タンズリーはあらゆる極相生物群系から人間を排除する考え方に戸惑いを見せていた。彼のいわんとするところは、もし人間が自然の一部であるなら、ある場所で行われる人間の営為の結果が新たな極相生物集団、いわば「人為改変された極相」[*4]にいたるのではないかということである。この見解では、草地と草を食むバイソンからなるプレーリーも極相生態系の一つの可能性である。小麦畑も同様にまた一つの極相である。「私たちは、いわゆる『自然』というものだけに限定して考えることはできない。植生が生み出すこれほど豊かな作用と発現が人間の営為によってもたらされることを無視することはできない」とタンズリーは書いた。[*5] 多くの点で、「新しい」生態系の現代の支持者たちの考えも到底これには及ばない。

『侵略の生態学』の著者であるチャールズ・エルトンですら、著書の終わり近くで「侵入種」に対する口調をかなり融和的なものに変えている。「豊かで、興味深く、安定した」生態系をめざしてつくられた人工的景観のなかなら、「注意深く選択された外来種」は、在来種のわき役として位置を与えられてもよさそうだ、と示唆しているのである。[*6]

このような早い段階での関心にもかかわらず、生態学者たちが実質的に、ないし明白に人間の影響を受けた地域を研究することはまれだった。ルーゴはいう。「自分の研究地に到着するのに、何時間もゴミ扱いの土地を抜けて歩くけれど、そのゴミは研究しない。さてしかし、いま、そのゴミを私たちは研究する必要がある」のだ。

一つには、生態学の理論が予想するところでは、外来種によるひどい侵略を受けた生態系は無傷の生態系に比べてより単純な様相を示す傾向があるはずなのだが、なぜ多様性に富む「新しい」生態系が現実に存在するのかという理由が、生態学者たちにはいまだにわからない。それでも、彼らには彼らの理論があるのだ。

はびこる外来種も時間とともに沈静化する

マスカロが信じるところによれば、多くの種導入の試みが、最初は彼が学部生時代に学んだ悪夢のモノカルチャーと非常によく似た様相を呈するものの、そのうちに成熟するにいたり、落ち着きを見せるようになるという。フトモモを例に挙げよう。この樹種はマンゴーの森に存在しているが、優占種ではないし、私たちが目にしたフトモモはどれもサビ菌に侵されていた。先のとがった長い葉に、雄しべが集まった羽毛のような白い花をつけ、小さなバラの香りの果実をならす、この大きく広がる木はマレーシアおよび西インド原産である。[*7] ハワイに導入されたのは1825年だったが、低緯度地帯では、「侵入種」という名が冠されるに十分なだけの、見事な繁栄ぶりだった。ところが、2005年のこと、ある種の菌、すなわち「サビ」菌がハワイ諸島に上陸、フトモモの大量殺戮を開始したのであった。2009年の『プラント・ディジーズ』誌の記事にいわく、「ハワイ島、マウイ島、およびオアフ島では、枯れ枝を大量につけた木の立ち枯れが目立ちはじめているが、周囲に枯れ草があるために山火事の危険が増大している[*8]」。

これは一例にすぎない。マスカロ同様に、ルーゴが見てきた例でも、当初は優勢を誇った多くの導入種が時の経過とともに鎮静化するのだった。「野球の試合と同じで、攻防は変化し、遷移の方向も変わるのです」とルーゴはいう。「占有度の高い状態は続いても40年ないし50年です。80年後には、多種混成状態となり、ときには、在来種の占有度が再び高くなって、侵入種は3位とか4位の地位に落ち着くこともあります」

この通りだから、同僚のクリスチャン・ジャディーナが、非常に浸透力の強い導入種で、分枝群を増大させながら増殖して「古代ギリシャの密集軍のように攻めてくる」。テリハバンジロウのことでいらだっていても、マスカロのほうはさほど動揺することもないのである。ジャディーナはテリハバンジロウの原産国ブラジルからカイガラムシを移入して、この樹種を抑制したいと考えている。しかし多くのハワイの人々にとっては、テリハバンジロウはお馴染みの、おいしい果物であって、敵ではない。子どものころには多くの人たちが、塩とスパイスをはさんで折りたたんだパラフィン紙をポケットに押し込んで遊びに出かけ、それを使って外出先でテリハバンジロウの実で食事をすませた。そうすれば、お昼にうちに帰る必要もないからだ。そんなわけで、ジャディーナによれば、結果として生態学者と一般の人たちとが対立する「大論争」が起こるという。マスカロのほうはそんな争いは不要だと考える。フトモモ同様に、テリハバンジロウもおそらくは、人の介入を待つまでもなく、その勢力拡大を阻止する何ものかに出くわすことだろう。彼はいう。「私の感触では、植物が超優占的地位に永遠に居座り続けることはないでしょう」と。

マスカロのこの直観は「向こう見ずな侵入者」仮説に似ている。この生態学理論によれば、多くの導入種が導入当初は大いにはびこるが、そのうち足をすくわれ、痛烈な逆襲を受け、ついには高慢の鼻をへし折られるものなのだという。在来種たちは抵抗力を進化させるだろう。在来種で敵対するものたちの戦闘力も追いついてくるだろう。在来種は導入種の味も覚えるだろう。導入種がさらに新たに導入された種によって駆除されることもあるだろう。専門的にいえば、繁殖成功とストレス耐性との間にトレードオフの関係があるという考え方だ。灌木が子孫を残すことに全エネルギーを投入すれば、食害を防ぐための棘や化学物質、あるいは干ばつに耐えて生き抜くためのメカニズムをつくり出すのに使えるエネルギーは少なくなる。ということは、旺盛な生殖力を持つ種は同時にもっとも防御力に乏しく、攻撃を受けやすいものだということになる。[*9]

あの悪名高き侵入者ゼブライガイは1980年代後半にやって来て、まずはイーリー湖で爆発的に増殖し、自然保護論者たちを震え上がらせた。ところがしばらくすると在来種のカモがイガイを捕食するようになった。たちまちイガイの犠牲のうえにカモの数が激増したのである。[*10] 似たような例に、エルトンが記録しているブリテン島におけるカナダモの興亡がある。この逞しい藻は1840年代にイギリスにやって来たが、1860年代までには数河川の流れを閉ざすほどに増殖したおかげで、荷舟を引く馬の数を増やす必要が生じ、ボート漕ぎや網による漁も不可能になり、数名の遊泳者が藻に絡まり溺死し、そしてテムズ川はところどころで「航行不能となった」[*11]。ところがそのうち、理由はわからないが、一時の勢いは衰え、他の水生植物との穏やかな共存をはじめたのである。それ以来、時折の局地的な大増殖を別にすれば、カナダモは新たな生息地において行儀良く振る舞ってきたようである。

日本の龍谷大学の生態学者近藤倫生《みちお》（現・東北大学教授）は、多くの導入種個体群において最終的に破たんが生じる理由の説明を巧みな数理的方法によって試みている。外来種がわずかな数しかいないときには、周囲の種にその外来種への適応を強いるような圧力を生じさせない。しかし、その数が増加すると、外来種は環境構成要素として多くの種にとって重要な存在になる。ということは、多くの種が外来種に対して適応していくことになる。それは、しばしば、自分たちを捕食する、あるいは日射を奪おうとするといった外来種の試みに対する抵抗力を発達させることによってなされる。そしてその結果、外来種は自らの繁栄の犠牲者となるのである[*12]。

一方、導入種のなかには無限の大繁殖シナリオを運よく手に入れるものもある。このシナリオでは、導入種自らが永続的な支配的地位を占めるのに都合のよい状況をつくり出すのである[*13]。そのやり方には、山火事の頻度を変えるとか、土壌の性質を変化させる、あるいはほかの種が足場を築き得ないほどに高密度に地域全体を覆い尽くすといったものがある。[*14] しかしながら、ある種の支配がどれほど長期にわたって続いた場合に、私たちはその種が今後も無期限に支配的であると考えればいいのか。それについては、人々の意見に一致は見られないだろう。結局は、これまで私たちが学んできたように、自然においては長期にわたって不動不変なものなど存在しないのである。

「新しい」生態系が覆う面積は地球の何割か

地球の生命圏のどこまでが「新しい」生態系によって覆われているのかを正確に知るものは誰もいないが、あえて推測を試みた例はある。ボルチモアのメリーランド大学のアール・エリスは、はじめて「人為改変された生物群系」の世界地図をつくった研究者である。この地図は地球を「ステップ」や「多雨林」といった大まかな生態系のタイプに区分けしたお馴染みの世界地図とは異なる。これまでの地図の問題点は、それらが表しているのは地球の過去の姿であり、現在の姿ではないということである。合衆国中西部を考えてみよう。世界の生態系を示すほとんどの地図には、そこは「プレーリー」と表示されるだろう。しかし中西部に存在するプレーリーの面積はマンハッタンに存在するオークの森の面積とさして変わらないのである。エリス自身がこれに気づいたのは中国で研究を行っていたときだった。そこでは、一つの村が、人間による徹底した景観支配によって、まったく別の村へと変容していった。エリスがいうように、「今日では、ある場所に木が生育している、あるいは生育していない理由は、ほとんどの場合人間次第で決まるのです」。

エリスの地図は「ステップ」や「多雨林」に代わって、「高密度入植地」、「稲作村落」や「居住人口を有する灌漑耕作地」などといった用語を使用している。[*15] 世界の無氷結地の75パーセントが「人間による居住および土地利用の結果として変化を経験した証拠を示している」ことをエリスは発見した。[*16] 世界の無氷結地の20パーセントは耕作地であり、3分の1は放牧地である。わずか22パーセントだけが人間による占有ないし利用の形跡をまったく示していない（そこが絶対的な意味で「原初的」である見込みがないことは知っての通りだが）。[*17] エリスの研究が示唆するのは、20世紀初頭のある時期に、地球がほぼ野生なる状態からほぼ人為改変された状態へと推移したということだ。[*18]「自然はいまや本質的に人間的システムの一部となったのです」

しかし「新しい」生態系は、エリスが人為改変された生物群系地図をつくるのに用いたカテゴリーとはいくらか異なっている。「新しい」生態系は人間の活動によって変化を受けてはいるものの、積極的な管理はなされていないのである。私の要望に応えて、エリスはこの手の土地の総量を見積もってくれた。簡単に概算を出すために、エリスはまず、農業地帯と市街地の内部に存在するが農業にも都市機能としても利用されていない土地を調べた。このような土地が「新しい」生態系に相当する例になると考えたのである。結局のところ、人間が支配する都市と農地に近接しながら使用されていない土地にこそ、非在来種の導入や局所的な絶滅などの変化が起きている可能性が非常に大きいだろうからだ。この定義に基づいてエリスが出した見積もりでは、世界の無氷結地の35パーセントが「新しい」生態系で覆われているということになる。世界の陸地の膨大な部分がほとんど研究対象とされていないのである。

マスカロは数少ない例外的人間の一人である。2006年、マスカロは研究に取り掛かる。ルーゴがプエルトリコで発見したのと同様の事態がハワイ島の風上側でも起こっているのかどうかを調査したのだ。優占種が多種多様で、年代もさまざまで、高度もさまざまな溶岩流の上に生育する46の「新しい」森を研究した。「新しい」森に存在する種数の平均値は在来種の森と変わらないことがわかった。しかし概して、これらの森には在来種の若木は育っていなかった。そこがプエルトリコにおける状況とは違うところであるが、おそらくその理由は、より長い孤立状態を経験した結果、ハワイの在来種がプエルトリコの在来種ほどには競争的ではないからだろう。[*19]

しかし研究から得た結果によって、マスカロが「新しい」生態系に対する興味を失うことはなかった。一つには、栄養素の循環や生物量といった森林の生産性の多様な側面において、「新しい」森は在来種の森に匹敵する、ないしは勝ることをマスカロは発見したからである。もっと重要なことは、自分が訓練を受けている間に身につけた、種の「良し悪し」とか生態系の「健康」あるいは「適正な機能状態」だとかについての価値観を、客観性を求める生態学者としては、手放さざるを得ないということに彼は気づいたのだった。マスカロが卒然として理解に及んだことは、この価値体系が適切でないものなら、彼の「新しい」生態系と「在来の」生態系とを区別することは、事実上、不可能だということだった。

有用な「新しい」生態系の外来種を除去すべきか

マスカロは田舎道沿いの2つの生態系が出会う場所へと私を案内してくれた。左側にはオヒアの森が広がっていた。右側は早く育つネムノキの林で1917年に東南アジアから移入されたもの、下層にはブラジル産のテリハバンジロウと、コーレアとマキという2種の在来種が生育していた。熱帯の樹種に馴染みのない生態学者にはどちらが在来の生態系で、どちらが「新しい」生態系なのかひょっとして区別がつかない可能性もありそうだが、どちらがより大きな地域を継承していくことになりそうかは、私にさえ明白に思えた。拡大しつつあるネムノキの林とオヒア樹の群落との境界線は明確に引かれている。密生したネムノキの樹高ははるかに高く、この2種類の森の境界にはネムノキの第一列がオヒアに向かって身を傾けていて、それは相手への侵犯の脅しと解したくなる姿勢だ。もちろん、これらの木々は太陽に向かって成長しているにすぎない。地球上のほかのすべての植物と同様である。彼らは何の意図も持ってはいないのだ。

意図的であろうがなかろうが、ハワイ諸島の生物多様性を専門にするスタンフォード大学のピーター・ヴィトゥーセクは、ネムノキの森を危険な侵入種というカテゴリーに分類しようとする。ヴィトゥーセクの主張はこうである。「新しい」生態系はときには有益であり、「何らかの重要な状況において在来の生物多様性を支援することさえあるかもしれない」が、しかし「新しい」生態系という考え方は、「これを極限まで推し進めた場合、もはや有益性を失うことにすらなりかねない。私の考えでは、ネムノキが優占するハワイの植生のほとんどがこの極限状況を呈しています」。

マスカロはこの主張を認める。「ネムの森が地球上ここにしかない最後の生態系を滅ぼそうとしていることを危惧して、森林管理人がネムの森をブルドーザーで一掃したいと考える状況を私は理解できる」とマスカロはいう。「私の考えでは、私たちが『新しい』生態系を利用するのか、あるいは保全するのかを議論するつもりなら、私たちはつねに『新しい』生態系が他の生態系に及ぼすリスクへの対応を問題にしなくてはならないでしょう。しかし現時点では、私たちはほとんどその議論はしていないのです」

議論すべき理由が存在する。「新しい」生態系を寛容に扱うことへの賛成論がある。「新しい」生態系の有用性は証明されている——とりわけ在来種の回復に役立つ。ルーゴはかつて自然保護協会の活動に介入してギンネムの伐採を中止させたことがあった。メキシコ原産で、現地ではタンタンと呼ばれているこの木は、ヴァージン諸島において、もとは農場だった土地を覆う天蓋を形成していたのだった。「私が協会の人たちに指摘したのは、在来種はすでにタンタンの森の下層に順調に生育中であって、それはタンタンのおかげなのだということでした」とルーゴはいう。在来種は実はタンタンのつくる天蓋を日よけにして定着しており、もし完全な日なただったらそうはならなかっただろう。タンタンを根こそぎにした後の空き地にいちばん生えてきそうなのは、在来種ではなく、タンタンだった。「最善の戦略は、タンタンに生態学的役割を担わせて、在来種が優占する状態へと向かう遷移を誘導させることです。そのためにはもう少し時間を与えてやりましょう」

もし自然保護協会が純粋性だけを重んじるのなら、彼らはルーゴを無視して、どうあろうとタンタンの木を切り倒していたかもしれない。実際にはそうしなかったわけだから、彼らには他の目的もあったのだ。おそらく彼らの関心は、非在来種の数を最小化する以上に、在来種の数を最大化することのほうにあったのかもしれない。

「新しい」生態系が在来の動物種に生息地を提供することもある――本来の生息環境がことごとく失われている場合には、極めて重要な役割である。「新しい」生態系はまた多岐にわたる生態系サービスを提供するという素晴らしい仕事もする。湿地における水のろ過をはじめ、斜面における浸食の防止、大気中の炭素の固定、そして土壌の形成などである。実際に多くの種が新たに導入される理由が、まさにこのようなサービスを提供する能力を持っているがためであることを考えると、これはさして驚くことではない。そして偶然に導入され帰化した植物が陽光や二酸化炭素の吸収、そして土壌の形成にとりわけ優れているような場合も多い。大規模な移住や都市化に反応して新たに人間の文化が成立するのと同様に、「新しい」生態系もしばしば精気やエネルギーに満ちあふれたものなのである。

加えて、もし重要だと考えるものが現存のいかなる種でも生態系それ自体でもなく、進化の過程そのものであるような場合にも、「新しい」生態系は保護に値する。森林保護官の保護を受けている病弱な生態系より、「新しい」生態系は多大な進化の可能性を孕んだ、実に野生的で、自律的なシステムなのだ。

「新しい」生態系の変化を研究すべきだ

マスカロに彼が手掛けている最近の溶岩流跡に発達した「新しい」生態系の将来を予想してもらったところ、ところどころオヒアが交じるアイアンウッドの森になるだろうという答えが返ってきた。「100年後には、林冠が閉鎖した森林がここから海岸まで覆い尽くすだろう」とも。しかしマスカロの予想の根拠にあるのはほとんど自分の直感以上のものではない。多くの見慣れた生態系の遷移のパターンが予想可能であるのとは違って、「新しい」生態系がどんな方向に向かうのかは予測不能なのである。

もし人為的に方向を与えることなく、進化の過程をそのまま保護することに関心があるなら、「新しい」生態系を注視しておけばいい。種を移動させるという直接的方法によってであれ、気候を変えるという間接的方法によってであれ、私たちはこれまですでにさまざまな種の出会いを仲介してしまったらしい。しかしそれらが出会った後に種が刻みはじめる生命のリズムや与えあう淘汰圧の相互作用は、私たちによってでなくその生物たちによって決まるものだ。マスカロのハワイ島の森の一つが自然に形をなすまで、手出しをせずにおこう。そうすれば、この生態系のなかで守られることになるのは、管理を受けない自然淘汰ということになる。「自然が1000年前にこの場所に存在した全種を含んでいることが重要だと考えるのか、あるいは自然が人間に管理されずに自らの作用を維持していることを評価するのか」とマスカロは問う。「私が自然から受け取る価値は物事が、自然に生起するのを見ることとです。そこに人間が移動させた種が含まれているのを見ても、そのために私にとってその価値が低下することはないのです」

地球は私たち人間が引き起こした変化に反応しているのだから、新たに生じた状況下で繁栄する生態系を破壊することは道理に適うということになるだろうか。ルーゴのいうように、「私たちが自然に対して為したことに対する、これは自然の側からの応答なのだ」。「新しい」生態系は未来への私たちの最良の希望なのかもしれない。「新しい」生態系の構成要素は、時の試練を経た自然淘汰という方法を用いて、人間が支配する世界に適応していくのだから。温暖化が進み、人口が増大した未来に備えてこの自然世界を計画し管理することに、私たちは自然よりもいくらかでも長けているといえるであろうか。

この「新しい」生態系は、場所によっては、均質化と絶滅にいたることもあるだろう。しかし各種生態系サービス、多様性の増大や新種の形成などという展開もあり得るだろう。私たちが今後はじめなければならないのはそのような場所の研究である。好むと好まざるとにかかわらず、「新しい」生態系は私たちの惑星の未来の姿を象徴するものだからである。

「人から『どうやら生態系保護をあきらめて、降参したようだね』といわれることがありますす」とマスカロはいう。「『武器を取ったことなど一度だってないさ』とでもいってやりますか。これは負けを認めるというような話じゃないのですから。新しい取り組み方の問題なのです」

第8章　生態系の回復か、設計か？

「川」は人工物であるという発見

目を閉じて、一本の川を想像してみよう。一筋の水が、高い土手にはさまれて、ゆるやかなカーブを描く一本の水路のなかを動いていく様子が見えただろうか。私が思い描いたのはこのようなものだった。生態学者たちにとっての川の原型もこれと同様である。数十年にわたって、回復生態学者たちはまさにこうした姿の川づくりに奔走しながら、このタイプの川が生物多様性を増大させ、より大きな水域へと運ばれる堆積物と窒素を減少させることを期待したのである［肥料などに由来する窒素化合物の流入が水を富栄養化させて、アオコや赤潮の形成につながる］。

しかしペンシルベニア州の2人の研究者の最近の発見によれば、少なくともアメリカ北東部においては、こうした姿の河川は人為的に改変された人工物であって、17世紀から19世紀にかけて東部の河川に建設された、数千基の水車のための小規模ダムの遺産なのだ。ペンシルベニア州ランカスターのフランクリン・アンド・マーシャル大学のロバート・ウォルターとドロシー・メリッツは古地図を熟視し、歴史文書を研究し、何百もの河川を訪ね、レーダーの親戚のライダー［電波ではなくレーザー光でスキャンする］を駆使して、植生に覆われて見えない土地の形状を読み取ろうとした。場所によっては、掘削機《バックホー》を用いて堆積層を露出させ、地史をチェックしたのだ。

彼らが出した結論によれば、合衆国東部のピードモント台地——ちょうどアパラチア山脈の東側にあたる——を流れる河川は、ヨーロッパ人たちがはじめて訪れたころには、川というよりは沼沢地のような姿だった。[*1] 水は一本の水路のなかを流れるのではなく、川筋を何本にも枝分かれさせ、脇にそれて水たまりをつくり、谷底一帯に大量の泥を堆積させていた。

18世紀後半までには、多くの河川にダムが建設された（川の流れが幾重にも広く枝分かれしていたため、ダムは谷全体を遮るようにつくられた）。その結果、川は、ほぼ4キロごとに水車用貯水池を連ねるネックレスのような形状となった。一方、山地における森林伐採によって、水の供給量と土砂の流入が増加した。水車池の底には、何層もの堆積物の厚い層が形成された。

製粉、鍛造、採掘のために蒸気動力が水力に取って代わるようになってくると、ダムの多くは破壊された。その結果、急激に流れ出た水が貯水池の堆積物を貫いて溝を刻み、今日では「自然なもの」と考えられている、深く穿たれ、曲がりくねった水路を生み出したのである。

同様の研究は太平洋岸北西部でも行われたが、研究チームはさらに同様の展開はヨーロッパにおいてもおそらく起こっただろうと推測する。「1700年代までに、フランスには8万基のダムが存在していた」とウォルターはいう。過去の出来事が彼らの再検証通りだとすれば、川を「人工的な状態」に戻すことに、何百万ドルもの資金が投入されてきたことになる。

こうして意外な事実が明らかにされて以来、河川の回復に携わるコミュニティは、古い貯水池の堆積物をきれいさっぱりブルドーザーで除去することに興味を持ちはじめた。要するに、ヨーロッパ人が介入する以前の地層が露呈するまで地層のはぎ取りを行うわけだ。ウォルターによれば、この線に沿って、現在、複数のプロジェクトが進行中だということである。ペンシルベニアでは、州政府がこうしたプロジェクトの一つを見守りながら、州認定の「BMP〔ベストマネージメントプラクティス＝最優秀管理実践。アメリカおよびカナダで用いられる水質汚染予防の用語〕」として正式に公文書に記すことをめざしている。

マーガレット・パーマーはカレッジパーク市メリーランド大学の河川回復の専門家

である。彼女が心配するのは、ヨーロッパ人が手を加える以前の河川のイメージが刷新されるといってもそれは、単に一つの恣意的な基準となる過去の自然が別のものに置き換わるだけではないかということだ。どちらを基準に選ぶにせよ、景域がそもそも変化する性質のものだということを考慮していないのである。「あらゆるものは変化します」とパーマーはいう。「私たちは木々を伐採しました。私たちはこれら河川の水量を劇的に変えました。もし私たちの目的が堆積物を減らすことであるなら、そのことに集中すべきであって、川を入植以前の姿に戻すことを考えるべきではありません。入植以前と同じ姿をしたものはほかに何一つないのですから」。実際のところ、パーマーの研究からわかるのは、ゆるやかに流れ、枝分かれする川が沼沢地を形成するモデルは、お馴染みの一本の水路がうねって流れる川よりは窒素の除去率は高いかもしれないが、いずれのモデルでも除去できる窒素の量は回復にかかる数百万ドルというコストに値するものではないということだ。

生態系を回復するのでなく目的に合わせ設計する

私たちが破壊してしまった複雑な生態系を回復することは、現時点では、少々難しすぎる課題のようだ。かつてそれらの生態系がどんな姿をしていたのか、あるいはどんな働きをしていたかについて、私たちには十分な知識がないのである。多くの場合、対象とする規模があまりに小さすぎるため、回復前は存在していたであろう「複雑な作用」をとらえきれない。そんな魔法のような作用を、取り戻すことなどできないのだ。これに代わる選択肢は、パーマーによれば、概念的で理解が不完全な過去に復帰させるのではなく、具体的で測定可能な目標に向けて立案し、あるいは設計《デザイン》を行うことだ。具体的な目標としては、窒素の削減、沈殿土砂の除去、あるいは1種ないし少数の指定生物種の維持などである。組み合わせ次第で、複数の目的の間で両立可能性が高くなったり、低くなったりする。たとえば、河川の窒素減少効果を高めるための介入が、同時に水域に生息する魚類の水銀摂取量を増加させるという、一般に好ましからぬ結果をもたらす可能性もある。[*2]

パーマーは現在の私たちの生態系回復能力についてはかなり疑わしく見ているので、次のように主張する。さほど価値のない生態系を復元するようなプロジェクトにお金を費やすのではなく、ある建造物を建築するときには、貴重な生態系が存続している土地から建物の敷地に相当する面積を買い取らせて、保護することを施主に義務づけるべきだと。「もしウォルマートを建てたい人がいれば、開発されてしまう危険性が高い土地も買い取らせて、それを永遠に保護するよう義務づければいい」とパーマーはいうのである。

しかし、これは実現不可能かもしれない。そのため目的を窒素の除去に特化した生態系の設計に絞って、あれこれ工夫を凝らしてきた専門家もいる。彼らが創造した「川」は、大きな丸石で分離された池をいくつもつなげたものだ。水は階段状に配された池に溜まるたびに［微生物によって大気中に］窒素が放出され、先をめざして流れていく。結果として生じたものは川というよりは湿地の姿に近いが、段差のある池と丸石の組み合わせは、歴史上のどんなシステムとも似ていない。大きな丸石は、こうしたプロジェクトが行われている沿岸部の平野にはまったく存在しないものだった。

これらの川は回復されるのではない。設計されるのだ。ある基準で見ると、ほとんどの回復計画はデザイナー生態系だ。どんな回復計画も何百年も前の生態系を寸分違わずに再現させることはない。そして回復生態学者は数多くの大ナタを振るう――景域の姿も働きも自分たちが求める通りのものにするために、異論の余地のありそうな手を使うのだ。石や枯れた木の根株を詰めた金属製の蛇籠《じゃかご》をつなげて適宜配置し、流れをゆるやかにし、生き物の隠れる穴や隙間をつくってやる（この技法の効果のほどについては、パーマーをはじめ、疑問視する人たちもいるが）。あるいは、廃船を沈めてサンゴが礁形成する場所を提供するといった具合である。

そして、確かなことは、代理種を使って再野生化することで創造されるのは、たとえ過去から示唆を受けているにせよ、計画的に設計された新しい生態系だということだ。

もっとも過激なデザイナー生態系となると、「基準となる過去の自然」のいかなるものも規範とすることなく、一から環境を築き上げることで、特定の目的を達成しようとする。これは回復生態学者にとっては破格な考えだ。というのも、回復生態学者たちは最近まで、かつて存在していた基準となる過去の自然を目標に生態系の再創造をめざすことで生計を立ててきたからだ。パーマーによれば、自然の均衡という概念はこの分野において「しっかりと定着された」ものである。[*3] おそらく、どの分野の科学者よりも、回復生態学者たちは傷ついた自然を癒やし、安定した「自然の」状態に戻すという誘惑的な夢想にとらわれてきた。しかしいまや彼らの学会の会場には新たな活気がみなぎっている。彼らには、設計し、計画を実行し、新しい生態系をつくりあげることの持つ可能性が見えはじめているのだ。

多くの回復計画には、次のような考え方が事実上含まれている。すなわち、かつて存在していた基準となる過去の自然は単に倫理的に優れているだけでなく、生態系がこれまでに失った可能性のある特徴――生物多様性、生態系サービス、レクリエーション的価値など――をいくつであれ回復するのには理想的なものだというのである。生態学者たちは当然の前提として、次のように考えてきた。すなわち、生態系は、人間の活動による変化を被る以前、水質の浄化、生物多様性の維持、堆積物の浸食防止などの機能をもっとも効率的に果たしていたのだと。もしも特定のエリアをかつての姿に戻すことができれば、こうした機能のプロセスも自動的に再開されて、すべての恩恵を受けることができるはずだと、彼らはときとして思い描いた。

たとえば、川の回復事業において望まれる恩恵には、生物多様性の増大のみならず、窒素と余分な沈殿物の除去も含まれる。窒素はほとんどが肥料に由来するものだが、それはチェサピーク湾やメキシコ湾のような水域でプランクトンの大量発生を促す。肥えて陽気なプランクトンたちが水中の酸素をすっかり消費すると、その結果、しばしば、ねばねばの藻類に占領され、貝類、魚類、海産哺乳動物がすっかり姿を消した生態系が残ることになる。沈殿物の量の多いのが好ましくないのは、泥水が魚の鰓を詰まらせ、底生生物を窒息させ、陽光から水生植物を遮るからである。

しかしパーマーをはじめとする人たちが明らかにしつつあるのは、一見回復されたように見える川が、必ずしも生物多様性を高めたり、窒素や沈殿物をとりわけうまく除去したりするわけでもなさそうだということである。陸上における生態系回復の仕事もさほど優れた成果を上げてはいない。そして「新しい」生態系の研究者たちが明らかにしたのは、個別の生態学的サービスの性能を見ても、かつて存在していた生態系に匹敵するものはないとは必ずしもいえないということである。こうした洞察を総合して明らかになるのは、生態系に何を求めるか、そしてプロジェクトの規模、予算、当該の生態系がどの程度変化を被っているか、といった条件によっては、デザイナー生態系のほうがかつて存在していた生態系の再創生よりも優れていることがありそうだということである。

こうした仕事をしている人たちのほとんどが「デザイナー生態系」という言い方はしない。「効果があるものであれば、どんなことでもやる」というような表現で語ることのほうがずっと多い。たとえば、ディー・ボーズマというワシントン大学の生態学者がいるが、彼の保全目標の第1位はガラパゴスペンギンを救うことである。この体重2キロほどの飛べない鳥は絶滅の危機に瀕していて、現在、2000羽を残すのみとなっている。島に持ち込まれたネズミがヒナを襲うのである。この状況に対して、回復生態学者なら、時計の針を過去に戻して、ネズミを駆除しようと試みるところである。しかしネズミの駆除は思うほど容易なものではない。[*4] そこで、その代わりに生態学者たちは、ペンギンたちが巣づくりする場所を確保しようと、岩に穴を開けて巣穴づくりをしている。こうしてできた営巣場所の数によって、世代ごとに生まれるヒナ鳥の数の上限が決定される。現在では、ペンギンが個体数を増やし、おそらく、ネズミの食害による個体数減少を上回るペースを維持することが可能になっている。この操作によって、ペンギンの生息地が特定の基準となる過去の自然に戻るわけではない。生息地がペンギンにとって「標準」以上によいものとなるのである。

あるいは、「失敗した」コロラドのプレーリー回復事業を見てみよう。この事業の結果、誕生したのは、プレーリーでは普通は端役でしかないある種の草本が主役を張る、まったく新しい生態系だった。コロラド大学の生態学者ティモシー・シーステットは、大学付近のかつては砂利穴だった1200平方メートルの土地の回復にかかわった。この地域には、タイプの異なる複数のプレーリー生態系に産するあらゆる草本の種子を交ぜ合わせたものがまかれた。「2004年時点までに現れた結果は、スポロボルス・アイロイデスを優占種とする草地でした。周囲数百キロを見渡しても、この種が優占する地域はほかにありません」とシーステットはいう。「地元の住民たちはこの生態系の姿を大変に好ましいものと思っています。この生態系はいくつかの機能を果たしていますが、それでもこれが人間の介入以前には存在しなかった生態系の一例であることは明らかです」。偶然が設計した生態系とでもいおうか。

生態系を「設計」する必要があるのはどんなときか

デザイナー生態系の支持者の一人に、クローリーの西オーストラリア大学のリチャード・ホッブズがいる。ホッブズは影響力のあるジャーナル『回復生態学』の編集責任者であり、「新しい」生態系という考えにもっとも強く支持を表明している一人でもある。「新しい」生態系という無国籍的ウィルダネスにおいて生じる事態の展開に強い関心を持っているだけに、ホッブズはただひたすら生態系を過去の状態に戻す仕事に見切りをつけ、有益な成果をもたらす研究を選んだ。過去10年間に発表した一連の論文においてホッブズが出した結論は、ヨーロッパ人入植以前の人間による環境の改変および長期にわたる非人為的気候変動によって、基準となる過去の自然を再構築する従来のやり方は有効性を失っているということだった。2009年、ホッブズが共著者とともに世界的な科学誌『サイエンス』に載せた論文は、この分野にあって、厳しい自省の精神を持った人たちの心をとらえた。「自然状態がとらえどころのないものであるなら」と彼らは問う。「もし環境がつねに変化のなかにあって、生態系はつねに推移し続けるものなら、そして生態系が多様な形で実現することが常態なら、そのときには、歴史的基準線をめざす生態系回復の根拠となる諸前提には疑問符がつくことになる。生態学の歴史的な歩みは生態系回復を『古くさいもの』にしてしまうのだろうか」[*5]

過去に存在した生態系が理想でなくなるときに立ち現れてくる新たな一連の選択肢に、自分が胸躍らせはじめていることにホッブズは気づいた。彼の同僚たちのほとんどはいまだにかつて存在した「基準となる過去の自然」のほうにずっと強くとらわれている。「同僚を在来種の灌木の林に連れ出すという私の遊びがあります」とホッブズはいって、眼をちらと輝かせた。「後で、それが在来種だったというか、在来種でなかったというかによって、彼らはそれを好きにもなれば、嫌いにもなるのです」

ホッブズはかなり時間をかけて、生態系の回復に携わる学者が直面するであろう変化を2つのカテゴリーに分けた。「生物的」変化は生態系の生物的構成要素における変化であって、新しい種の導入や歴史的な種の絶滅もここに含まれる。もう1つのカテゴリーである「非生物的」変化は無生物的環境における変化のことで、気候や土壌化学がそうである。そして、ある場所で2つのカテゴリーのうちのどちらか1つの変化が現れる場合、しばしば生じるのが「雑種」生態系である。たとえば、気候の変化が生じたある森において、生息する生物の絶滅がまったく生じないような場合。少なくともしばらくは、目に見えるその森の姿は変わらないだろう。しかしその気候は従来の変動可能性の範囲を外れることになるわけである。[*6] あるいは、その土地の水循環（水文学）や、気候あるいは土壌の性質に本質的変化を生じることなく、種の交代が起こることがある。役者の顔ぶれはいくらか変わったものの、こうした「雑種」生態系は先行した生態系とかなり似た振る舞いをするだろう。このような「雑種」生態系は旧来の方法で多少とも回復可能である。しっかりと過去から目を離さないようにすればいい。少々の草刈り、多少の種の再導入、たぶん少しばかりの生息場所づくり、そんなところで、「雑種」生態系は過去へと引き戻すことができる。

一方、「雑種」生態系のなかにはその姿のままに受け入れていいものもありそうだ。とりわけ、導入種がその土地の食物連鎖のなかに食い込んで、見事に適応した結果、いくつかの在来種にとってかけがえのない存在と化したような場合である。[*7]

しかし、生物的もしくは非生物的な状況のどちらか一方に十分な変化が生じた場合——あるいは私たちのこの厄介な世界ではなおさら起こり得そうなことだが、生物的条件と非生物学的条件の両方に、同時に変化が起こった場合——には、引き返すことのできない境界を越えて、従来の生態系が完全に新しい生態系へと突入する転換点《ティッピングポイント》を目撃することになるだろう。そしてこのような生態系には、もはや原状回復の可能性はなくなるに違いない。

ホッブズはこれを説明するのに、自分の本拠地である西南オーストラリアのユーカリの森林地帯を例に挙げる。歴史的には（ここでいう「歴史的に」はせいぜい過去200〜300年を振り返ることだ）、こうしたユーカリ林は、広く間隔をおいて立つ背の高いユーカリの木と、さまざまな灌木からなる下層植生で構成されている。これらのユーカリ林のなかには、現在、その下層植生の一部に構成種として外来の草本が入り込んでいる程度の、穏やかな生物的変化を経験したものがある。こうした森林であれば、十分な補助金と除草剤の適度な使用によって、かつての状態に復帰させることは可能かもしれない。森によっては放牧により裸地化したものもある。むき出しになったことで、土壌の非生物的成分が変化を被る。この場合は、注意深く立案された植林計画によって――おそらくは少々肥料を補うことも必要だろうが――その歴史的性格を土壌に取り戻し、最終的に、歴史的な灌木群落の再生に適した環境を再現することは可能だろう。しかしながら、かつてはユーカリ林だったものの、すでに転換点を越えてしまった森林地帯も存在する。そこではところどころで、在来種がすべて非在来種の草に取って代わられてしまっている。また、人間による地下水面の攪乱が原因で土壌の塩分濃度が高くなった結果、まったく植物が育たない場所もある。こうなると、現代の回復生態学者も、この土壌をかつての状態に戻すことは無理だと認めざるを得ないだろう。[*8]

以前はユーカリの林だった土地が、見慣れぬ、地を這うように伸びる海外産の外来塩生植物に占領されているとか、馴染みのない降雨パターンや土壌の変化、そして視界に一本もユーカリの木が見当たらないといった状況に直面すると、回復生態学者なら絶望したくもなりそうである。しかし、ホッブズは違う。そんな景域からでもつくり出せるものはある、と考えるのである。「以前の生態系を取り戻すことはできるのです」。こうしたものの実現をめざすことはできませんが、それでも何らかの価値あるものの実現をめざすことはできるのです」。こうして生まれた「新しい」生態系の姿は馴染みのないものかもしれないが、私たちのために、あるいは私たちが気にかけている種のために役に立ってはくれるだろう。「私たちは過去より未来を見る必要があるのです」とホッブズはいう。

しかしこの「何らかの価値あるもの」とは？ ホッブズとその仲間たちはどこまで大胆になろうとしているのだろう？ 無数の構成要素のすべてがどのように連動して一つの生態系をつくりあげているのか――このことについて、まったくのゼロから一つの生態系を創造し得るに十分足るほどの知識を私たちは手に入れることになるのだろうか？ 絶滅危惧種のために、本来の生息地から遠く離れた場所に、小さくて、完ぺきな世界を創造することは私たちにできるだろうか？ 塩害でやられたかつてのユーカリの林に代えて、在来の小鳥たちを育み、またバイオマス燃料の供給にも理想的な草原を設計することは可能なのだろうか？ 農地の跡地を、もっとも絶滅が危ぶまれる10種の熱帯樹と炭素除去にもっとも優れた10種の木とを組み合わせた森につくり替えることが、私たちにできるだろうか？

生態系は信じがたいほど複雑なものだ。退屈極まりないような自然領域でも、図式化してみれば、ロンドンの広域街路地図程度に複雑な食物網を支えている可能性がある。これまで誰一人として、実在の生態系の動力学――種間の競争、捕食関係、寄生関係、エネルギーの流れ、栄養素の循環、変異性の幅などのすべて――を十分に解明した者がいないことは、生態学者たちの認めるところである。これは、ある都市で1日のうちに起こるあらゆる出来事、あるいは人体のなかで起こるあらゆる生化学的反応を理解しようとする努力に似ている。私たちはまだそんな段階にいたってすらいないのだ。そんなわけで、私たちが生きている間に、ゼロから設計された――地層基盤から上はすべて外部からの導入によって構成され、かつて存在したどんな生態系とも似ていない生態系――という意味でのデザイナー生態系の成立をこの目で見ることはないだろう。また、何百年か先の未来に、このような生態系が普通に見られるようになることもないだろう。私たちが自然から教わることはあまりにも多い。何百万年もの間に生じた自然淘汰によって出現した生物および生物間の関係は、私たちがコンピューターででっち上げた急造のどんな生態系より優れているだろう。その目的がレクリエーションのための空間づくりであろうと、エネルギーと栄養素の管理であろうと、生物多様性の保護であろうと、あるいは生態系サービスの提供であろうと。

デザイナー生態系とウィルダネスと多自然ガーデン

デザイナー生態系のもっとも有名な支持者の一人に、細菌学者で環境思想家のルネ・デュボスがいる（1982年死去）。デュボスが想像した繁栄する未来世界は、人間をはじめとする生物種の生存を支えるために設計され管理された自然に覆われていた。人間が創造したヨーロッパの農地のような人工的景域は、しばしば美しくて多様性に富んだものであるとデュボスは主張した。[9] 歴史家のロデリック・ナッシュは、ウィルダネスに対するアメリカ人の態度を調査した独創的な著書のあとがきで、似たような未来を概説する。ナッシュはこれを「庭園のシナリオ」と呼ぶが、そこでは「人間による自然の管理」は「総体的《トータル》で」かつ「有益な」ものであるとされている。[10]「適切な管理で肥沃な土壌が維持される。細心の管理がなされた河川は澄んで清潔な水を流す。人口についての懸念は存在しない。というのも、科学技術の画期的進歩によって人々は北極から南極まで広く、あらゆる場所——砂漠のなか、海面下、空中など——に暮らすことが可能になるからだ……。これは地球規模でのヨーロッパの拡張である」[11]。ナッシュはこの未来像を拒絶する。これでは土地の自立性を生かす余地がまったくなくなるからだ。「『良き』タイプの人間居住域の拡張および『賢い』あるいは『持続可能な』タイプの成長も、ウィルダネスへの侵略という点では、『悪しき』タイプと同罪である」というのがナッシュの判定である。[12] ナッシュは自ら名付けるところの「島状文明圏」という選択肢を掲げる。この案では、人間は人口が密集する都市に撤退し、自発的に人口調整を行い、地球上の都市以外の地域はすべて野生化するに任せるというのである。

私が予測する最良の未来像は、上記2つのヴィジョンを組み合わせたものになる。デュボスは1980年に出した著書『地球への求愛』で次のように主張している。私たちの目的は「生態学的に健康で、美的な満足を与えてくれ、経済的な利益を約束し、文明の継続的な成長にとって有利な新しい環境を」創造することである。[*13] これはまっとうな意見に聞こえる。回復生態学者たちの同業組合《ギルド》が成長し、繁栄して、まさにこの通りの空間をつくっていただきたいものだと私は思う。しかしありとあらゆる場所に、ではない。デュボス自身が提案するように、手つかずのウィルダネスを愛する人たちのためには、周囲に自然公園を配し、維持したらよかろう。その場所がどうなっていくのかをこの目で確かめるためにも、多くの土地を人の管理の手が入らぬままにしておくべきだと私は考える。あるいは、あの進化を促す火事が起こり続けるように、そして将来の世代も荒野で道に迷うことができるようにしておくためにも、手つかずの自然を残すべきだ。デュボスが提案する生態学的空間は、家に隣接するきれいに整った家庭菜園のようである。私の希望は、もっとずっと多くの多自然《ランバンクシャス》ガーデンが雑草も抜かれぬまま、乱雑なままであれということだ。さらには、役立つことすらないままであってほしい。

　回復生態学者たちはすぐに自分の職業を「生態系デザイナー」あるいは「多自然の庭師」と呼び変えたりはしないだろう。ここ数年にわたり、学会の会場で幾度となく、私はホッブズに遭遇した。そしてそのたびごとに、私は彼に、いつになったら「回復」という言葉を捨てる気になるのかと尋ねてみるのだが、彼にはまだその準備ができていない。しかしホッブズおよび同じ分野の研究者たちは、歴史的生態系の回復を重点課題としてきたが、今後はより柔軟に方向転換していく可能性は十分にある。

「回復生態学は過去20年ほどの間に急速に進化を遂げてきました」とホッブズはいう。「私たちは不確かな未来について、よりいっそう深く考えるようになってきています」。

歴史は、この新種の学問にとって、「拘束するものではなく、指針となるでしょう」。

第9章　どこでだって自然保護はできる

重金属に汚染された川の改善の未来像

ある夏の午後。私は、アメリカインディアンの呼称がついた川の水面をカヤックで漂いながら、魚を狙って水に飛び込むカワセミを眺めていた。近くの木の枝にはミサゴが止まっていた。カヤックから1〜2メートルのところで、大きな水しぶきを上げてサケがジャンプした。さて私はワシントン州にあるオリンピック国立公園のソルダックリバーにいたのか、それとも、ブリティッシュコロンビア州の海岸地帯の雨林の奥地にいたのだろうか。どちらでもない。私は、ワシントン州シアトルの中心部にいたのだ。そこは延長8キロのドゥワミッシュ川の水面。産業地に囲まれたその流れは、泥に多量の毒物が発見されたため、2001年、スーパーファンド法［アメリカの環境保護法の一つ。汚染土壌浄化費用の信託基金（スーパーファンド）の設立や汚染の補償責任の明確化、汚染の有無に関する事前調査などについて定められている」で環境改善地に指定されたのだ。私の黄色いカヤックの向こうに、スペースニードル塔［シアトルにある、ランドマーク的存在のタワー］が見えた。第二次世界大戦時には、毎日数十機のB－17爆撃機を生産したボーイング社の有名な第二工場も見えた。

ドゥワミッシュ川は荒廃した川だ。しかしここに賑わう野生生物たちは希望を示唆している。川の改善をサポートしようとする人々のヴィジョンには興味深いものがある。ここには、ヨーロッパ人がシアトルに定住した1850年代の状態に川を戻そうと唱えるサポーターはいない。そこを公園にしようという意見もない。彼らの視野にあるのは、野生生物たちの生息地でもあり、同時に産業地域の有用な水路でもあるという、複合的な川の未来像だ。

第二工場の建屋の窓にあかあかと夕日が映えた。柱に支えられた巨大な建屋が、川に張り出しているのが水面から見えた。「あの建屋の床から、油とそれに溶けている有毒化学物質が漏出している」。シータック空港から離陸する飛行機の轟音のもと、揺れるカヤックの上でバランスを取りながら、ドゥワミッシュ川クリーンアップ連合のスタッフの一人、カリー・シムソンが話した。「当地の底土には重金属が多量に含まれているんです」

スーパーファンド法による環境浄化の長期計画の一環として、ボーイング社は、第二工場を解体し、現状においてその建屋の下と周辺に位置する川の区間を遮蔽して水を抜き取り、7万6000立方メートルの汚染堆積物を除去することに合意している。[*1] その後、サケが生息しやすい環境を創出するために、ゆるやかな傾斜のある岸辺や副次的な水流の溜まりなどを設けることが計画されている。この場所は、産卵のために川を遡上するサケたちの一時的な休息場所となるはずだ。

シムソンはその変化を歓迎する意向だ。とはいえ、川沿いのすべての場所が同様に変更されるのを望んでいるわけではない。ドゥワミッシュ川が工業用水路として活用されれば、川の両岸に暮らす低所得者層の雇用促進につながるからだ。シムソンと同僚たちは、両立を希望している。ドゥワミッシュ川クリーンアップ連合の川へのヴィジョンは、「エコ・産業ヴィジョン」なのだ。廃業したセメント工場やボーイング第二工場の建屋の陰に隠れた川、安全のため当地の魚貝類を食べてはいけないと、英語、スペイン語、中国語、朝鮮語、ベトナム語、カンボジア語、ラオス語、ロシア語の警告が流れに沿って並んでいる川、ドゥワミッシュ川にとって、それは、容易でない目標でもあるのである。

しかし、スーパーファンドにかかわる今後の複雑な展開においてドゥワミッシュ川の浄化に関与する関係者たちは、シアトル市も、シアトル港も、キング郡も、ボーイング社も、エコ・産業ヴィジョンを共有している。少なくともそう表明している。川の浄化作業が本格化するにはなお数年を要する。ドゥワミッシュ川がどれほどきれいになるか、まだわかってはいない。

ドゥワミッシュ川をカヤックで上ると、霧雨のなかで朽ちている産業活動の痕跡の隙間に、すでにエコ・産業ヴィジョンの種子が顕在していることがわかる。川岸は、汚染の厳しい地面にブラックベリーやブッドレアの藪の広がる領域が目立つ。しかし、同時にそこには賑わうビジネスもあるし、たとえばハム・クリークの河口部のように自然再生されたところもある。この地は長いあいだ、ふさわしくも「ハム・パイプ」と呼ばれていた。コンクリートパイプで無造作に、ドゥワミッシュ川に排水が流される場所だったからだ。しかしパイプは撤去され、いま小川は日光を浴び、アシなどの植物がレースのように広がり、サギも行き来する流れとなって、ゆったりとドゥワミッシュ川に合流している。当地に移植された植生は、サケの稚魚たちや水鳥に食物も提供しているのである。

下流に向かうカヌーの脇には、地味なマリーナがあり、ヒッピー風の芸術家たちが船上生活をしていた。豪華なヨットメーカー、デルタマリン社もあった。さらに下ると、川の向こうの小さな公園や路地から手を振る人々の姿があった。

あらゆる方法で自然を増やし改善すべきだ

再野生化、希少種の管理移転、一部の外来種の保護、「新しい《ノーベル》」生態系、などというと、どれも異様な方策と思われるかもしれない。しかしそれらの方策はどれも、あらゆる条件下にある土地や水域をすみずみまで生かして、最善の結果を引き出すための工夫といってよいだろう。保全地域を最大に生かすためには、その境界を越え、ウィルダネスを補完する必要がある。それには、保全地域以外のあらゆる地域も保護・管理しなければならない。ドゥワミッシュ川のような工業地帯の川から、ビルの屋上、そして農地にいたるまで、あらゆる場所だ。

見方によってウサギにもアヒルにも見えてしまう絵のように、ゲシュタルト的なスイッチの切り替えで見え方の変わる幻視がある。ある映像をある視点で見てしまうと、別の可能性が見えなくなる。しかし突然、脳が切り替わって、もう一方の見え方しかできなくなる。保全地域だけ、原始的な「手つかずのウィルダネス」だけに注目する自然保護論は、縮退してゆく少数の自然地の集まりとして地球を見る。前景に自然地があり、人の影響を受ける大地は背景に退いてしまうのだ。しかし、ゲシュタルト転換後の私たちの見方では、前景にあるのは、草も生えない舗装地、住宅、商店街などの不透性の領域だけであり、その他すべては、背景となる自然なのである。

背景となる自然は、遺伝的に均質なトウモロコシの広大な畑、街の公園、そして小さなゴールデンタマリンが木の枝からぶら下がっている南米大西洋岸の森林の一角など、もちろんさまざまな相貌を見せる。自然保護のほとんどの目標にとって、これらの土地がどれも同じ価値を持つわけではないが、どの場所も改善は可能なのである。トウモロコシ畑は、畑のきわで在来植物の畝《うね》を育てることができる。街の公園は渡りをするチョウたちに食物を提供できる。つまり、自然保護事業とは単に現存するものを守るだけではなく、さまざまな土地を新たな候補として認めて、その価値を日々高めてゆくことでもあるのだ。

新たな候補地を加えてその価値を高めることは、すでに多くの自然保護の専門家たちの日常活動となっている。一見すると、新たな候補地を加えることなど不可能と思われるかもしれない。人口増加は続いており、国連の人口問題専門家たちによれば、なお190年にわたり増加は続くという。しかしこれまで以上に多くの人々が都市に住みはじめている。2009年、都市の人口は、史上はじめて農業地域の人口を超えている。都市住民は、郊外に暮らす人々に比べて、エコロジカルフットプリント［人間活動によって環境に残る影響］が小さくなる傾向があるのだ。しかも、生態地理学者のアール・エリスによると、建築物が広がり、舗装された土地は、氷に覆われない大地の2パーセント弱にあたるが、そのほとんどは地方にある。住宅が郊外へと無秩序に広がる「スプロール現象」のせいだ。

　都市計画委員会や州の開発担当オフィスで、緑化プランナーたちは数十年にわたってスプロール現象と戦ってきた。ガソリン価格があるレベルに達してしまえば、郊外やさらにその外側の準郊外区域の住宅地は縮小するという指摘もある。舗装も永遠に必要なわけではない。住宅利用区分についても、たとえば経済不況がくれば解除可能だ。都市域でも、不透水性舗装を透水性舗装に変えることはできる。ボーイング社の第二工場が解体される暁には、巨大なビルが2万平方メートルの湿地と、0・8キロの自然海岸になる。

　次は価値を高めること。実践的な工夫［原文は、the art of the possible　不可能なことではなく、可能なことを実行する技術。政治実践を指すビスマルクの言葉］を進め、都市とその周辺地の残る98パーセントの土地から自然保護のさらなる価値を引き出すことだ。公有地には、すでに持続可能な利用に向けた管理の進む地域が少なくない。自然保護にかかわる価値をさらに引き出してゆけるよう、関連する規則や規制の改善に向けて日々努力する活動家もたくさんいる。同様に、保全生態学者たちは土地所有者たちとともに、しばしば税制上の優遇措置も活用して、所有者だけでなく自然にとっても役に立つ土地利用を行っている。

自然回廊で保全地域同士をつなぎ合わせる

イエローストーンのような保全地域が間違ったモデルというのではない。それらは、拡張版モデルの核心領域と考えるのがいいと思う。厳格に保全されるそのような地域をアンカーとし、そこから多様な保全枠組み、保全目標のもとにある互いに重複するゾーンが、花芯のまわりのバラの花弁のように、放射状に広がってゆく広域のモデルがよい。

理想的にいえば、公園のまわりには開発程度の低い地域が配置され、野生状態の高い景域を互いにつなぐような配置がいい。大型捕食獣のように広い活動域を持つ動物を持続的に保護してゆくには、そのような、互いに重複する野生地が必要である。緑の回廊でつながれた大規模な保全地域群という、再自然化の処方を思い出してほしい。

自然回廊の問題を論議する際、生態学者は、しばしば「種数—面積曲線」を引き合いに出す。自然域の面積が小さいほど、生息する生物種は少なくなるという関係だ。自然域が小さくなると、まず大型種が姿を消す。面積が小さくなると、遺伝的に健全な個体群を維持するのに必要な数の個体が暮らせなくなるからだ。しかし小型種もまた消失してゆく。集団が小さくなってしまえば、とくに環境の悪い年に全個体が失われ、地域的な絶滅にいたるからである。自然域が断片化し孤立すると、同種個体の移入ができなくなり、やがて小地域に暮らす生物種全体の個体数が急減する。小規模な保全地域からは生物種が消失してゆくが、小規模保全域をつなぐ回廊があれば、これを介して補充されるということである。

回廊について科学者は専門的な定義をするが、私は、つながりを確保するために管理されるどんな土地についても適用してよいと思っている。そのおかげで種数が維持される、そのおかげで群れは夏の分布域と冬の分布域を行き来できる、そのおかげで遺伝子プールは十分に大きく健全に維持される、そんな土地はどれも回廊だ。気候変動が憂慮される現在、回廊の重要性を主張する論者は、極地や高地とつながる回廊の重要性を強調している。変化する環境条件に左右されやすい種が、好適な環境に移動しやすくしようというのである。

厳正な保全地域外の土地における状況が、保全地域の機能を左右するということだ。面積9000平方キロほどのイエローストーン国立公園は、米本土では最大の公園だ。しかしそれでも十分な広さではない。ハイイログマのような大型動物の場合、イエローストーン国立公園の面積をもってしても、危険な近親交配を避けるに十分な個体数を支えるのは難しい。さらに、1988年の大火で明らかになったように、原生林に依存する生物は、一度の火事で危機におちいってしまうのだ。しかし、幸いなことに、イエローストーンは孤立してはいない。公園は「広域イエローストーン生態系」と生態学者が呼ぶ、広域保全区域の一部なのだ。そのなかには、グランドティートン国立公園、数カ所の国営林、国営エルク保護地、土地管理局の管理地、多数の私有地のほか、ウインドリバー保護区の一部も含まれている。これら全域にさらに上乗せする形で12カ所の野生保護区も指定されている。どの地図に注目するかにもよるが、生態系の総面積は8万平方キロ以上にもなる。イエローストーン国立公園の10倍近くになるのである。

さらにいえば、上記の広大な地域それ自体も孤立した島ではない。少なくともイエローストーン・ユーコン自然保護イニシアチブという団体はそう考えていない。このアメリカ・カナダ連携のグループは、イエローストーン国立公園からアラスカ州に接するユーコン準州にいたる山岳地帯に存在する地域的な保全計画をつないで回廊とし、小規模な保全だけにかかわるのではなく、全員で共通の大陸規模の目標を支持していこうとしている。それは、たとえばクマの地域個体群をつないで遺伝的に健全なメガ個体群に統合してゆくというような大規模なものだ。彼らはまた、地域から人間を排除することを目的としているのではなく、幸福な共存をめざしていると強調することも忘れない。

その共存の様子をもっともよく象徴するのは、彼らの協力でアルバータ州のバンフ国立公園に設置されている野生動物のための地下道や跨線橋だろう。東西方向は車が高速で走行している。南北方向には、地下道や立体交差路を通ってアメリカヘラジカやオオヤマネコが移動したり、追い散らしたり（追い散らされたり）している。人も動物も行きたい場所に行けるのだ。

イエローストーン・ユーコン・プロジェクトは、広大な規模の景域で回廊を創出し、自然保護活動を組織化しようとする多くの計画の一つにすぎない。オーストラリアでは、グレートイースタン山脈イニシアチブという団体が、オーストラリア東部山岳地帯に沿って存在する自然保護区の島群をつなげようとしている。中米生物コリドーという団体は、メキシコから中央アメリカにかけての保全地域を統合しようとしている。プロングホーンの道という団体は、イエローストーン国立公園の近隣で同種の移動路をつくっている。ここ10年あまり、世界のどこであれ自然保護の関係者は、科学者たちから「カギとなるのは相互的な接続性だ」と聞かされている。

自然保護活動家は、性質の異なる土地をつなぎ合わせることで、まとまりのある自然地を創出していかなければならない。公園ならびにその他の公共地、特別な法的枠組みの設定された民有地、州有地、先住民のための土地などをまとめるのである。保全地域をデザインするのは保全生物学の注目領域だが、そのためには多量の複雑な調査や計算が必要だ。理想をいえば、保全地域は、現にそこに暮らしている、あるいは過去に暮らしていた人々の要請に対して細やかに配慮すると同時に、利害関係者間で合意を見た保全目標を実現できるよう科学的に設計されていなければならないからだ。しかし、土地の扱いについて関係者の合意をえることは、保全の取り組みにおいてもっとも困難な仕事の一つである。人は土地に対して、何にもまして強い執着を示す。地球表面のどの地点の土地であれ、そこは、あらゆる自然保護活動家にとって貴重な生態系であると同時に、誰かの故郷であり、暮らしの糧を得る場所であり、所有地なのである。

減税措置などで農業者も保全活動に巻き込む

「広域イエローストーン生態系」では、意外に思われそうな名案がある。牧場経営を許容するという方策だ。過放牧は環境保護論者の苦情の種だ。しかし、スプロール現象によって宅地化するよりは、牧場のほうが多くの自然を残すことができる。確かに家畜は自然植生を食害するが、小川や湖や森林は自然状態で残される。保全のための地役権を設定することで、牧場は経営を続けるための資金を確保することができるため、土地の開発や分譲を防ぐことができる。土地所有者は、土地の活用で生まれる対価の一部を保全のために没収される代わりに、潤沢な減税を受けることができる。2010年、取材を受けた牧場経営者、ケイシー・シェパーソンは、ワイオミング州のハットツー牧場の56平方キロについて、喜んで開発を止めると語っている。「保全のための土地利用を許容すれば、子どもたちへの土地財産の相続が容易かつ簡単になる」「借金の必要性も減るので、牧草地を限界まで家畜に利用させずに済む」*2

凍結しない地表の半分は牧場と農地なので、それらの土地の保全価値を高めることは望ましい戦略だ。保全のための地役権の設定は、そのための一つのツールにすぎない。さらなる工夫を学びたいのなら、ヨーロッパに注目するのがいい。農業的自然保護の世界的専門家たちがいる場所だからだ。

自然保護運動がはじまった時期、ヨーロッパの保全主義者たちが対象とする土地は、およそ手つかずといえるようなものではなかった。そのため彼らは、自然保護以外の目的で使われている地域に着目して、その地域の自然の力を最大限に伸ばすことに目を向けていくことにしたのである。数年前の夏、私は、起伏に富んだワイン産地として知られる、ハンガリーの美しい街、エゲルで開催されたヨーロッパ初の保全生物学の会議に参加した。会議初日の朝、私は、早起き野鳥観察会に参加した。場所はブック山脈の麓の自然保護地ということだった。車から降り驚いた。到着地は、農地だったのだ。自然保護地はどこにあるのだろう。同行のヨーロッパの自然保護者たちが誰一人驚いていないというのもどうしたことか。ヨーロッパの大半の地においては、伝統的な方式で管理される農地は、自然保護の場なのだ。その地に見られる生物種は、すべて、農地の生物種と見なされている。世界でももっとも古い自然保護組織の一つである、イギリス王立鳥類保護協会は、「農業活動に依存する農地の野鳥」を保護するプログラムを持っている。その野鳥たちは、農業のはじまる前、どんな暮らしをしていたのか、知りたいものだ。

それらの鳥は、たぶん草食哺乳類によって維持される開けた土地に棲んでいたのだろうと、オランダ・オーストヴァールルダースプラッセンの研究者、ヴェラとその同僚は考えている［第4章参照］。そのような開けた土地も、草食哺乳類の多くも、とうの昔に消え去っている。そこで今日のヨーロッパでは、効率性の高い除草剤を使用し、ほとんど通年にわたり1品種だけを栽培するような近年の集約型の農業経営を止めて伝統的農法に戻す農家に対し、経済的支援を提供する「農業的な環境保全方式」を採用して野鳥を保護している。[*3] ヨーロッパの農地の20パーセント以上が、この方式に参加している。

ヨーロッパでは、大切な保全地域が、むしろ、農地のように管理されている傾向があるといってもいい。ケンブリッジ大学の保全生物学者ウィリアム・サザーランドは、イギリス式の保全管理スタイルについて以下のように書いている。「イギリスの国立公園や自然保護地域では、しばしば牛や羊が旺盛に草を食べ、湿地は刈りはらわれる。森では木々が雑木林管理の方式で定期的に伐採され、自然保護者たちの主要な仕事は、実生や藪を除去して遷移を阻止することだ。西ヨーロッパ外の地からイギリスを訪問する皆さんは、そんな光景に驚くことが多い」[*4]

そのサザーランドは、ヴェラのオーストヴァールダースプラッセンをモデルとして、イギリスや西ヨーロッパでもアメリカ型のウィルダネスを保全する方式を重視すべきと主張してきた。しかし、アメリカ、カナダ、オーストラリア、その他の地は、農業と共存する環境対策をもっと重視すべきという意見もあるのである。実際にそのような計画がある。たとえばアメリカの環境改善奨励計画と呼ばれる計画だ。1996年から進められているこの計画は、水路の汚染軽減、温暖化ガス放出削減とともに、生物生息地の保全を課題としている。2010年現在、これに参加している牧場、農地は18万6000平方キロに及ぶ。[*5] 動植物の保護に焦点を当てた別の計画もある。数万平方キロに適用されているアメリカの野生生物生息地回復奨励計画だ。アメリカ農務省によれば、この計画が適用されている農地の総面積は時間の経過とともに揺るぎないものとなってきているし、新たな農業従事者の大部分が口コミでこうした保全プログラムの存在を知るだろうから、自然保護を前提とした農業を実践する土地面積は明らかにまだまだ広がる余地があるという。

農業と自然保護の最適解を求める試み

農業地域の自然保護について、現在進行形の論争がある。生息環境やその他の自然の価値を高めるには、生物多様性を向上させ、農業経営の集約度を抑えればいい。しかし、そうすると単位面積あたりの農産物収量、農業生産性は低下するのが普通だ。単位農地あたりの収量が減少すれば、同量の食物を確保するために国は農地を拡大しなければならないのが道理である。そこで、有機農法など単位あたり生産量の低い農業を推進する保全主義者がいる一方、最大収量を実現する効率的な管理を実施して土地節約的な方策を進めることにより、開放される農地を自然保護のために十全に利用すべきと主張する保全主義者もいるのである。

どちらの道がよいのか、科学者の意見は一致していない。異なる方策の最適ミックスは複雑な変数に左右されるのだ。リード大学のジェニー・ホッジソンとその共同研究者たちは、イギリスのさまざまな景域で、チョウの密度を測定した。チョウの密度は、自然保護地のほうが有機農地よりも、有機農地のほうが通常の農地よりも高い、という結果が出た。研究者たちの計算では、有機農地の面積あたりの生産量が通常方式の農地のそれの87パーセント以上であれば、チョウの密度を高めるために、有機農法に切り替えるのが有利である。87パーセント未満なら、通常の農業を進めて保全地域を増やす、つまり、土地節約方策のほうが有利になるはずとなった。しかし、質の高い保護地への転換ができないような条件下で、せいぜい農地の脇に休耕地を取り分ける程度しかできないなら、有機農業の収量が通常方式の35%を超えてしまえば、有機農法に徹してしまったほうが良い方策になるという。チョウ以外の生物まで含めて考えると、事情はさらに複雑になる。[*6]

ミシガン大学のイベット・ペルフェクトとジョン・ヴァンデルメールは、土地節約方策の前提そのものに疑問を持つ生態学者たちに属している。農業の効率が向上されれば、農業者や国は、生産地の一部を本当に解除するだろうか。さらなる生産に向かうのではないか。彼らの結論は以下の通りだ。「市場中心の社会では過剰生産は市場価格の低下を招き、生産者は収入増をめざしてさらなる生産拡大に向かう、あるいは、さらに土地を必要とする別の商品生産（たとえば大規模な牧草地）に転換してゆくのではないか」。[*7] 各種の研究は、農業技術が向上すれば、耕作地の面積は縮小するという見方を支持していない。それどころか、伝統的な農法より高技術の農業のほうが生産性が高いはずという想定そのものが怪しいかもしれない。土地に即した技術や多様な手持ちの作物を駆使する小規模農家のほうが、大規模な単作型農業よりも高生産を上げることもある。そう考えるペルフェクトとヴァンデルメールは、環境保全型の管理の採用により農地の自然保護上の価値をさらに向上させ、多様な種が農地を生息地として、あるいは生息地をつなぐ回廊として利用できる方向に集中するほうがいいのではないかと、示唆している。

他方、農地節約型戦略の支持者のなかには、高技術の生産手法で将来は農業を室内化してゆくべきと提唱する意見もある。企業家、ジーン・フレデリックスは、廃業後の郊外型の大規模小売店を利用してバジルやルッコラを栽培したい意向だ。[*8] コロンビア大学のディクソン・デスポミールは、自己完結的な農業生態系を組み込んだ巨大高層ビルを構想している。[*9] これらの考え方には問題もある。太陽光はただだが、室内栽培は多量のエネルギーを必要とするというのが最大の問題だ。しかし、このような集約的な都市農業が有効となる場所もありそうだ。室内・野外のいずれかにかかわらず、高技術の都市農業は、ペルフェクトとヴァンデルメールが提唱するような小規模な自然親和的な農地の広がる景域と両立しないわけではない。ペルフェクトとヴァンデルメールがいうところの、「農業は自然保護の敵という思い込み」にとらわれることさえなければ、農業生産のあるところならどこであれ、自然の価値を加え、深めるチャンスがある。

農業地域に自然のためになるような場所を見出すのは、いってしまえば自明の方策とも思える。畑も牧場も、そもそも何かを育てるための場所だからである。しかし、工業地帯に自然保護を編み込むのはそれほど自明ではない。騒音、ばい煙の工場群の景域、加工施設群、エネルギー関連施設、輸送施設等々は、しばしば自然の対立物とされるものだ。しかし、ドゥワミッシュの事例が示すように、自然と工業地は共存できる。

工業地域や高速道路にも自然は増やせる

カヤックで進むと、川沿いに何カ所か、小さくて目につきにくい緑地が見えた。近隣の道路や自動車専用道を高速で移動するときには見つけることができなかった緑だ。数日後、私は、ピュジェット湾の会のヘザー・トリムと連れ立って、これらの小さなオアシスを車で訪ね、探索した。この会は、数十年前までは、手つかずと見える自然の保護に全力を注いでいたが、いまは、ドゥワミッシュ川沿いの、利用されなくなったこれら小地域の自然再生に尽力している。こんなに小さな場所が、いったいどんな自然保護上の価値を提供できるのだろう。そういった緑は、絶滅危惧種の保護や、二酸化炭素の固定能力といった点での価値は確かに欠けているが、それらを補ってあまりあるほどの、レクリエーション価値、審美的な価値、そして何よりも、地域に「和やかさ」を提供する価値を持っていることがわかったのだ。

ドゥワミッシュ・ダイアゴナル通りの終点には、工場に通じる網の目のような通路でそれとわかりにくいものの、ピクニックテーブルのある小さな公園がある。48フィート［約15メートル］の貨物コンテナを少なくとも100個は積載していそうな巨大なはしけ船が川面を滑るように航行する傍らで、フリースを着た婦人がカナダガンに餌をやっている。聞けば彼女は以前、近くに勤め先があり、復員軍人援護局を訪ねる約束の時間に余裕があるとき、この公園に来るのだという。テーブルに座っているカップルは、コストコに買い物に出かけた後、ここで昼食を取っているのだという。「コストコに買い物にくるたびにこの公園にきます」と男性。「ここは通りの騒音から離れることのできる小さな場所」「アザラシを見たこともある」と女性。セルダム社の組み立て作業から響いてくる音や大型ボートのエンジンの低音を除くと、そこには場違いな静寂があるのだ。

他の道路の川側端末は、狭く、管理も行き届いていない。その一つは、背景にレーニア山を望む野生のイネ科草地。最近になって在来植物で修景された別の場所では、女性がタバコを吸いながら、岸辺で遊ぶ子どもを眺めていた。「ここは平和ね」と彼女はいう。いまはブラックベリーの蔓に覆われ、壊れた机の引き出しが放置されている場所にサケの好む環境をつくる計画があると、トリムが私に話し出すと、金属リサイクル処理会社の社員が、道路の端末と工場を区分している金網のフェンスのほうからトリムのほうに近づいてくる。「木や草も植えるのかね」と期待をこめて話しかけてきた。

クリーンアップ連合のシムソンやピュジェット湾の会のトリムがしっかり仕事を進めてゆけば、木々と草とサケと、金属リサイクル産業が共存してゆくだろう。豪華ヨットメーカーによるボートづくりが、巣づくりや地域づくりと、同じ川でひしめくように共存してゆくのだろう。

産業のグリーン化に関する話題の焦点は、生産工程で排出される汚染物質の削減におかれるのが普通だ。それは二酸化炭素にはじまり、いまドゥワミッシュ川の堆積物を汚染しているPCB、ダイオキシン、その他の化学物質等々だ。しかし、緑のスペースを加えることによって、産業地はもっと自然度の高い場所にすることもできる。ドゥワミッシュ川沿岸のような産業地帯でも、移動する生物種にとって飛び石的な生息地となり、また人々が自然に接し結びつくことのできる場所として役立つような自然域をつくり出すことができる。工業地帯の未利用地には在来植物を植えることができる。屋上緑化も可能だ。事実、ミシガン州ディアボーンのフォード車のトラック組み立て工場から、ニュージャージー州ホボケンのホステスカップケーキの工場まで、屋上緑化は広がっている。そうした屋上緑化は、雨水流出を抑え、暗色の屋根や舗装が太陽光を吸収することで生じるヒートアイランド現象を抑制緩和するとともに、植物や虫に生息地も提供している。こうした緑の屋上庭園は浅い土壌の生態系と同じで、ランやクモだけでなく、地上から高い場所にあってネコに脅かされることがないので地上営巣性の野鳥まで呼び込んでいる。

屋上緑化の場合と同様、企業は、敷地をどのような生態系に置き換えるべきかあれこれ頭を悩ませるより、その敷地の現在の状況によく似た生態系を探してみることで自然保護の観点から見た最高の価値を手に入れることができる。[*10] たとえば、企業の大規模ビルには広いコンクリート壁があるのが普通だ。そこは、地衣類、蘚類、一部の猛禽類など崖に生息する生物が利用できる。生産工程が変われば、敷地の土壌の化学組成も変わる。変化した環境は、そのような環境を待望する動植物が元気に生息できる生態系の類似地となる可能性がある。塩分濃度の高い排水を受ける池は、塩分を好む希少な動植物の生息地となることができる。金属混入度の高い場所は、当該金属に耐性の高い希少植物の生息地になるかもしれない。石切り場や砂利採取穴は、閉鎖され、湛水されると、渡りをする水鳥や、爬虫類、両生類などの生息地になる。イギリスではそのような場所が、ウォータージャーマンダーと呼ばれる胡椒のにおいのする小さな植物の生息地となっている。[*11] ドイツで行われた、砂利採取穴の12年にわたる調査では、そこが絶滅危惧生物の極めて効率的な避難地になっていることが明らかになった。維管束植物では２３０種中の22種、コケでは78種中の22種、地衣類では１０６種中の38種、動物では５２７種中の２１６種が絶滅危惧種だった。[*12]

工業地域で実施されている試みの多くは、現在は使用されていない場所に特化して行われている。工場の床を野鳥や樹木のために利用するのは実際的ではない。採掘作業中の坑道というのも難しい。しかし、作業者が使わなくなった場所、立ち入ることのない場所など、見捨てられた空間は、自然保護の好適地だ。都市の中心部や、スプロール化の進む郊外、そして農業地域にいたるまで、見捨てられている空間は、どこであれ、事情は同じである。

放棄地を自然保護に利用するのは新しい考え方ではない。自然保護を象徴する人物ともいうべきアルド・レオポルドは、有名な著書『野生のうたが聞こえる』のなかでその考えを以下のように主張している。「どの農地にも未利用地はある。どの高速道路にも路肩がある。こうした未利用地に牛や鍬や草刈り機を持ち込まなければ、多様な在来植物が生育し、それに外部からの興味深い侵入種も多数加わって、それが全市民の日常的環境の一部になっていくだろう」[*13]。『侵略の生態学』の著者、チャールズ・エルトン［第6章参照］も、生け垣や、鉄道の土手や、運河や溝の自然保護上の重要性を記している。道路や農地の脇に延びるイギリスの生け垣は、サンザシや、ナラ、ニレ、トネリコ（エルトンが書いたのは立ち枯れ病でほとんど全滅する前だった）、野鳥の巣、ぶんぶん飛ぶ虫たちや、野生の花々でできている。エルトンによれば、それらはまさしく、「景域を構成する別々の器官をつなぐ、結合組織」なのである[*14]。

近年、高速道路の中央分離帯には、在来植物が植えられることが多い。この動向に遅れているのはハワイだ。ここ60年来、外来のバミューダグラスを植えるのが普通だったのだ。しかし心配は無用だ。ハワイの中央分離帯には、遠からず、先住民が屋根をふくのに利用していたピリグラスというイネ科の植物の種子が吹き付け散布されるだろう。種子の吹き付けとは、種子を水に交ぜ、地面に直にスプレーする方法だ。ハワイ州交通省の景域立案担当者クリス・デイカスは、10～12種類の種子を吹き付けようと意欲的だ。「私たちは、定期的に刈り込まれ除草剤散布を受けている芝地を、維持管理不要な在来種の草地に、また、侵入種の帯を在来植物の帯に変えていく。在来種の方向に舵を切っていくつもりだ」

ここで取り上げている小さな土地は、ライオンや野牛の生息地になりはしない。しかし、植物、無脊椎動物、さらに野鳥や両生類や小型哺乳類たちにとって価値ある場所になり得る。同様に、世界の大規模なチェーンビジネスやフランチャイズにも自然保護のプログラムをスタートさせる大きなチャンスがある。ファストフード店や大規模小売店には、駐車場として利用される島のような室外地や、配送所脇、道路と建屋の間等で利用されていない土地がある。舗装された敷地に飛び地のごとく点々と存在する小島のような場所にスタッフを派遣して芝刈りをさせたり、シーズンごとに植え換えたり置き換えたりするような高価な観賞用植物で景観を整えるような無益なことはやめて（植え付ける前に枯れはじめてしまう悲惨なランタナはもうやめにしてほしい）、散水や除草をしなくても自ら生育していく植物を混植することで、一度だけ景域を整えるほうがいいのではないか。植える必要さえない場所もある。積極的に栽培しようとしなくても、埋蔵種子から、在来あるいは新規な種の組み合わせが形成されるからである。

狭い庭やバルコニーの小さな自然も有意義

アリゾナ大学の生態学者マイケル・ローゼンツバイクは、人間活動の卓越する地域から自然保護の価値を絞りだすような事例を多数、収集している。彼は、人々が暮らし、働き、遊ぶ場所で、種の多様性を保全するための新たな生息地を発想し、つくり、維持するための科学に、共生生態学（reconciliation ecology）という言葉をあてた。[*15] 彼は、街の公園、軍事基地、牧場、農地などさまざまな場所に、新しい生息地創出の可能性を見たのである。倒木の少ない場所でアカコケイドキツツキを保護するためにドリルで巣穴をつくる、建設現場から掘り出される泥で人為的な湿地草原をつくり出す、ブドウ畑や農地に花粉媒介など有用な働きをする昆虫類を誘引するため在来植物を植えるなど、ローゼンツバイクはさまざまなユニークな方策を提案している。彼は、たとえばルリツグミであればルリツグミだけが棲めるよう慎重に設計された巣箱や、アメリカオオモズ専用の止まり木、ナタージャックヒキガエルに最適なサイズの池など、低コストの自然保護ツールを絶賛している。かつて私は、ドゥワミッシュ川で、ミサゴたちのために設置された台を見たことがある。ミサゴたちは促され、そこに営巣したのである。

こういった方策の素晴らしい点は、行政や大きな自然保護組織の対応を待つことなく、個人で実行できることだ。土地所有者であれ、借地人であれ、どんな空間でも、自然保護のために活用することができる。小さなバルコニーでも、地域の公園の一角でも、テキサス州の牧場でもいい。

個人の庭や用地で自然保護を進める流れは、科学者たち、とくに植物園の学者たちから大歓迎されてきた。全米自然保護連盟は、適切に管理されている個人の敷地を野生生物生息地として認定する「野生生物のための庭」というプログラムを持っている。同様なプログラムを実施している州レベルの自然保護部局もたくさんある。これらの組織は市民たちに、庭に絶滅の危機にある植物を植え、芝生を除去し、屋上を緑化し、レインガーデン［雨水を管理する庭］を設置し、何よりも少し乱雑なものも、夏枯れも、そしてもちろん虫たちの多い環境も受け入れる方向に美意識を変えてゆくよう、促しはじめているのである。その様相、感覚は、多自然、多様で、そして野生の空間により近いものだ。

都市の小さな庭を自然の「予備地」として利用しようという考え方は、一見すると愚かしく見えるかもしれない。規模が小さいので、ほんのわずかな生物にしか有効でないと思われるかもしれないからだ。しかし、多数の小規模な土地を含む広がりは、多くの小型の、あるいは移動可能な動植物にとって、連結されたひとまとまりの広い地域と同様な働きをするのだ。多数の小規模な個体群で構成される、より大きな集団は、メタ個体群と呼ばれる。イルカ・ハンスキーは、フィンランドのヘルシンキ大学に所属するメタ個体群研究者だ。彼は、首都ヘルシンキの街の裏庭を対象に計算をした。「ヘルシンキには、大小の空き地のある不動産が100万ほどもある」「いまのところまだ空き地は芝生地とされるのが普通だが、芝生だけにこだわらなければ」「ヘルシンキの市民は昆虫、植物、キノコなどたくさんの種のメタ個体群を支えることができる」と彼はいっている。

植物は空間的に分離されていても、ひとまとまりのメタ個体群として実在できる。これは花粉媒介生物や種子運搬生物など、植物界の希望の使者たちのおかげだ。世界の巨大都市にも花粉媒介生物はたくさんいる。フォーダム大学のケビン・マッチソンは、ニューヨーク市内を直線状に縦断し、出会う花ごとに立ち止まって観察し、227種に上るハナバチの仲間を発見した。[*16] しかし私たちは、空中を移動し遺伝子を攪拌してくれるこれらの使者の提供できるサービスを利用できていないのだ。その調査の最中にマッチソンが遭遇した花の半数以上は派手で、昆虫に対する耐性を持つ不稔性［種子ができない］の雑種で、しかも庭があまりにもきれいに手入れされているため、種子から育ったどんな実生も雑草として抜かれてしまいそうだった。

ニューヨーカーたちが稔性植物［交配によって子孫をつくれる植物］を植えて、自分たちのガーデニングの基本姿勢をゆるやかなものにすれば、マンハッタン、ブロンクス、ブルックリン、クイーン、ステートアイランドのニューヨークの5つの区をぶんぶんと飛び回るハナバチたちが、孤立していた多数の株を結びつけて、一つの大きなメタ個体群にすることができる。ニューヨーカーたちが害虫耐性の低い植物を受け入れれば、ということは食痕のある葉や花弁を受け入れるようになればということだが、昆虫たちが利用できる食物は増え、ビッグアップル（ニューヨーク市）はもっと生物多様性の高い都市になるだろう。もちろん虫のたくさんいる町になるので、難しい審美的な課題も出てくるだろう。アブラムシがびっしりついたセキワタは、チョウ（オオカバマダラ）の食草になるし、テントウムシに餌を提供するからといって、「見ていて美しい眺め」とはいえないとマッチソンは語っている。

散水も肥料も少なくてすむ野生の庭・在来種の庭

ハンスキーは自分の家の庭は、「常識的な美的感覚からすれば、とても汚い」と認めている。かつての芝地は、いまは腰までの草に埋まり、紫の野草が咲いている。ハンスキーは自宅の庭を、数年にわたって野生に戻るままに放置した。その後、友人の生物学者にたのんで、1万3000平方メートルの庭の動植物を調査したのだ。次いで、夕食に招待した何人かの生態学者たちに、いったい何種の生物が確認されたか、予想してもらったのだ。賞品はワイン1本。見つかったのは、「絶滅危惧のカリバチと甲虫、それぞれ1種」を含めて、全体で375種。熟練の生態学者たちの予想はすべて過小評価だったという。

ハンスキーの庭の生物多様性は、芝地を台無しにするというコストで、実現されたものだ。しかしそこは、生物生息地という点でも、汚染源となる肥料の最小化という点でも、散水量の節約という点でも、手入れの行き届いた芝地より良い場所だろう。南カリフォルニア在住の環境重視の造園家で景域デザイナーでもあるダグラス・ケントは、カーボン中立、あるいはカーボンネガティブなデザインを専門としている。彼のアイデアには少し常識はずれなところがある。彼の考えによれば、南カリフォルニアの芝地は肥料や散水が過剰で、そもそも舗装するほうが環境に良かったというのだ。

舗装しておけば芝地の維持にかかるあらゆる排出を回避できる。だからといって彼は、すべての裏庭をコンクリート舗装すべし、というわけではない。芝地のかわりに、自然の、在来型の景観を工夫する道もつねに存在する。ここで注目される芝生地がある。「子どもの遊びや、レクリエーションで利用できる芝地は、カーボンコストがあっても維持されていい」「しかし、住宅地の周囲や、土手や、歩道脇の、子どもも遊ばずイネ科の野草が残っているような芝地は、別の選択肢を考えていい」と彼はいう。

ケントは、施肥不要あるいは低施肥ですむ被覆植物のリストを持っている。オオウシノケグサ（「しおれるとばらばら倒れ、流れのような模様を地表につくり出す」と彼はいう）やスゲはとくに気に入っている。低排出をめざす造園は新しい美の体験を開いてゆくとケントは考えているのである。「少し奇抜で自然がいっぱい。リアルないかめしい構造を重視するアポロ的な概念ではない。あなたの庭にもう少し自然を呼び戻してみる。その程度のことだ」。チョウも、鳥も、そんな庭が好きだ。「そこには大きな満足があり、そして率直にいえば、仕事も楽なのだ」

芝地の除去を別にすれば、庭を自然保護のための同盟軍に変えるもっとも単純明快な方法は、在来種の移植を奨励することだろう。在来種に注目することで、まずは、造園家が植栽地を準備する植物群を有効に区分けすることができる。どんな場所でも、その場の歴史的な植物相を重視することが可能だ。あらゆる地域で実行されれば、世界規模の生物多様性の重視につながるだろう。地域の動物たちは、在来の植物と馴染みが深く、さまざまな関係を発達させているということもある。裏庭に在来植物を植えておけば、花粉媒介動物と植物、種子散布動物と種子生産植物の不可分の相互関係を支える手助けもできるだろう。さらにいえば、在来植物は、育てやすく、水や肥料も少なくてすむ傾向がある。あなたの裏庭の土壌や気候にすでに適応している植物だからだ。

とはいうものの、気候変化の問題があり、「在来種の庭」の前提が変化しつつあるという難題もある。その地域の微気候［地表付近の気候］が変わってしまえば、水や肥料なし、あるいは微量の水や肥料で育てることのできる植物も変わってくる。そのため、環境に親和的だから在来種を植えようと考える造園家は、再考を余儀なくされるか、あるいは計画にあたって当該地域より南、あるいは低高度の場所にある在来植物に注目し、人為的な種の移動も進めることになるかもしれない。

在来種の庭づくりにはほかにも制約がある。ロンドン郊外のキュー・ガーデン所長のスティーブン・ホッパーは、「野菜を栽培しようとすれば、在来種だけというわけにゆかないことは明らかだろう」という。「しかし、造園家がどこでも在来の樹種を一種つけくわえることにすれば、その樹木を必要とする動物たちを、彼らのライフサイクルのさまざまな段階でサポートできるというメリットが生まれる」。大方の造園家が愛でる「大型で見栄えのいい不稔性の雑種」に比べると、在来種は見劣りすることが多いと、ホッパーも認めている。在来種で植栽の基本をつくり、そこに人目を引く見栄えのいい植物を植えこんで、在来種、非在来種双方の利点を生かせばいいといっている。

結果は妥協の産物となる。個人の庭では、見栄えのいい園芸種に野生種を加えてみるという方式になるだろう。その場合、どの程度の自然まで我慢できるかも、決めなければならなくなろう。野草や灌木が旺盛に茂る庭は、ライム病を媒介する可能性のあるダニや、西ナイル熱のウイルスを媒介する可能性のあるヤブ蚊や、ハンタウイルスを持つ可能性のあるネズミが増える可能性がある。個人も、地域も、そのような危険を測り、どの程度許容するか、決めなければならなくなる。とはいえ、環境を簡素なものにする方法以上に、危険性を下げる方策もある。ヤブ蚊についていえば、「水たまりや水辺の管理の問題だ。一時的に形成される水たまりを最少にするとか、ボウフラを食べる動物も棲む安定した池をつくるのがいい。そんな工夫が多様性のさらなる増加につながるかもしれない」とホッパーはいう。

造園家が温暖化適応策にかんする情報提供者に

在来の自然をどのくらい受け入れるのか、温暖化の進行に対応してどんな方策が有効なのか、さまざまな試みを進める造園家たちは、実は広大な土地の管理者たちに有用な情報を提供することのできる実験を進めているのだといってもいい。気候変化の領域でいえば、造園家たちは事態の推移に先行できると、セントルイスのミズーリ植物園園長、ピーター・ラーベンはいう。「庭は、毎年描きなおす絵画のようなものだ」「それは、他の領域でより、庭でこそ実行しやすい。造園家は、毎年新しい植物を利用して、適応方策を試すことができる。農業や都市計画の領域ではそうはいかない。頻繁なやり直しは非常に難しく、費用もかかり、混乱の深いものになるだろう」。しかし、都市計画が変化してくれば、郊外の芝地も多様なイネ科の草本が生い茂る草原に姿を変えてゆくだろう。どこもかしこも灌漑とモノカルチャーだった農地は、多種作物の栽培される農地に変わってゆくだろう。この変化の過程で、裏庭や園芸用プランターで実験を進めている造園家たちは、何を試すべきか、あらゆる場面で提言することができるはずだ。「家庭の造園家は冒険家によく似ている」とラーベンはいう。「彼らは何を育てるべきかについて、絶えず道を指し示してゆくだろう」

とはいえ、自然保護に関心のある個人造園家たちが、実務を進める都市計画家や農家に意見を伝える組織的なメカニズムはまだ存在しない。他方、造園家たちが、日々世話をし、熟知している小さな自然で生起する事態について、インターネットを通して、科学者たちに情報提供する機会は増えている。開花日など季節的な現象を研究する生物季節研究者の間では、プロジェクトのデータ収集にあたり、市民科学者たちの参加を募る動きが広がっている。たとえば、全米芽吹きプロジェクト、イギリス自然カレンダー、オランダの自然カレンダー、自然観察カナダなどのようなプロジェクトだ。気候温暖化が進むので、たとえばハナズオウの新芽の展開時期を記録しておくと、管理移転計画の手助けになるかもしれない。全米芽吹きプロジェクトを応援しているシカゴ植物園の保全生物学者ケイリー・ハベンスは、「われわれは、いずれそのデータを使って、受粉を媒介する生物の登場と同時に植物を開花へともっていくために、植物をどこに移植すればいいかを予測するようなモデルを検討することができるようになるだろう」といっている。

有機栽培や、企業スペースの緑化や、一般家庭の多自然ガーデンは、大型肉食動物の保護のような課題にはあまり役に立たないが、ほかでは手には入らない特別な価値を提供している。そういった小さな工夫が、市民を自然につなぐのだ。自然を愛することを学んだ市民は、自然保護の努力をさらに応援してゆくだろう。もちろん、そんな市民は、より健康で、幸せにもなるはずだ。

近くの自然を発見し、近くに自然を受け入れる

自然保護活動家が「手つかずのウィルダネス」ばかり問題にしていると、それが自然のすべてという印象を一般の市民に与えてしまう。都市や、郊外や、農業地帯の住民は、自分の住んでいる場所に自然はない、自然保護は遠くの課題で、自分たちとは関係がないと信じてしまうのだ。ごく普通の自然のなかで、精神的、美的な経験をする能力も喪失してしまうかもしれないのである。

自然のドキュメンタリーものは、現代生活の痕跡が入らないよう、徹底的な編集を受けていて、どこか遠いところに、チーターや、シロクマや、ペンギンたちが自由に跳ね回る場所があると錯覚させてしまう。野生のイメージを創作するために、動物公園に飼育されている動物を利用する写真家も少なくない。自然保護区や自然公園での取材は、フェンスの標識や、カメラを積んだトラックや、ペンギンたちの排泄物で汚れた雪が最終画像に残らないよう念入りな確認を忘れない。2001年に美しい野生の記録として話題になった『WATARIDORI』は、卵から育てて撮影者たちを親と思い込むよう刷り込みを施された鳥たちを利用した作品だ。世界的な名声をはくしたアッテンボローの『プラネットアース』でさえ、視聴者に知らせることなく、動物園のシロクマを撮影対象としていたのである。[*17]

しかし、動物や植物は、裏庭に、道路沿いに、街の公園に、私たちの身の回りのあらゆる場所に暮らしている。残念ながらこれらの自然はあまり派手ではない。イルカ・ハンスキーは、とくにアメリカ人たちに、派手な自然ばかりに慣れてしまっていると、警告を発している。「派手な自然ばかりに慣れてしまうと、身の回りの自然は価値がないという印象を持ってしまいそうだ。しかし、イギリス市民の間では、小さな自然を観察する楽しみが広がっている。暮らしの周囲で自然を享受している」

実は、都会の生物多様性も、想像を超えるものがある。ニューヨークで見つかった227種のハナバチ類、ハンスキーが一つの庭で発見した375種の動植物を思い出してほしい。造園家であり研究者でもあるジェニファー・オーウェンは、イギリス、レスター市スクラプトレーンの自宅の裏庭で30年に及ぶ調査を行って、植物474種、昆虫類1997種、鳥類54種、哺乳類7種を記録している。[*18]

一部をコンクリート舗装されているにもかかわらず、都市域でそれほど多くの生物種が見つかるのは、都市に、在来でない生物が満ちているからだ。庭園樹に関するある研究によると、カリフォルニア南部一帯には50から60種の在来樹種が分布しているが、ロサンゼルスには、ハリウッドの街路の光景を連想させるヤシの原型のようなワシントンヤシモドキや、アメリカフウや、タイサンボクなども含めて、145種もの樹木がある。[*19]

街路樹は、日陰を提供する魅力的な装置というだけではない。イチョウやカエデの生活史に触れて、都会人は季節を知る。野鳥は街路樹に巣をかける。セミの幼虫が這い上がり、抜け殻を幹に残す。スズメバチたちは街のオークの木々の組織を集めて、風船のような巣をつくっている。街路樹は自然の一部なのだ。そうした視点で観察する訓練を積んでいけば、誰もがゲシュタルト的なスイッチの切り替えができるようになっていくかもしれない。自然保護はありとあらゆる場所で実行されるべき課題であるとするなら、私たちは誰しも、遠くの島々だけではなく、日々の暮らしの裏庭も自然なのだと、学ぶ必要がある。

保護のための私たちの努力が、現在、国立公園に含まれている地域や、同様の保護地のような手つかずのウィルダネスに限定されてしまえば、どんなに努力しても、破壊を遅らせ、喪失の日を先延ばしできるだけだろう。しかし、人間の暮らしの生きた背景として再定義された自然を、守り、励ます方向に私たちの努力が向けられてゆけば、私たちは、勝つことができるかもしれない。私たちは自然を、現状より、大きく育てることができるかもしれないからだ。

そのためには価値観の変革ばかりでなく、美意識そのものの変革も進めて、これまで慣れ親しんだ自然に比べてより暮らしに近い領域にあるものも自然として受け入れ、他方では、これまで慣れ親しんできた仕事場がより野生的な外見を呈することを受け入れることを、学んでゆく必要があるのだろう。

第10章 自然保護はこれから何をめざせばいいか

「昔に戻す」以外の自然保護の目標を議論する

あなたはなぜ自然の心配をするのだろう。どんなアピールを受けたら、あなたは自然保護団体に寄付をする気になるだろうか。もしもあなたが、住まいの近隣でひとまとまりの土地の管理を任されたら、どんな管理目標を立てるだろう。「手つかずのウィルダネス」こそ理想という考え方を捨てるということは、自然保護家、そして社会全体が、自然保護のために別の目標を用意するということでなければならない。そもそもそれが難しいから、私たちは現状を変えたがらないのではないか。私たちがどんな目標を定めたとしても、結局のところ、「昔の状態に戻す」という目標で都合よくカバーできるように思えてしまう。理想の過去を完全に復元できれば、しかるべき種を残らず保全し、それらの種の間に生じる自然の相互作用をすべて保全し、その土地がもたらしてくれるすべての生態系サービスを保全し、「時と偶然」が——あるいは「神」でもいいが——そこにしつらえたすべての美を保全してくれる、というわけだ。

しかし、過去に戻ることはできないと認めてしまうと、どれもそれぞれに妥当と感じられてしまう複数の目標のなかから何かを選ばなければならなくなる。そこに生じる予算や、政治や、時間といった現実的な制約を無視してしまうと、選択はさらに乱暴なものになるだろう。以下本章では、ゾウの保護と生物多様性の保護が両立不可能な地域、自然のままの生態系に放置するか種の最終的生存を選ぶか迫られているカエルの事例、さらに、最適な生態系を実現させるため、生態系同士を総当たりで戦わせる実験などについても、紹介してゆこう。

結論は、残念ではあるが、あらゆる状況に有効な唯一の最終目標は存在しない、ということだ。つまり、すべての土地について、所有者、管理者、行政機関、土地に関心を持つ人々が協力して、共通の最終目的を見出すために詳細に議論するしかないのだ。これはとても難しいことではあるけれども。

目標1——人間以外の生物の権利を守ろう

1940年代後半、自然保護の偉人となったアルド・レオポルドは、生態系に内在する価値を認め、それを土地の倫理と呼んだ。土地の倫理は、いま私たちが人の社会のほかのメンバーに向けるべきとするのと同じ道徳的な責務を、「土壌、水、植物や動物」にも拡張するものだ。[*1] そこには、人も動物も植物もすべて、生きるという事業をともに進めているという考え方がある。「大地は、私たちもそれに所属する共同体なのだと認識すれば、私たちは愛と畏敬を持ってそれを利用するようになるだろう」と彼は書いている。[*2] 現代の表現でいえば、土地の倫理は、他の生物種や生態系に道徳的な地位を与えようとする生命中心主義を支持するものだ。

ノルウェーの哲学者アルネ・ネスは、1970年代に、「ディープ（深い）・エコロジー」という言葉を提案した。ネスによれば、それ以前の環境保護活動である「シャロー（浅い）・エコロジー」の実践者は、自らの利益の延長線上で地球に対応するのだという。資源を注意深く管理し、汚染とも戦うが、突き詰めるとそれは、自分自身や他の人間の利益につながるからなのだ。

レオポルドのようなディープ・エコロジストは、すべての生物は内在的な価値を持っており、それ自身として保護されるに値すると考える。人類は特権的な種ではなく、生命の壮大な網の目の一つの結節点にすぎないものであり、人類の意義を決めるのはその個別的な特性ではなく、他の多くの種との関係によるのが適切なのだ。個々の人間は、彼または彼女の自己という概念をそれらすべてのつながりを含めるよう拡張でき、またそうすべきである。そうすることで、自己への配慮が環境への配慮と同一化できるからだ。[*3]

ネスにとって幸いなことに、ディープ・エコロジーは、1980年代、自然には内在的な価値があるという見方を共有するあらゆる哲学を包含する用語となった。いま人類が地球に加えている大きなインパクトは削減されるべきだと、ディープ・エコロジストたちは考える。わけても、富裕な西欧人たちは、消費社会の分別のない欲望を満たすためにかくも恐るべきペースで自然を利用することを、やめなければならない。人類は人口を抑制して、もっと地球への負担を軽くしつつ暮らせるようにしなければならない。これらは好みの問題ではなく、すべて自然界への道徳的な義務なのだ。これらの義務の不履行は、他の存在の権利の蹂躙であり、奴隷化や殺害によって他者の人権を侵害するのと同じことなのだ。

しかし権利の保有者を特定するのは難しい。人間同様、動物にも権利があるとの直感は多くの人々に共有されている。しかし個々の動物個体の権利が、動植物の個体群や種を保全するという常識的な保全目標と相いれないケースも少なくない。ある島で、ネコたちが島のアホウドリのヒナをことごとく殺してしまう危険があるとすれば、生態系保護のためにネコたちを殺さなければいけなくなるかもしれない。生物多様性の保全は弾薬の購入を意味することもあるのである。

環境倫理の基礎を動物の権利におくのは危うい。植物や、山々や、景域が置き去りにされてしまうからだ。アルド・レオポルドは、個々の生物を想定して「土地の倫理」を提唱したのではなく、総体としての土地を想定した。この主題にかんするエッセイで彼は、土壌、水、植物、そして動物に、「存続の権利、少なくとも地域として自然状態で存続し続ける権利」があると主張している。[*4]「少なくとも地域として」というただし書きがあるということは、すべての水滴、すべてのシカ、すべての野の花、すべての土塊に個別的な存続の権利を見ているのではないことを意味している。土地が、一つのまとまりとして、人間の干渉を受けることなく存続できる場所があっていいと、彼は考えているのである。

内在的な価値を持つものは何か、その価値の大きさはどの程度のものかについて、現代の生命中心主義の倫理家たちが設定するルールはさまざまだ。私たちは、根本的に価値あるものは個体の生命であるとする思考に慣れている。殺人は間違っているという理解の基礎もこれである。「エコシステム」や「土地」のような不定形の集合体、「土壌」や流れのような生きてはいない存在に価値を設定することは、より困難なことである。しかし、これらの実体にも内在的な価値があるとする倫理家たちもいる。地球それ自体に、個々の人間と同様の価値があると提唱する倫理家、「自然」あるいは「野生」であることの質自体が価値の源泉だとする倫理家もいるのである。生命中心主義的な目標を掲げる自然保護の計画は、誰が権利の保持者とされるかで、異なった見え方をするはずだ。しかし、人間による大地の利用に特権的な位置を認めないという点では、共通なのである。

目標2――カリスマ的な大型生物を守ろう

一般市民に環境への配慮を促す上で、カリスマ的な大型動物が大きな力を発揮すると語る自然保護家は少なくない。ここでいうカリスマ的な大型動物というのは、人々に愛され、絶滅してほしくないと思われる大型動物のことだ。カリスマ集団の頂点に位置するのは、クジラ、イルカ、ゾウ、ゴリラ、トラ、パンダ、などだ。どれも目の大きな哺乳類である。世界自然保護基金（WWF）は、一般ファンドへの寄付を募るにあたり、好きな動物の「里親」になってほしいと呼びかけている。寄付者には認定証とぬいぐるみが送られる。2011年4月時点で寄付者にもっとも人気のある動物は、トラ、第2位はシロクマ、次いで定番のパンダとなっている。[*5]

一見するところ、大型動物だけに注目するのは子どもじみている。地衣類や、線虫や、寄生生物なども、それぞれに保護されるに値するのではないか。しかし、もっとも人気のある動物たちのなかには、生態学の理論が、キーストーン種、つまり生態系の機能や外観に大きな影響を持つとする種が多いということもあるのである。それらの動物の保全をめざすことで、ともに生きるほかの生物種が、「雨傘の下で保護される」こともあるということだ。都合のよいことに、カリスマ的な大型動物は分布域が広いので、その分布域が守られれば、地を這う小さな動物たちや、植物や、カビ類や、微生物など、WWFのトートバッグに描かれることもない生物たちが広く守られることにもなるのである。

しかし、キーストーン種が生態系を望ましくない方向に変化させてしまうと、生態系のなかで人々がいちばん重視する生物種が何であるか、明らかになってしまうことがある。南アフリカの公園におけるゾウがその例だ。2007年、私は、睦まじい声を交わしながらゾウたちが静かに移動する南アフリカのアッド・エレファントパークを訪問した。大きく響きわたるのは、ゾウたちの食べる枝葉の折れる音。ここアッドは、ゾウたちにとって、特別対応の地だ。違法な象牙の取引があるために、他のほとんどの地域で、ゾウたちはかつてない規模で密猟の対象とされているからだ。ワシントン大学の生物学者サミュエル・ワッサーの推定では、極東地域にでまわる象牙を取るために、毎年、アフリカゾウの8%が殺されているという。[*6] 殺戮速度は増殖速度より早く、アフリカのほぼ全域で減少が続いている。局所的に個体数の増え続けているアッドは例外なのである。

「(車が)近づいてしまったので、よけるためにアガサは茂みに入っていきますよ」。車の後部座席からカティー・ゴーの声がした。南アフリカ・ポートエリザベスのネルソン・マンデラ首都大学のカティー・ゴーは、4年間にわたって当地のゾウを研究しており、耳のちぎれやかすれ、瞼の特徴などで、ほとんどの個体を識別できるのだ。ゴーのいう通り、アガサは大きな体をゆっくり動かして、棘だらけの灌木のなかに入っていった。振り向いたアガサは、車中の全員がそれとわかってしまうくらい、咎めるような視線――こういう擬人化表現を科学の世界は禁じているが、そんなことはどうでもいい――を私たちに向けた。

アガサのホームランドである当地には――エレガントなクーズーの群れや、黄褐色のお尻のシマウマや、道路を走り回るダチョウもいるのだが――あまりにも多数のゾウが生息している。1954年には、約23平方キロの公園に、22頭が棲むだけだった。それは、一人の専属ハンターによって、1919年にほぼ絶滅寸前まで追い込まれてしまった群れの、生き残り個体だった。そのハンターは、果実を食べ尽くしてしまうゾウたちに困り果てていた地域のオレンジ栽培農家の要請を実行したのだ。2007年、ゾウは、約260平方キロの土地に460頭ほどとなっていた。1954年と比べると、密度も2倍ほどになっていた。

過剰な数のゾウが環境に及ぼす影響は明らかだった。階段を上り、フェンスを越えて、ところどころに設けられたゾウが侵入できないゾーンに入ると、風景は一変した。それまでまだらな灌木地にすぎなかった風景が、見事なアロエの群落をはじめとする多種多様な植物が育つ、小人の国の森のような景色になったのである。ミニチュアのようなその森は、ゾウの生息密度が低い条件下に限って、存在できるのである。

つまり、ゾウだけでなく生態系全体を保護しようというのなら、ゾウの密度は制限しなければならないということだ。こうした状況を考えると、海外の関係団体がゾウの個体数の管理の仕方について口出しをしてくることに、アフリカの地元住民がいらだつのも無理からぬことだろう。

善意の、ときには専門技術を持つ部外者たちが、ゾウの数を減らすべきかどうか、避妊施術を実施すべきかどうか、一部の象牙は合法的に取引されてよいのかどうか、絶えず意見を送り付けてくる。個々の国、地域は、それぞれに解決すべき課題を抱えているのに、部外者はアフリカ大陸全体を一つのケースとして取り扱ってしまうのである。

1994年、南アフリカでは、内外の動物の権利主義諸団体による反対で、ゾウの殺処分が中止された。以後、ゾウの密度は上昇を続け、同国北部のクルーガー公園では、オスたちがバオバブやマルーラの木々を押し倒し、筋肉を誇示している。14年を経た2008年にいたり、南アフリカは殺処分を再開すると表明した。しかしこのニユースはあまり歓迎されなかった。殺処分は非人間的であり、倫理に反すると主張する者もいる。

プレトリアの南アフリカ国立公園にある自然保護サービスの事務局長、ヘクトール・モガメの見方は違う。彼は、2007年、ポートエリザベスで開催された保全生物学会の会議で、「この倫理問題には格差が絡んでいる」と発言している。「殺処分への反対意見は豊かな人々、金持ちたちに支持されることが多い」。殺処分再開の計画に浴びせられた激しい非難を引き合いに出し、この論争は、大地に暮らす人々が富裕で権力を持つ人々に踏みつけられることでもあると、いっている。

個別の種を守れという声高な主張は、強い政治性を帯び、感情的になりがちだ。「雨傘種」といっても、カリスマ種だけに焦点を合わせてしまえば、つねに他の種を随伴するとは限らない。ゾウの保全だけが唯一の目標とされる世界は、多くの種類の多肉植物が生存しない世界となるかもしれない。

目標3——絶滅率を下げよう

すべての種を等しく価値あるものとして扱えれば、もっと洗練されたアプローチになるだろう。「絶滅の危機に瀕する種の保存に関する法律」のような立法行為は、そのような考えを前提にしている。この法律のもとでは、ハエもイモリも、ジャガーと同様に保護されるべき存在なのだ。多くの自然保護活動家にとって、保護の最終目標は絶滅の回避である（厳密にいえば、人間活動によって絶滅種が急増してしまう以前の、「背景の絶滅率」に戻すことだ）。保全の必要なホットスポット表示地図もその考えに基づいている。多くの絶滅危惧種が同所に暮らしているため、保護地とする効果が特別に高い場所を、地図化しているのだ。

オーストラリアのヒュー・ポッシンガムは、細身の、いささか賑やかな性格の数理エコロジストだ。彼は、どの種も価値は同じと信じている。数学的な研究のなかで彼は、どの種にも、「1」の値を付与している。絶滅はどの種についても同じ値としているのだ。ポッシンガムはトリアージ式の対応を支持する現実主義者だ。論文のなかで彼は、さまざまな土地における保全のための土地買収の多様な方式を比較している。これは意外に複雑なのだ。土地価格は、種の多様性と同様、世界の地域ごとに異なっている。投資の収益は、時間とともに逓減するのが普通である。ある生態系の大きな部分が保全されてしまえば、追加して小さな部分をさらに保全しても追加的に保護される種の数はさしたるものではない。他方、保護の介入は投資量がある閾値《しきいち》を超えないと重要な効果をもたらさないということもある。「ある島からすべてのネズミを排除しようとする場合、それに必要なだけの投資をする気がなければ、そもそも計画を立てる意味がない」というのがポッシンガムの説明だ。

問題は、コストに関するデータが悲しいほど乏しいことにある。従来の分析がコストの代用品として土地面積ばかりを使ってきたのは、呆れるほどの簡素化というしかない。

ポッシンガムは可能な限り厳密な分析を追求している。その結果、すべてを守ることはできないという結論にいたることもあるのである。「この結論に多くの人々は驚くことだろう。保全する意味のない地域もある、ということだからだ。費用がかかりすぎる、危機が大きすぎる、あるいはその地域に十分な種が生息していないなど、理由はさまざまだが」

事例として、オーストラリアのマウントロフティの森を取り上げてみよう。当地には、ユーカリ属の木々に守られて、希少なラン科の植物や、ハリモグラや、オウムの仲間のキバタンが暮らしている。キツネやネコなどの外来の捕食者からこれらの希少種を守ることは価値があるに違いない。しかし、マウントロフティ山脈と、たとえば南アフリカの生物多様性の高い灌木林地帯フィンボスの山地と、どちらに投資するのが有利か判定するポッシンガムの計算によれば、資金はフィンボスに向けるのが有効との結論になる。熱心な愛鳥家でもあるポッシンガムにとって、オーストラリア固有のキガオミツスイの自然生息地の一部を失うのは本当につらいに違いないのだが、マウントロフティの森への配分はないという結論になるのである。すべての種に同じ重みを与え、絶滅の阻止だけに注目すると、予算束縛が厳しい場合は、あなたの大好きな生物は保全の対象にされないかもしれないのである。

絶滅率の低下を目標とすると、さらに予想外の展開もあり得る。カエル類は世界規模で生息数が急減している。とくに熱帯地域では、移入されてしまったツボカビ類による減少がすさまじい。この状況に対処しようと、多数の自然保護家がカエル類の室内飼育に注力している。しかし、動物園がカエルの繁殖個体群を維持し続けている間に、野外の集団が絶滅してしまったらどうするのだろう。ツボカビの脅威の沈静化を待って、カエルたちをもとの生息地に戻すのだろうか。どの程度の時間が経つと、カエルたちが森のなかで占めていたニッチは、他の生物に占有されてしまうのだろう。カエルたちが動物園で飼育されている間に、気候変動が本来の生息地をまるごと破壊してしまったらどうなるのだろう。結局、プラスチックの飼育装置のなかに一群のカエルが残るだけとなったら、どうするのか。

熱帯地域の両生類とツボカビの専門家、アラン・パウンズは、「地球温暖化を含む環境破壊は、とどまることなく拡大してゆくと仮定しよう」と前置きして、以下のように提案している。「そのような条件のもとでは、インカの芸術品を保存する博物館がインカ文明を保護するのと同じような意味で、室内飼育計画こそが両生類の多様性を保全する、といいたい」。言い換えれば、絶滅の阻止だけに狭く目標を定めることは、種は守っても、必ずしも生態系の保全にはつながらないということなのだ。

目標4――遺伝的な多様性を守ろう

種の絶滅率を下げるという点に狭く焦点を絞る方式にとって、種の概念は重要な位置を占める。種を配慮すべき単位とすると、しばしば私たちは、生物の2つのグループが同種なのか異種なのかという問題に取り組まざるを得なくなる。種を定義する基準は何かという難問に深入りせざるを得なくなるからだ。ほとんどの生物学者は、種がリアルな実在である、すなわちそれは命名する人間とは独立に存在するのだ、と了解している。しかし種の差は明瞭ではない。たとえば、遺伝的な研究から、ヒグマの一部は、他のヒグマ集団よりも、シロクマに近いとされている。種の概念に関する一部の解釈からすると、ヒグマが種なら、シロクマは種ではないということになるのである。

これは、「絶滅の危機に瀕する種の保存に関する法律」［1973年制定のアメリカの法律］のような政策に、問題を投げかける。種という言葉をそのまま受け取れば、「絶滅の危機に瀕する種の保存に関する法律」の実態は、私たちが考えるより、もっと柔軟なものとなるだろう。この法律は、種を定義するにあたって、「亜種」や「地域個体群」などという用語も使用しているが、不親切なことに、いずれのカテゴリーについても定義は示されていない。同法を施行する行政機関は、ある程度の指針は示している。しかし、研究者たちが、さまざまな生物集団について、保全の対象としてふさわしいかどうか客観的に判断してほしいと行政から要請されても、ほとんどの場合彼らは自前で判断するしかない。あなたが心配している生物の集団が、種、あるいは亜種と判定されなければ、保全への切符は発行されないかもしれないのである。

問題を回避する方法の一つは、種に注目するのをやめて、遺伝的な多様性そのものに焦点を合わせることだ。遺伝的な多様性を守ることは、生命の多様性の素材そのものを守ることである。同じ種に属するすべての地域個体群は、どれも遺伝的に異なっている。これは、ライオンの群れであれスギの木立であれ、複数の集団を守るべきという主張を、遺伝的な視点から支持する根拠でもある。同種の異なる個体群の間の遺伝的な多様性のほうが、近縁の2種の間のそれよりも、大きいこともあり得るのである。数百万ドルを投入して、プレブルのトビハツカネズミを守る道を選ぶと――これがトビハツカネズミの亜種であると断言しているのは、ごく少数の分類学者だけだ――、すでに遺伝的な多様性の低下しているモンクアザラシやアメリカバイソンを守るための資金は少なくしなければならなくなるだろう。そもそも、世界規模で気候が変わっているいま、利用できる遺伝的変異の大きな種のほうが、温暖化する世界を生き延びてゆく適応的変異を生じやすいはずなのである。

しかし、遺伝子多様性そのものの保全に特別に注目する試みはまれである。事例の一つは、世界的に見て遺伝子の観点から極めて特異と考えられる、ＥＤＧＥ種［進化的に独特で世界的に絶滅のおそれがある種。Evolutionarily Distinct and Globally Endangered：EDGE］を保全する試みだ。たとえば、ハリモグラやカワイルカを絶滅させてしまうと、他の生物の遺伝子プールにはまったく反映されていない数百万年にわたる進化の歴史に対応する記録を失うことになる。ＥＤＧＥ種を保全するプログラムを推進するにあたっては、それぞれの種は、進化系統樹上の位置に対応する数値を与えられる。系統樹上の長い枝の端で孤立している種は、非常に長い進化の歴史を反映する遺伝子を持っているので、高い数値を与えられる。たとえば、ミツユビナマケモノは、１５００万年前に、他のナマケモノ類から分化した。ＥＤＧＥプログラムの推進を支援する動物学会の研究員ニック・アイザックは、「ミツユビナマケモノは、１００万年前に分化した2種が知られています」。「そのうち1種が絶滅すると１００万年の進化の記録が失われることになりますが、両種が絶滅してしまうと、１５００万年分の記録が失われることになります」といっている。「芸術作品にたとえることもできます」、とアイザックはいう。「あなたが絵画を3点持参して地球を離れる宇宇宙船に搭乗するとします。そのとき、3点ともレンブラントにするか、それともレンブラント、レオナルド・ダ・ヴィンチ、ピカソを各1点ずつにするか、そういう問題です」

特異性は、それ自体が価値あるものであるかもしれない。地上徘徊性、昆虫食で、毒性の強い哺乳類であるソレノドン類は、EDGE種のリストで高い点数を与えられている。「この仲間は、哺乳類では唯一、歯から毒を注入する種としても知られている」と、アイザックはコメントしている。

しかし、遺伝子多様性だけに焦点を合わせてしまうと、世界中の生物から収集された遺伝子サンプルを摂氏マイナス80度で保存する冷蔵庫の列に行きついてしまう可能性もある。それを包んでいる生物個体より遺伝子のほうが重要ということになると、理論的には、生きた個体群を動物園で飼育保全することさえ、不必要になるかもしれない。必要なのは塩基の配列ということになるからだ。しかし、ルリツグミが凍結された組織サンプルとしてしか存在しないような世界でも幸せ、というような人はほとんどいないのではないだろうか。

目標5——生物多様性を定義し、守ろう

世界のカエル類を、凍結組織のサンプルや、プラスチックボックスに別々に収容して保全するという考えにあなたが魅力を感じないのなら、その理由は、そんな考え方がすべての単位を救うとしても、それらの間の生態学的なリンクをすべてばらばらにしてしまうからなのかもしれない。もしそうなら、よい目標の一つは、生物多様性保全をめざすことだろう。「生物多様性」は生態学者や自然保護主義者たちに広く使用されている用語で、ほとんどの定義に、現存する種の多様性、個々の種に含まれる遺伝子の多様性、そして地球上の生態系の多様性が含まれている。「生物多様性」は「複雑性」を言い換えたものともいえるかもしれない。「生物多様性」は、自然保護主義者や生態学者にもっとも広く共有されている価値といってもいいかもしれないし、さらにそれは同時に、生態系全体、あるいは地球全体を含んでもいるのだ。生物多様性のファンたちは、A種、B種、C種が好きというだけではない。ファンたちは、雪模様の明け方、柔らかい肉球のついた脚で種Bにしのびよる種Aの様子、追跡されていることに気づかないまま種Cを元気についばむ種Bの姿、霜に覆われた山麓に生育する種Cの様子、などが好きなのである。ユキヒョウ、バハール、そしてハネガヤ属のスティパという種が存在するだけでは十分ではないのだ。私たちは、それ

らの種が一緒にいてほしい。可能ならいまそれらが共存しているヒマラヤ山脈においてだ。そこには、進化が生み出したのは、内在的な価値を持ち、容易には解明されない複雑さを備える相互関係の美しい網の目だという考えがあるのである。

生物多様性保全をめざす自然保護は、自然のもっとも美しい場所は必ずしも種数がもっとも多い場所ではない、という事実に生態学者たちが気づきはじめた20世紀初頭に登場している。

ミューアをはじめとする初期の多数の国立公園推進者たちがヨセミテやイエローストーンの保護を求めたのは、本質的にいって、ロマンチックな、宗教的な理由からだった。いずれも美しく魂を高揚させる自然景観だったからである。しかし現代の新しいエコロジストたちは、素朴な湿地や、低地林、海岸地域、ごく普通の河川の保護を要請する。そこに展開される生命の複雑性ゆえなのだ。

しかし、生物多様性という概念は、哲学的、科学的には明快に把握しがたい概念でもある。相互関係の網の目を構成する要素がどれほど失われたら、あるいは他の要素に置き換えられたら、新しい相互関係になるのか。複雑さを重視するというのであれば、生態系に大きな変化を及ぼす可能性のあるキーストーン種は、それが欠けたとしても相互関係の網の目にさしたる変化ももたらさない「冗長」種よりも価値が高いということになるのか。食物網のあらゆるニッチは何らかの種によって占有されていて、既存の種の排除なしに新しい種がその場所を占めることはできない、という説がある。これは、昔から存在する生態系は「飽和状態」にあるとする自然の平衡理論だが、最近の研究がこれを否定しているのをどう考えればいいのか。生態系は「偶発的な生物種の集団にすぎない」というグリーソンの説が正しいのなら〔第2章参照〕、私たちが生態系についてこんなにこだわってきたことに、意味はあるのだろうか？

その一方、多様性について多言されるにもかかわらず、世界の複雑さの本当の姿はまだほとんど明らかにされておらず、社会的な評価も高くないという状況もある。寄生生物（少なくとも一つの生態系、カリフォルニア州のある汽水域では、最上位の捕食者よりも物理的に大きな質量を持つ）や微生物を考えてほしい。私たちの体は、それ自体が、バクテリア、菌類、その他さまざまな奇妙な生物群が旺盛に暮らし、つくりあげている生態系だ。それにもかかわらず、私たちの体に固有に存在するそれらの生態系を保全すべきなどという義務を私たちは感じてはいないだろう。抗生物質を摂取することや、プロバイオティック・ヨーグルトを食べるのは、複雑な生態系を保護するという価値に抵触するのだろうか。

自然保護の目的として掲げるには、生物多様性は、もっとも難しい概念なのかもしれない。遺伝子から、景域全体にいたる生物学的な諸階層を、あまりに広く包括してしまうからである。しかしそれは、人々が自然について大切にしようとしているものを捕捉するうえで、もっとも現実に近い概念でもあるのだ。

目標6——生態系サービスを最大化しよう

「生態系サービス」をめぐる主張は、生態学における功利主義、「近頃あなたは、私に何をしてくれた」学派から発している。土地の片々と、そこに棲む生物種は、人間の助けになる限りにおいて価値あるものとされるのだ。ここでは、水をろ過し、洪水を緩和する役にたつ湿原や、作物の受粉を助けるハチ、材木を提供する樹木、人々の食料となるキノコや魚やシカ等々が、話題になる。過去、人類は、これらの資源は無尽蔵で、特別に価値あるものとは考えてこなかった。つまるところ、値段は、供給と需要という2つの次元で決まってくる。衛生的な水、食料、呼吸可能な空気への需要は、いつでも大きなものがある。しかしそれらの供給が無制限と考えられるなら、それらを提供する種や生態系の値段は、ゼロなのだ。

しかし、地球人口が70億を超えるいま、地球の地表面積も、淡水の供給量も変わらず一定量にとどまり続けており、価値ある多くのサービスは相対量が低下したので、値段がつくようになってしまった。生態系サービスをテーマとする保全主義者たちは、政府や産業界に対して、彼らが依存する資源は有限と説得し、手遅れにならないうちに生態系にしかるべき価値づけをするよう、経済的動機づけ《インセンティブ》や、課税等を含む政策の実施を望んでいる。これを実施できなければ、人口はさらに急増し、海は漁船で埋まり、山脈には木材伐採者が、大地には開発者が満ちみちて、かつてイースター島がたどったのと同じ状況を招来することとなり、もはや食べるものはなく、自らの無分別が招いた事態から逃亡するためのカヌーをつくる木材さえないと悟ることになるだろう、というのである。

環境保全に向けて、生態系サービスについて論議するのは、時代の流行でもある。2005年、国連、世界銀行、非政府組織の大グループ、そして大学が連携し、地球の状況に関する巨大な報告書、「ミレニアム生態系評価」を出版した。この報告が生態系サービスアプローチを取ったのは、地球環境の変化が、自然好きのヒッピーや、クジラが突然大好きになった小学3年生たちだけの課題ではないことを明確にするためだった。かくも大きな報告書が焦点としたことも、おそらくは一因となり、近年、生態系サービスに関する科学文献は急増しており、環境保全に関するいくつかの巨大プロジェクトが、環境課題を考える方法の一つとして、このアプローチを採用している。

実際にかなりの資金が充当されてもいる。よく引用されるのはコスタリカの事例だ。1997年、当時世界でもっとも森林伐採速度の速かったコスタリカの政府は、森林伐採速度を抑えるための一群の政策を施行した。土地所有者たちは、熱帯雨林の伐採をやめ、あるいは植林を進めると、環境サービスを行ったということで、支払いを受けるようになった。現在では、年1500万から1800万米ドルに達するこの支払いは、さまざまな資金源に支えられている。燃料類にはすべて3・5％の税が課せられていて、これも資金源となっている。森林には国土全般にわたって保水を調整する力があるが、そうした森林の保全に積極的な水力発電会社も資金を支えている。現在、国土の8％の土地が支払いを受けており、コスタリカは世界でもっとも森林伐採率の低い国の一つとなっている。

生態系サービスに着目する手法は近年、世界の為政者たちに広く受け入れられているが、批判者もいる。たとえばサウスロイヤルトンのバーモント大学ロースクールの法学者、ジョン・エシェベリアはいう。環境にダメージを与えないということを理由として土地所有者に支払いをすると、不適切な振る舞いを控える土地所有者に報酬があり、納税者には未来にわたる資金義務があるという期待が形成されてしまう。しかし、「絶滅の危機に瀕する種の保存に関する法律」のような法のもとですでに生じているように、環境を守るために相当額の負担を余儀なくされる土地所有者もいることもふまえると、もともと土地所有者は適切に振る舞う義務を負うもので、適切に振る舞わない土地所有者は罰せられるべきだという見方でとらえることもできるだろう。

「不適切な振る舞いを控える土地所有者への支払いに同意するということは、土地所有者は自然破壊をする権利があると言外に認めることになってしまう」とエシェベリアは考えるのだ。

生態系サービスで環境保全者に報酬を支払うやり方には別の欠点もある。もしも一連のコンクリート製水路や、生い茂る雑草のような煙たがられる種のほうが、現行の景域よりも利益をもたらす生態系サービスとして働いた場合には、舗装化はいけないとか、単作用のエレファント・グラス（イネ科の多年草）の播種をしてはいけないというような理屈は通らなくなる。生物多様性のもっとも高い場所が、いつも最高の生態系サービスを提供するということはないからだ。

アルド・レオポルドも次のようにいっている。「経済的な動機だけに基づく環境保全システムの基本的な弱点の一つは、土地の生物群集を構成するほとんどの生物は、経済価値を持っていないということだ。野生の花々もさえずる小鳥もそうだ。ウィスコンシン州に生息している2万2000種にのぼる高等動植物のうち、売買可能なもの、飼料になるもの、人間の食料になるもの等々、経済的に利用可能な種が5パーセントもあるか疑わしい」[*7]

ここ数十年にわたり、生態学者たちは、高い生物多様性がつねに生態系機能の向上をもたらすのかどうか、確認するための実験を続けてきた。もしそうなら、生態系サービスを根拠にして、さらに多くの種を保全することが容易になるはずなのだ。しかし、それを証明することはできていない。つまり、生態系を構成するそれぞれの種の特性を別とすれば、生物多様性それ自体が生態系にとって「有益なもの」であり、したがって生態系サービスにとってもおそらく有益なはずだ、とは証明できていないのである。気になる第一の点は、小さな区画を単位として異なる種数の植物を植えるような典型的な実験が、期待されるような結果を出していないことだ。平均値で見ると、多様性の高い生態系は、確かに生産力が高い。多様性の高い生態系には生産力の高い植物が含まれているからと思われる。しかし、そういったスーパースターだけの単作にすると、もっとも多様性の高い区画より、しばしばさらに高い生産力を示すのだ。第二の点として、実験者たちが、高い生産性を誇る生態系を「有益なもの」とか「よく機能している」などと定義したがる傾向も気になる。太陽光をバイオマスに転換することがまるで生態系の目的や仕事だといわんばかりだ。いうまでもないが、生物個体に目的がないのと同じように、生態系にも目的はない。それどころか、人間は高い生産性を好むというものでもない。湖の生産性が高いというとき、それは大量の藻類が繁殖していて魚は少ない「という好ましくない」状況を指すのが普通である。[*8]

生物多様性と生態系サービスを関連させるのは難しい。生態系サービス論議の推進者たちが、実のところ人間の福利に貢献する限りにおいてのみ自然を価値づけているのであれば問題はない。「何の問題もない」推進者たちはそういうはずだ。あるケースでは、われわれのモデルは森林の保護を支持した。一方、別のケースでは、その森を伐採し、太陽光パネルの列に置き換えることを支持した。われわれはそれによって得られる金額で判断することになる。

しかし私は、生態系サービスの推進者たちが実際にこのように考えているとは思っていない。推進者のほとんどは、生物多様性に（実利的な価値とは別の）内在的価値を認めていると思う。しかし彼らは、関係者たちがこの価値感情を共有しない状況の下で、生物多様性の保全を誘導する方策として、生態系サービスを取り上げているのだ。スタンフォード大学の生物学者で生態系サービスアプローチの主唱者でもあるグレッチェン・デイリーはいう。「人々は、いとも簡単に、生物多様性をまるごと無視できてしまう」「二酸化炭素の固定機能だけに焦点を絞ってしまえば、地球のあらゆる場所に成長の早いユーカリの仲間を植えればいいという結論になるかもしれない」。それでも彼女は、生態系サービスのアプローチが、人々をゆるやかに生物多様性保全に誘導する、もっともいい方法だというのである。「生態系サービスの論議は、生物多様性そのものへの注目を誘導するために長い道のりを経ることになるだろう。環境保全は時間かせぎのためのレースだと思う。私にとって生態系サービスのアプローチは、自然保護のための時間をかせぎ、支援を確保してゆくための戦略です」

生態系サービスアプローチの推進者たちが、誰にも利益をもたらすことのない自然というものを論議に登場させようとするときのやり方の一つは、「存在価値」という魅惑的な経済概念を持ち出すことだ。存在価値とは、ある生物種、あるいは、ある生態系が存在していることをただ知っているということに派生する価値だ。たとえばヘンリー・デイビッド・ソローは、その著書『ウォールデン　森の生活』のなかで、人跡未踏の地の存在を知ることの必要性について言及している。「大地も海も、……野生限りなく、計り知れないゆえに、計られず未踏である……」「われわれは、自らの限界が超えられ、われわれが踏みいることもできない世界を自在に徘徊する生物がいることを、目撃する必要がある」

1999年のある研究によれば、「ウィルダネスの保護がもたらす、存在価値、遺産価値のような非実利的な価値に関する文献を総覧すると、ウィルダネスに関する非レクリエーション的な利益は、比率でも総量でもレクリエーション価値を凌駕している」ことがわかったという。[*9] 合衆国本土の多数の自然ファンたちは、アラスカが存在するという知識だけで喜びを感じ、アラスカ州の土地利用の決定に参与していると感じるほどだという。その著書『野生のうたが聞こえる』で、レオポルドは以下のようにいっている。「訪ねることがないからといって、アラスカに関する私の持ち分は価値がないということになるのだろうか。北極圏のプレーリーや、ユーコン川のガンたちの棲む草原、コディアックヒグマ、マッキンレー山麓の羊の草原を見るために道路がほしいと思うだろうか[*10]」

存在価値は内在価値の考え方に近い。アラスカの美しさは、それが存在するということで、「私」にとって価値あるものなのか。それとも存在価値は、アラスカの美しさそのものに本質的な価値があると私が承認したり、断言したりするための一つの手段なのだろうか。

以上、多くの事例において生態系サービスの概念は、それ自体が目的ではなく、他の目的を達成するための手段と考えておくのがよいようだ。しかし一部の特殊なケースでは、生態系サービスそれ自体を守ることが自然保護、自然回復の具体的な目標となることがある。たとえば海岸域の豊かな生物群集は、嵐の勢いを緩和して居住地を守ってくれる湿地を保護し、海産物の育成場を生み出し、海水から化学肥料を濾し取ってくれる。この例では、生態系サービスアプローチは、自然愛好家と、実業家の双方が共有できる利益を明らかにしてくれる。両者ともに利益があると示すことができるのだ。しかし一般の生態系には、そのサービスだけで保全を根拠づけるのに十分であるような共通の価値は、存在しないのである。

目標7――精神的、審美的な自然体験を守ろう

自然それ自体に権利ありとする生命中心主義をまるごと承認はできなくとも、自然保護を支持するために、情緒や、宗教的な理由を引き合いに出すことはできる。私たちは、自然の外観や、においや、音が好きだ。足元で松の葉のカーペットが弾む感触が好きだ。野鳥や樹木の名前を知るのも楽しい。自然は私たちの魂をリフレッシュする場、自分より大きなものについて瞑想する場所と私たちは感じている。

私たちの多くは、特定の景域に精神的な結びつきを感じている。もちろん、聖地の存在を含む組織的な信仰の枠組みのもとでのこともあるし、個人的な精神生活のなかでのこともある。たとえばそうしたつながりは、両親の遺灰を散骨した野辺にもあるし、自然地を含めて信仰対象とする日本の神社にもあるし、サウスダコタ州のブラックヒルズを聖なる地とするスー族にもある。

在来の生態系が大切にされるのは、突き詰めると信仰の問題だと、ハワイの生態学者、クリスチャン・ジャディーナはいう。彼にとって、ハワイの在来の生物多様性が重視される理由の一部は、それが、いまも引き継がれているハワイの伝統的な文化を支えるものだからだ。ハワイの王家に伝えられている創世神話クムリポでは、ハワイの人々の祖先として、植物や動物の名前が挙げられている。ハワイの在来生物は、カ

ヌーやレイなどの文化的に重要な工作物の素材とされるだけでなく、家族のメンバーなのだ（実はこれが、他方では、ハワイモンクアザラシのような、クムリポに登場しない生物を守るための在来生態系の保全への支持を募りにくくもさせている。ハワイモンクアザラシは、クムリポの創世神話がつくられた時期には、すでに捕獲し尽くされていて、外洋の小島にだけに生息していたのかもしれない）。ジャディーナ自身は、ハワイ土着の祖先を持っていない。しかし、ハワイ文化の生物学的な基盤を保全する仕事には、フルタイムで取り組むだけの重要性があると考えている。ジャディーナにとって、ハワイ在来の動植物が他地域からの動植物に置き換えられてしまうことは、一つの文化が失われることに近いのである。「惑星まるごと、言語も文化も失われてゆくのだ、マクドナルドやスウォッチばかりになってゆくのだと、傍観していてよいのだろうか」。これらはすべて真剣に論議され、自然保護計画に反映されるべき価値がある。それらは、最終的に人間が望み欲するものとして、本書で取り上げてきたほかの多くの価値と同様である。つまるところそれは、トラを保護したいという思いや、湿地帯で浄化された水がほしいと願う気持ちと同じものなのだ。生態系サービスをめぐる多くの論議は、審美的、文化的な価値を含んでおり、レクリエーション関連の価値と独立に扱われることもあるのである。

しかし、審美的、精神的な価値は、在来の、あるいは手つかずと見える自然に限定されるわけではない。残念なことだが私たちの間には、手つかずと信じる自然だけに感動し、美を認めることをよしとする傾向がある。ナイアガラ瀑布の水力発電所は、観光客たちをもう一度、足を運びたくさせるための最小限の水量を慎重に取り決め、滝に放出している。スイッチ一つの操作で、放水を完全に止めてしまうこともできるのだ。この事実を知ってなお、訪問者は滝の光景に歓声を上げるだろうか。いや、上げていけない理由があるのだろうか。錆びたビール缶が一つころがっていたら、一日がかりの自然美の探索が台無しになるというのであれば、残された自然美は多くない。しかし、私はなお多くの自然美があると思っている。われわれの感受性を再調整すればいいだけのことだからだ。

毎年3月になると、ネブラスカ州のプラット川には、営巣地をめざす北への渡りを前にした数十万羽のカナダヅルが集合する。赤い頬、翼幅2メートルあまりのこの灰色のツルは、夜になると川の中央の中洲をねぐらにする。中洲なら、捕食者が近づいても確実に水音が聞こえるのだろう。プラット川は、農業や工業のために大量に取水されており、これに起因する減水で川の様相が変わってしまった。中洲の島々から植物をはぎ取ってしまう冷たい春の急流がなくなってしまったので、ツルたちの休息場所を確保するために重機で空所をつくらなければならなくなった。そうして確保される空所のある川の区間は以前よりはるかに短い。しかし流域に広がる収穫後のトウモロコシ畑には豊富な食物があるので、かくも多数のツルたちが一堂に会することができるのだ。

ツルたちのスペクタクルは、人為と自然、双方がつくりあげているものだ。3月のある日、私は、合板製のブラインド（鳥たちが観察者に気づかないように覗き窓のついた素朴な小屋のようなもの）の背後から、紫色の黄昏を見渡していた。彼方の堤防の上には、淡青色と赤紫色の空を背景に、ハコヤナギのシルエットがあった。黄昏のなかでシカが遊び、汽笛が響きわたった。

ゆっくり進む日没の時間、長い待機の後、不意に、進化の古い歴史を持つ多数の巨大な鳥たちが、数羽、川の上空に現れた。鳥たちは、ねぐらに降りる危険を測りながら円を描いて飛び続けた。突然そこに、続々とツルたちが合流してきた。羽毛がはがれて、ぼろぼろの翼竜のような姿のものもいる。カナダヅルは集団性の鳥だ。彼らは空中に列をなし、川に向かって飛んでくる。渦巻きとなり、ほどけてゆく唐草模様のようにもなり、空はツルたちでいっぱいだ。ツルはさらに数を増し、霧のような様相となって円を描き、漂う。その声はあたかも錆びたクランクが奏でる交響楽。そして、耳を裂く半時間ほどの空中演技の末に、ツルたちはようやくねぐらに着陸するのである。

この素晴らしい光景は、ある意味では偽物、というべきだろうか。ツルの密度は、

「人為的に」高められているからだ。そんなことはない、と、私は考える。当地では、人間とツルが協働して、この美しい光景をつくり出しているのだ。こうした自覚と責任とを伴う、喜びにあふれる共生こそ地球の未来である。活気に満ちた、豊穣な多自然《ランバンクシャス》ガーデンなのだ。

多様な目標を土地ごとに設定しコストも考慮しよう

唯一最善の目標などというものはない。すべての目標について合意が成立したとしても、紛争地帯ではイデオロギーをめぐり、また地域利害と世界利害をめぐり、さらに複雑な調整が残っている。社会は複数の尺度で目標群を決めなければならない。次いで異なる目標ごとにもっとも適切な土地を配分し、ときには思い切った冒険も必要になる。この地には、魂の瞑想と水の浄化という目標を振り当てよう。そちらは、トラと10種の絶滅危惧植物を守る地としよう。あちらの地は、本来の生息地である小島嶼ですでに絶滅してしまった島嶼性の種をいろいろと集めた避難所としてゆこう。そして別のその場所では、野生に戻すため農地に幅広い周縁地をつくり、高速道路には花いっぱいの中央分離帯を設けよう。

しかし、私たちが何を自然に期待するかについて率直に考えるというだけでは、なお十分ではない。コストについても、率直でなければならない。現在の自然保護の領域では、なんであれコストに言及することや、進行中の計画について継続的にコストを問題にすることは、上品でないと受け取られる。馬鹿げていると思われそうだが、背景には、お金を使いたくないのでなにもかも守るわけにはゆかないと表明するのは不快、という共通の感覚がある。しかしコストを無視してしまえば、廉価で楽しく自然保護の成果を上げることができ、十分にもとが取れるような計画にも、私たちは気づかなくなってしまう。

こうしたさまざまに異なる最終目的のすべてに適用できる解決法が、たぶん一つだけある。それは、開けた空き地を保存しておくことだ。あなたが理想とする在来の景域でないというだけの理由で、植物の育つ緑の土地を無視しない。それが、「ゴミのような生態系」であっても開発から守る。コンパクトで背の高い街をつくり、郊外は風景の広がる場所にしよう。

要約すれば以下の通り。変わることのないエデンというロマンチックなヴィジョンは捨てよう。目標とコストについて正直に考えよう。心無い開発から土地を守ろう。そして何にでも挑戦してみよう。

ポリネシア時代のハワイでは、領地は、アフプアアと呼ばれる区域に区分されていた。それは、島の最高点から海岸まで、ときに一部は海まで広がる楔形の土地［溶岩流のつくり出した分水界に区切られた小流域状の地形」のことだ。[*11] このように分けられたどの区画にも、複数の異なる生態系タイプが存在していて、そこにはあらゆる天然資源があった。生態学者、ピーター・ヴィトゥーセクは、最近になって、アフプアアの考え方に啓発されている。ヴィトゥーセクが、ハワイがネムノキの「新しい」森を受け入れたのは行きすぎと考えたことは、すでに本書でも触れたので読者も記憶にあるだろう［第7章参照］。彼は、ハワイ在来の生物多様性の目録をつくり、導入種が島の栄養物質の循環に与える悪影響を取りまとめたことで有名だ。だから私は、彼は人間定着以前のハワイだけに注目する人物と思い込んでいた。しかし、彼もまた、新しい刺激的な道に沿って考えていた。「考えが変わったのは、確かにその通りです」と彼はいう。「人間のかかわるものはすべて『悪』などとは考えていませんでしたが、いまではむしろ、非在来種を、在来の種や生態系の存続を脅かす種、それらに深刻な脅威を与えそうにない種、さらには、それらにとって有益かもしれない種、に区分するのがよいと考えるようになっています」

さらに最近の研究で彼は、ハワイ諸島に最初に定住したポリネシア人たちによる景域のユニークな維持の歴史を評価しはじめた。ポリネシア時代のハワイは、現在より人口密度は高く、土地の管理も徹底していたが、それでもなお、「人々が木々からフルーツをもぎ、波乗りを楽しみ、午後の恋を楽しめる」土地だったのだ。人の手の入らない島々だけでなく、そのような光景もまた、ヴィトゥーセクにとって保全すべき価値のある光景となった。「もしも、かつてハワイの首長たちが行使していた力が私に与えられたなら、人が定着する以前の状態を取り戻したアフプアアを、人による利用が極限に達していた時代のアフプアアを、そしてはじめてヨーロッパ人と出会ったころのアフプアアの姿を、ぜひ見てみたいものです」

多自然ガーデンは、このアフプアアのヴィジョンを全地球大に敷衍《ふえん》するものだ。私たちは、異なる場所で、異なる配分で、異なる目的のために自然を管理することができる。歴史を遡る回復のため、種の保全のため、ウィルダネスを変化するままにしておくため、さまざまな生態系サービスのため、食料のため、繊維のため、魚のため、ゴウシュウアオギリのため、そしてカエルのため。われわれは自然を改変し続けてきた。いまそれを放棄して、偶然のなりゆきに任せるわけにはいかない。地球を管理するのは人類の義務なのだ。幸運なら、そして正しい心構えで取り組めるなら、それは快適で、楽しい仕事にさえなり得るだろう。さあ、多自然ガーデニングを、はじめよう。

謝辞

ジョンズホプキンス大学で、科学についていかに書くかを私に教授してくれたのはアン・フィンクバイナーだった。主題に憑りつかれるまで本を書くな、と彼女は私にいった。こうしたこの上なく有益な助言をしてくださった先生にまず感謝を捧げる。そして私の最愛の夫ヤーシャにも感謝したい。哲学の専門知識によって、かれは私の思いつきに鮮明な輪郭をあたえてくれ、数知れぬ草稿にも目を通してくれた。

キャシー・ベルデンはブルームズベリーUSAの私の編集担当だった。彼女と一緒に仕事ができたことはなにより素晴らしいことだった。その時々になすべきことについて、彼女の判断は常に正しかった。私の代理人はラッセル・ギャランだが、かれはそもそもこの本の最初の販売を担当してくれた。感謝に絶えない。

足手まといになるのも厭わず、私をフィールドワークに同行させてくれ、時間を割いてあちこちと案内してくれた科学者たちにも感謝する。以下の人たちである。ノートルダム大学のジェシカ・ヘルマン、キャロライン・ウィリアムズ、そしてアンドレ・バーニア。ブリティッシュコロンビア大学のマーク・ヴェランド。スーザン・コーデルとクリスチャン・ジャディーナの二人は、ヒーロウにあるアメリカ森林局太平洋諸島林業研究所に所属。ヒーロウのハワイ大学のレベッカ・オステルターグ。スタンフォードのカーネギー研究所のジョー・マスカロ。オーストラリア野生生物保護区のマット・ヘイワードおよびヘイワード一家。ポーランド哺乳動物研究所のラファル・コヴァルチェク。ワルシャワ大学地球植物学研究所のボグダン・ヤロシェヴィッチ。南アフリカ共和国、ポートエリザベスのネルソン・マンデラ首都大学のグレアム・ケレリ、エイドリアン・シュレイダーおよびカティー・ゴー。ブリティッシュコロンビア州森林鉱山資源省のグレッグ・オニール。国立公園局中部大西洋地区侵入種掃討隊2005年度夏期隊員のケート・ジェンセン、デール・マイヤへファーそしてマシュー・オーヴァストリート。オランダのスターツボスベヒアのフランス・ヴェラ。アイダホ州立大学のケン・アーホ。ピュジット湾の会のへザー・トリムとドゥワミッシュ川クリーンアップ連合のカリー・シムソン。ミズーリ大学ジャーナリズム学教授のビル・アレンはあのツルたちを見に私を案内してくれた。ビル、ありがとう。

多くの方たちが私の原稿に目を通してくれた。（とても全員とはいかないが）お名前を挙げさせていただく。マシュー・チュウ。かれは、最後まで辛抱強く、親身になって、環境史の記述部分の改善に力を貸してくれた。私の義兄で、ジュノーのアラスカ大学の英語教授ケヴィン・マイヤー。カリフォルニア大学サンタバーバラ校名誉教授のダニエル・ボトキン。ポーランド哺乳動物研究所のトーマシュ・サモージェク。ミネソタのマカレスター大学のマーク・デイヴィス。マット・ヘイワード、ジェシカ・ヘルマン、グレッグ・オニール、西オーストラリア大学のリチャード・ホッブズ。プエルトリコ、リオピエドラスのUSDA森林局国際林学研究所のアリエル・ルーゴ。ブラウン大学のダヴ・サックス。ザ・ユニヴァースのコニー・バーロウ。ブリティッシュコロンビア大学のサリー・エイトキン。ミッドウェイ高度保全戦略のレベッカ・オステルターグ、スーザン・コーデル、フランス・ヴェラおよびジョシュ・ドンラン。そしてエリーゼ・フォーゲル。

私が記者をしている『ネイチャー』誌の編集スタッフは、この本の元となった記事を私に書く機会を与えてくれた。感謝申し上げる。特に、ヘレン・ピアソンとオリヴァー・モリソン（現在は『エコノミスト』誌）、アレグザンダー・ウィッツェ（現在『サイエンスニュース』）とジェフ・ブラムフィールが、このテーマに憑りつかれた私を辛抱強く励まし続けてくれたのはありがたかった。

私は娘のアデルを出産した2週間後にこの本を産み落とした。２１００年、高齢のアデルが目にする世界は大きく変わっているだろう。それでも、その世界が多様であり、繁栄していて、美しいものでありうると私は信じている。もちろん容易なことではない。これまで紹介したような科学者と活動家たちの情熱と勤勉があって、良き変化はもたらされるのだ。彼らに感謝を申し上げたい。

私をオーデュボン・デイ・キャンプに行かせてくれた
我が母、キャサリーン・ベックに本書を捧げる。

訳語注記

◆ウィルダネス［wilderness］
訳語としては「荒野」や「野生（地）」などが検討されたが、以下の理由で、ウィルダネスとした。wildernessとは、語源的には「野生の鹿」のこと。現代英語では、「野生動物のみが生息する無住の未耕作地」が基本的意味。アメリカ合衆国においては、とくにヨーロッパ人入植以前の「未開」の状態を残している原野や森林など、いわば手つかずの自然を意味することが多い。現在、こうした未開地の一部は国立公園などとして保護されているので、ウィルダネスは保護区域の同義語ともなっている。

◆侵略種、侵入種［invasive species］
外来種の有害な側面を強調するために使われる言葉。文脈により「侵略種」「侵入種」などの訳語をつけた。

◆景域［landscape］
旧来の一般的な英語では、景色、風景、あるいは風景画などという限定的な意味で使用されてきた。日本語でも伝統的には「景観」と訳されてきた歴史がある。しかし、近年、地球環境問題などの深刻化などをうけ、たんなる「眺め」ではなく、「景色として見渡すことができ、かつ、そこに人や生物が暮らす世界」という意味で使用されることが多くなってきた。こちらの意味を強調した訳語として「景域」という表現もつかわれることがある。本書は後者の意味で使用されているので、原則として、「景域」を当てるが、文脈によっては、「景観」、「生息地」などの語も使った。

◆多自然ガーデン［rambunctious garden］
多自然ガーデンについては、訳者あとがきを参照。

◆**基準となる過去の自然**［baseline］

ベースラインは基準線のこと。過去の復元、回復を基本理念とする旧来の自然保護の論議では、いつの時代の、どんな状態の自然を基準とするかが、論議の焦点となってきた。そのような論議において、基準として設定される過去の自然の状況を、baselineと表現することが多い。本書では、「基準となる過去の自然」、あるいはこれに準ずる表現で訳出してある。

◆**ホームステッド法による入植者**［homesteaders］

ホームステッド法（Homestead Act 1862年の連邦立法）は、西部に一定期間（5年）定住して耕作を行う入植者たちに、公有地を160エーカー（約0・65平方キロ）ずつ、農地として与えることを定めた法律。

◆**代理種**［proxies］

一般的には何か本来の物の代理物という意味だが、自然保護の領域では、本来期待される種（絶滅した種）の代わりに導入される、代理種の意味で使用される。

◆**管理移転**［assisted migration］

温暖化による環境変化などにともなって、旧来の生息地の環境が急速にかわり、変化に追い付けない生物を人間の手で移動させることをいう。本書では「管理移転」と表記した。

◆**モノカルチャー**［monoculture］

通常、単一種栽培を意味するが、本書（第6章など）では、単一種（少数種）に支配される生態系のことを指している。

◆**「新しい」生態系**［novel ecosystem］

人類による地球規模の環境改変にともなう外来種の侵入や在来種の移動などで、生態系は不可避的な変化を起こしている。そのような変化に対応して生まれた生態系の姿を、本書ではnovel ecosystem（「新しい」生態系）と呼んでいる。代理種（proxies）の導入等も含めて人為的に設計される生態系については、designer ecosystem（「デザイナー生態系」）という語も使用される。

訳者あとがき

岸 由二（慶應義塾大学名誉教授）

世界の自然保護は、大論争と新しい希望の時代に入った感がある。人の暮らしから隔絶された「手つかず」の自然、人の撹乱を受けなかったはずの過去の自然、「外来種」を徹底的に排除した自然生態系、そんな自然にこそ価値ありとし、その回復を自明の指針としてきた伝統的な理解に、改定をせまる多様な論議・実践が登場している。

ここ10年ほど、その新時代を展望する出版が英語圏で目立っている。一端は関連の翻訳書（ピアス『外来種は本当に悪者か』〔草思社〕など）を通して我が国にも波及しているが、実は2011年に出版された本書の原書 *Rambunctious Garden: Saving Nature in a Post-Wild World*（Bloomsbury）こそ、新時代到来を告げた本だった。著者エマ・マリスは、ネイチャー誌をはじめとする専門誌を舞台に、崩壊する古い論議、新しい実践、そして新しい自然のヴィジョンを丹念な取材にもとづいて紹介し続ける、新時代の卓越した環境ライターだ。

マリスによれば、見直しを迫られる過去の理論、思想、ヴィジョンは、イギリス生態学に起源をもつ「外来種」関連の分野をのぞけば、大半がアメリカ産だ。手つかずの自然への信仰を支える生態学的平衡理論として知られる「遷移理論」は、20世紀前半アメリカの生態学から生まれた。極相群集のバランスを理想化したその理論は、間もなく学術的威信を喪失したが、主張の宗教的な核心は、自然保護の世界やその後の生態系生態学、数理生態学の一部にも引き継がれ、教育・啓発の現場をとおして現在まで影響力を保ってきた。それらも、温暖化による地球生態系の壮大な変化の時代を迎え、いま改めて批判と検証に直面している。また、森の聖者D・ソローの思索や、イエローストーン国立公園の歴史に見られるような「ウィルダネス」（人為を遮断した野生）への信仰も、19世紀アメリカの都市化の歴史に固有な自然賛美が生み出したものだ。

そして今や、先史時代からの人類による自然攪乱の歴史が常識となり、また温暖化でもはや生態系は不可逆的変化を続けるほかないと明らかになってきた。そんな現在においては、世界のはて、遠い過去に存在するはずの「手つかずの自然」への信仰、さらにはそんな自然を回復することこそ自然保護の王道とする主張は、理論的にも実践的にも困難になったとマリスはいう。「外来種」の危機を一方的にあおる主張についても、理論的・実証的根拠が盤石でないことをしめす事例が丹念に紹介されるのも、当然の展開である。

しかしマリスがもっとも重視するのは、精緻な理論や研究ではなく、「価値ある自然」「保護されるべき自然」と人々が了解する領域をめぐるヴィジョンの転換である。「手つかずの自然」にこそ価値ありとされた伝統的なヴィジョンの中の「自然」は、今となっては「幻想」だと自覚せざるを得なくなった。私たちが注目するべきは、町の一角の草地、都市河川の川辺の工業地域の緑、農地や再生のすすむ森等々、人々の日々の暮らしの背景にある自然だ。そこから地球に広がってゆく大地そのものなのだ。そこから新しい自然保護ははじまると、判然と理解するゲシュタルト的な転換をこそ、マリスは呼びかけているのである。

そんな「自然」を私たちはどう呼ぶのか。「新しい」生態系、「新しい」野生などという呼び方もあるが、マリスはさらに挑発的だ。局所的擬似的に「手つかずの自然」を模倣したものも含め、今や自然はすべて人の干渉・管理のもとにある「ガーデン（庭）」となった。在来種ばかりでなく多様多彩な外来種もそこには含まれる。自然をこのようにとらえれば、失われつつある自然を守るだけでなく、さまざまな目的・目標で自然を増やしたり、つくり出したりすることにも価値を見出すことができる。このような考えをもとに、私たちの暮らしとともにあるリアルな自然保護のあり方を、マリスは rambunctious garden（直訳すれば「ごちゃまぜの庭」）と呼び放つ。

訳者としてはこの言葉の訳が思案のしどころだった。本書ではこれを「多自然ガーデン」と訳すことにした。「多自然」という表現は、日本国の河川整備の領域において、それぞれの土地の自然と調和した多様な河川計画のあり方を意味する「多自然（型）川づくり」という言葉で使用されてきた歴史があり、いまも広く使用されている。関連の行政の仕事も含め、この言葉に長く親しみ有用性を自覚してきた私も、日々愛用する表現であり、たぶんマリスの意図にもよく沿うはずの日本語と判断して、ここに採用するものである。この訳語に、一部の識者・活動家に反発のあることは承知だが、日本国雅楽の創始者の名前が多自然麿（おおのじぜまろ）と知れば、列島の日常の自然を愛する市民には、やがて良い日本語であると優しく理解されてゆくと思うのである。

では、多自然ガーデンは、どんな方法で自然保護をすすめるのだろう。残念ながら本書は技術や理論の詳細を論じる書ではない。マリスは多彩な実践を紹介することで多様な選択肢を例示する方法をとる。ハワイでの在来植物保護の努力、原始の森と錯覚されるビャウォヴィエジャの森の生態系保全の現状、過去の生態系の大規模復元を目指すオランダの実験、外来種の大規模導入が新たな生態系を生み出したアセンション島の歴史、シアトル中心部ドゥワミッシュ川流域における産業・都市・自然共存の試み等々。旧来のヴィジョンに沿って苦悩の続く例も、新しい勇気ある実践も、読みごたえがある。

大小の事例を通して示唆されるのは、賑わう生きものに優しく、生態系サービスが機能し、過大なコストをさけられるなら、自然保護の目標は多様でいいというヴィジョンである。代理種を利用して過去の生態系の模倣をめざす、温暖化の速度に適応できない種の管理移転をすすめる、在来種の厳正保全のために外来種を徹底的に排除する方式も局所的にはあっていい。この星に暮らす地球人たちが、特定の教条にしばられずに多自然世界を学びなおし、相互に議論をしながら選択してゆけばよいと、マリスは確信しているのだろう。目標設定の手掛かりとして最終章に紹介される7つの目安は、実践的なナチュラリストたちにとって、技術的アドバイスをはるかに超えるユニークで有用な指針となっている。

私事で恐縮だが、ここで解説を書く私は、1970〜1980年代、ドーキンスなどが開いた進化生態学の専門研究の流れに属し、日々数理モデルと格闘する研究者時代をすごしてきた。他方では、1960年代後半の学生時代から都市の防災・自然保護の領域に強い関心があり、アカデミックキャリアの外の思索・実践の時間は、ほぼすべてを都市河川や丘陵や海岸の保全運動に費やした。三浦半島小網代の森、鶴見川の流域、そして勤務先でもあった慶應義塾大学日吉キャンパスの雑木林等々で、防災、活用、生物多様性保全など、多元的な目標を設定した環境保全活動をつづけてきた経緯がある。

そんな暮らしの中で、都市化、温暖化にさらされる足元の自然をどのようなヴィジョン、理論、技術で保全してゆくか、日々の思索・実践を折々の著書にも記してきた。励ましになったのは、英語圏における非主流の研究者や市民集団の実践だった。そんな模索の途上、大きな変化がおこりはじめたことを鮮明に知らせてくれたのが本書の著者、エマ・マリスだった。驚くのは、著者マリスが呼びかける自然イメージの転換、新しい自然保護の方向が、1960年代以後の試行錯誤の実践で積み上げた私の理解と、実に相性がよいことだった。温暖化、地球規模の都市化時代の自然保護の課題は、世界共通。だから対応もまた同じ構造になると、いま私は明快に理解することができる。

問題はそんな新たな主張を展開するマリスの本書が、日本の読者、ナチュラリストの現場にどう受け止められるかということだろう。日本の自然保護の領域には、回復主義の頑固な教条が残る一方、「里山」という不思議な生態系への憧憬が広く共有されている。一般市民の間では、自然保護＝里山保全という理解もまれではない。私自身は「里山」よりも「流域」を生態系の基本枠組として多元的な保全を目指しているので、この言葉はあまり使用しない。それでも、もし「里山」という言葉が小流域生態系を基本枠組とした水田・雑木林農業のような世界を主として示唆するのだとしたら、そこはマリスの唱導する新しい自然保護を日本列島に広げる、絶好の拠点となってゆく可能性ありと、いま私は考えるようになった。

稲作とともにある里山は、弥生時代の昔、祖先たちが列島にイネという外来植物と、連動する様々な外来生物を移入し、在来生態系を大改変（破壊？）して、いわば革命的につくりあげた外来生態系、多自然農業生態系だ。その里山の歴史や現状から、幻想なしに素直に学べば、日本国の未来の自然保護は一から十までマリスの主張に合致してゆくはずと、私は直感するのである。時事の話題でいえば、稲作型の外来生態系構築のために設置された「ため池」という外来型水界を対象として、いまそこに侵入している外来種を、ただ外来種だという理由で排除する興奮など、里山多自然革命の歴史にふさわしいものとは、決して言えないことは確かだろう。マリス風に言い切ってしまえば、100年、500年未来の日本列島の里山生態系には、21世紀初頭において「悪者」とされた外来生物が、穏やかに優しく共存を許され、保護される「ため池」が各所にあって良いからである。

おしまいにマリスの自然保護論の理屈っぽい部分にもふれておく。マリスの推奨する自然保護戦略はランドスケープエコロジーを下敷きにしている。自律的な変遷を尊重される大きな自然領域（自然保護区）がコアにあり、そのまわりに人々の多彩な希望に沿って多様な保全・活用をうけるパッチ（比較的小さな土地）があり、それらが帯状あるいは線状の土地の連なりであるコリドー〔回廊〕のネットワークで連結され、総体が人と自然の共存する賑やかな多自然ガーデンになってゆくというヴィジョンだ。「過去ではなく未来に目を向け、目標を階層化し、景域〔landscape〕の管理を進めることこそ、〔未来の〕自然保全の要点」（第1章）というその主張は、ランドスケープエコロジーの基本そのものと言ってよいものだろう。

重ねての私事で恐縮だが、実はここでまた私は、驚きの符合を知ることになった。最終章でマリスは、保全計画の階層化の基本単位として、ハワイ諸島の人々が伝統的に活用してきた、溶岩流で形成される小流域構造ahupuaa（アフプアア）に注目し、「多自然ガーデンは、このアフプアアのヴィジョンを全地球大に敷衍するもの」（第10章）と言い切った。足もとから、流域の階層構造を経て地球に広がってゆく生きものの賑わいに満ちた山野河海こそが、私たちの暮らしの基盤・背景となる自然であり、流域思考によってその多元的な保全活用を図ってゆくことが21世紀の私たちの自然保護だという思考は、実は1996年の拙著（『自然へのまなざし』〔紀伊国屋書店〕）に記した、私の実践的な思索の結論でもある。希望を託す景域として、マリスも「流域」を視野にいれているのだ。

本書が自然好きのたくさんの日本の若者たちに届き、温暖化危機の列島に優しい自然保護、多自然ガーデニングの文化が育ってゆきますように。

訳出にあたっては、1、9、10章を岸、2~8章と謝辞をナチュラリスト仲間の英文学者小宮が担当した。数回にわたる全体の整理は、草思社の久保田氏の多大なご支援をえつつ岸と小宮が担当した。読みやすくなっていれば、あげて久保田氏の工夫のおかげである。

2018年6月

原注

第1章

1. Forster, "Changes in Atmospheric Constituents."
2. Kelly, "With Homeowner in Doghouse."
3. Kaplan, "Moose Use Roads as a Defence Against Bears."
4. Ziegler, *Hawaiian Natural History*, 359.
5. Allen, "Pacifi c Currents."
6. Ziegler, *Hawaiian Natural History*, 157.
7. Ibid., 195, 198.
8. Ostertag, "Invasive Woody Species Removal," 504.
9. Ibid., 513.
10. Ibid., 511.
11. Ibid., 504.
12. ハワイの生態系に関するアラン・ジーグラーの権威ある著書によれば、カヌーづくりに最適なコア（Koa）を選んで伐採してきたことが原因で、コアに選択圧がかかるようになった。「今日見かけるコアのほとんどは一本立ちではなく株立ちであり、しかもその複数に分岐した幹は細く、あるいは曲がっており、あのかつての交通手段、すなわちハワイタイプの大型カヌー制作にはほとんど役立たない。およそ1500年間にわたって、まっすぐな一本立ちの木ばかりを伐採してきたことで、この形態的異体をほぼ完全に失うことになった。そのため、コアは現在のような複数の幹を持つ、かなり華奢な樹形の種へと進化したのだ。ハワイ諸島とソサイエティー諸島間に広く行われていた交通が、紀元1300年ころに途絶えるが、外洋航海に必要な大型の船体をつくるのに適した大きさのコア材が枯渇してしまったことが原因だった可能性も示唆されている」Ziegler, Hawaiian Natural History, 327.
13. http://www.australianwildlife.org/AWC-Sanctuaries/Scotia-Sanctuary.aspx.
14. Flannery, *Future Eaters*, 86-87.

第2章

1. リカルディ（Liccardi）、私信
2. Schullery, *Searching for Yellowstone*, 8.
3. Ibid., 31-41.
4. Hitt, "Toward an Ecological Sublime," 604-08.
5. Nash, *Wilderness and American Mind*, p. 24.
6. Emerson, *Nature*, 29.
7. Schullery, *Searching for Yellowstone*, 38.
8. Thoreau, *Walden*, 1, 20.
9. Ibid., 162.
10. Ibid., 112.
11. Ibid., 7.
12. Nash, *Wilderness and American Mind*, 91.

13. Ibid., 125.
14. Ibid., 129.
15. Johnson, "John Muir As I Knew Him."
16. Nash, *Wilderness and American Mind*, 127.
17. Muir, *Our National Parks*, 50.
18. Ibid., 61.
19. Ibid., 55.
20. ヨセミテは、1864年にカリフォルニア州に譲られ、公園として管理されることになるが、そのころ、ミューアはまだこの地を踏んでさえいない。Perrottet, "John Muir's Yosemite"を参照。しかし、1890年、ミューアとロバート・アンダーウッド・ジョンソンの尽力で、さらに地域を加えて、ヨセミテが国立公園として保全されることが確実となった。
21. Schullery, *Searching for Yellowstone*, 77.
22. Nash, *Wilderness and American Mind*, 143.
23. Cronon, "Trouble with Wilderness," 479.
24. Turner, *Frontier in American History*, 13-42.
25. Muir, *Our National Parks*, 48.
26. Will, "Nervous Origins," 294.
27. Schullery, *Searching for Yellowstone*, 97.
28. Roo se velt, "American Wilderness," 71.
29. Roo se velt, *Outdoor Pastimes*, 327.
30. Schullery, *Searching for Yellowstone*, 111.
31. Leopold, "Wildlife Management."
32. Schullery, *Searching for Yellowstone*, 168.
33. www.nps.gov/policy/MP2006.pdf.
34. Public Law 88-577（16 U.S.C. 1131-36）, 88th Cong., 2nd Sess., September 3, 1964.
35. Dyke, *Conservation Biology*, 10-21.
36. Ibid., 10; Dowie, *Conservation Refugees*, 11.
37. Quoted in Foreman, *Rewilding North America*, 3.
38. フロリダのエヴァグレーズ国立公園は1934年に公園として指定を受けるが、公園局によれば、「支援者たちが土地を手に入れ、財源を確保するまでには、さらに13年の時を要した」。以下を参照のこと。Dyke, Conservation Biology, 10; Cronon, Trouble with Wilderness, 475-76; http://www.nps.gov/ever/historyculture/consefforts.htm.
39. Dowie, *Conservation Refugees*, 2, 9-10.
40. Ibid., 6-7.
41. Ibid., 10.
42. Ibid., 11.
43. Ibid., xx-xxii.
44. Ibid., xxvii.
45. Wu, "From Balance of Nature," 441.

46. Marsh, *Man and Nature*, 38.
47. Worster, *Nature's Economy*, 210.
48. Ibid., 214-15.
49. Kingsland, *American Ecology*, 194-96.
50. Ibid., 218.
51. E.g. Herbert Bormann and Gene Likens.
52. Kingsland, *American Ecology*, 224-27.
53. Ibid., 226.
54. Botkin, *Discordant Harmonies*, 33.
55. Ibid., 37-41.
56. Beninca, "Chaos in a Long-term Experiment," 822.
57. Botkin, *Discordant Harmonies*, 9.
58. Lisiecki, "Pliocene-Pleistocene stack."
59. Martin, *Twilight*, 72.
60. Botkin, *Discordant Harmonies*, 62.
61. Davis, *Invasion Ecology*, 71.
62. Botkin, *Discordant Harmonies*, 61.
63. http://toxics.usgs.gov/highlights/drying_deserts.html.
64. Flannery, *Future Eaters*, 76.
65. Ibid., 76-77, 183.
66. Jackson, "Vegetation, Environment and Time," 553.
67. Turner, "Disturbance and Landscape Dynamics," 2838.
68. Leopold, "Wildlife Management."
69. Scullery, *Searching for Yellowstone*, 18.

第3章

1. Okolów, *Bialowieza National Park*, 6.
2. Jaroszewicz, "Bialowieza Primeval Forest," 3.
3. Ibid., 4.
4. Ibid., 4.
5. Jfdrzejewska, "Comrades of Lithuanian Kings," 9-11.
6. Jaroszewicz, "Bialowieza Primeval Forest," 6.
7. Pucek, "Eu ro pe an Bison," 25.
8. Samojlik, "Hunting Gardens," 56.
9. Schama, *Landscape and Memory*, 65.
10. Pucek, "Eu ro pe an Bison," 27-28.
11. Schama, *Landscape and Memory*, 67; Pucek, "Eu ro pe an Bison," 29.
12. Schama, *Landscape and Memory*, 67-71.
13. Ibid., 72-73.
14. Pucek, "Eu ro pe an Bison," 29.
15. Nash, *Wilderness and American Mind*, 99.
16. Martin, *Twilight*, 1-2, 30-33, 38.
17. Ibid., 1-9.
18. Gilbert, "Pre-Clovis Human Coprolites," 786-89; Dalton, "Oldest American Artefact"; Gill, "Pleistocene Megafaunal Collapse," 1103.
19. Steadman, "Asynchronous Extinction," 11763.
20. Guthrie, "Radiocarbon

Evidence," 746-49, Veltre, "Patterns of Faunal Extinction," 47.

21. Guthrie, "Radiocarbon Evidence," 748.
22. Turvey, "Steller's Sea Cow," 94.
23. Martin, *Twilight*, 149.
24. Gill, "Pleistocene Megafaunal Collapse," 1101.
25. Ibid.
26. Johnson, "Megafaunal Decline and Fall," 1073.
27. Martin, *Twilight*, 11-26.
28. Ibid., 52.
29. Ibid., 141.
30. Flannery, *Future Eaters*, 118.
31. Martin, *Twilight*, 30; Flannery, *Future Eaters*, 117-18.
32. Flannery, *Future Eaters*, 115; Miller, "Ecosystem Collapse in Pleistocene Australia."
33. Wade, *Before the Dawn*, 208.
34. Flannery, *Future Eaters*, 55.
35. Ibid., 55-56.
36. Ibid., 56.
37. Ibid., 243.
38. Ibid., 196-97.
39. Ibid., 197.
40. Ibid.
41. Ibid., 245.
42. Ibid., 248-50.
43. Martin, *Twilight*, 42.
44. Ibid., 50, 124.
45. Duncan, "Invasion Ecology."
46. Johnson, "Megafaunal Decline and Fall," 1073.
47. Gill, "Pleistocene Megafaunal Collapse," 1102.
48. Ibid.
49. Smith, "Methane Emissions from Extinct Megafauna."
50. Mann, *1491*, 94.
51. Ibid., 93.
52. Ibid., 44.
53. Ibid., 25, 259.
54. Ibid., 249-51.
55. Ibid., 264-65.
56. Ibid., 304.
57. Woods, "First Century of Reports," 1.
58. Mann, *1491*, 289, 298-99.
59. Ibid., 321.
60. Ibid., 315-318.
61. Turney, "Early Human Occupation at Devil's Lair."
62. Flannery, *Future Eaters*, 217-36.
63. Ibid., 238.
64. Ibid., 14.
65. Worster, *Nature's Economy*, 208-09.
66. Ibid., 218.
67. Ibid., 241.
68. Abbey, *Desert Solitaire*, 305.
69. Farnsworth, *What Does the Desert Say*.
70. Abbey, *Desert Solitaire*, 333-34.
71. Zakin, *Coyotes and Town Dogs*, 144-45.
72. Rosenthal, "New Jungles Prompt a Debate on Rain Forest."
73. Corbyn, "Ecologists Shun Urban Jungle."

74. McKibben, *End of Nature*, 55.
75. Ibid., 40.
76. Ibid., xxii.

第4章

1. Vera, "Large-Scale Nature Development."
2. しかし彼らの主張では、北アメリカの生態系がつねにこのように機能したわけではなかった可能性もある。「更新世における大型動物の大量殺戮が生じる以前には、生態系全体のバランス調整者としての大型肉食獣の役割は、今日ほどは重要ではなかったかもしれない。そのころの北アメリカ大陸においては、巨大草食獣たち（マンモス、マストドン、大ラクダや地上性のナマケモノなど）がさまざまな生態系において支配的な位置にあり、多くの植物種の分布範囲や量ならびに生息地のタイプを調整するうえで、恐らく主要な調整者の役割を果たしていた。ちょうど、今日のアフリカでゾウのような巨大草食獣が果たしている役割と同様である。さらには、高度に社会的で、季節移動を行う、バイソンのような有蹄類の膨大な群れが草や木の芽を盛んに食んでいた。肉食獣たちはこれら巨大草食獣や季節移動をする有蹄類の頭数の効果的な調整者では、恐らく、なかった。しかしながら、今日では、上位の捕食者が多くの生態系の調整役を果たしているようである」Soule, "Rewilding and Biodiversity," 6.
3. Ibid., 9.
4. Wills, "Brighty, Donkeys and Conservation in the Grand Canyon," 113.
5. Martin, *Twilight*, 188-92.
6. Ibid., 193-94.
7. Steadman, "Late Quaternary Extinction."
8. Donlan, "Re-wilding North America."
9. Ibid.
10. Barlow, *Ghosts of Evolution*.
11. Ibid., 41-45.
12. Rubenstein, "Pleistocene Park."
13. 他にもすでに導入済みの代理動物は存在する。驚くことに、ほとんど異論すらなく導入されたものもある。オーストラリアでは、約5万年前に大型の草食獣が絶滅した結果、多くの種類のフンコロガシも姿を消すことになった。問題が発生したのは、ヨーロッパからの移民が家畜を持ち込んだときだった。絶滅を免れた在来のフンコロガシだけでは新たに増えた糞に対応できなかったのだ。糞は蓄積する一方となり、結果として発生するハエの数は始末に負えないほどとなった。そこで、1960年代に、オーストラリア政府はアフリカとヨーロッパから外来種のフンコロガシの導入を開始した。2001年、このプロジェクトを主導した科学者にオーストラリア国家勲章が授与された。
14. Seddon, "Guidelines for Subspecifi c Substitutions."
15. http://www.arabian-oryx.gov.sa/en/mahazat.html.

16. Vera, "Large-Scale Nature Development."
17. Hodder, *Can the Pre-Neolithic Provide*, 6.
18. Ibid., 7.
19. Ibid., 7-8.

第5章

1. Pongratz, "Effects of Anthropogenic Land Cover Change."
2. Fang, "Climatic Limits."
3. Wilson, "Changes to Elevational Limits."
4. Gehrig-Fasel, "Tree Line Shifts in the Swiss Alps."
5. Harsch, "Are Treelines Advancing?"
6. Parmesan, "Poleward Shifts in Geo graphical Ranges."
7. Parmesan, "Globally Coherent Fingerprint."
8. Nelson, *Shrubs and Woody Vines*, 391.
9. Schwartz, "Conservationists Should Not Move," 78.
10. McLachlan, "Framework for Debate."
11. Hoegh-Guldberg, "Assisted Colonization."
12. Van der Veken, "Garden Plants Get a Head Start."
13. "Prairie in the City."
14. Hamann, "Potential Effects of Climate Change."
15. http://www.for.gov.bc.ca/hfp/mountain_pine_beetle/facts.htm.
16. Riccardi, "Assisted Colonization."

第6章

1. Galbreath, "Tale of Lighthouse-keeper's Cat," 199.
2. Flannery, *Future Eaters*, 61-62.
3. Fox, "Using Exotics as Temporary Habitat."
4. Pilcher, "Crazy Ants to Meet Their Doom."
5. Davis, *Invasion Biology*, 104-05.
6. Kareiva and Marvier, *Conservation Science*.
7. Rodgers, in press.
8. http://www.dwaf.gov.za/wfw/default.asp
9. http://www.invasivespeciesinfo.gov/laws/execorder .shtml .
10. Pimentel, "Economic and Environmental Threats," 14.
11. 確かにそれは冗談だった。しかし、ときとして、侵入種撲滅を請け負う人たちが、担わされたイデオロギー的使命よりも仕事の確保のほうを重視することは実際にある。オーストラリアのある生態学者は私に語った。「西オーストラリアのマルバユーカリの森からブタを一掃する仕事を任された男たちだが、ブタの捕獲率が下がりすぎると、彼らはどこか他所で捕獲してきたブタを定期的に森に放して補充していたのさ」
12. Davis, *Invasion Biology*, 8-9.
13. Ibid., 7.

14. Elton, *Ecol ogy of Invasions*, 31.
15. Ibid., 21-22, 116-17, quote on 117.
16. Ibid., 21.
17. Davis, *Invasion Biology*, 17-21.
18. Elton, *Ecol ogy of Invasions*, 51.
19. Davis, *Invasion Biology*, 10.
20. Wilcove, "Quantifying Threats," 609.
21. Sax, "Species Invasions Exceed Extinctions," 766-83.
22. 人間を世界中いたるところに持ち込まれた導入種の一つとして数えたくなければ、の話である。
23. Davis, *Invasion Biology*, 115.
24. Ibid., 191.
25. Ibid., 185.
26. Ibid., 48.
27. Ibid., 40-41.
28. Castilla, "Invasion of a Rocky Intertidal Shore," 8517-524.
29. Davis, *Invasion Biology*, 120.
30. Kaplan, "Alien Birds."
31. 話を複雑にするのは、現間氷期の一つ前の間氷期にトルコオークがブリテン島に生育していた証拠が見つかっているという事実である。ということは、トルコオークはブリテン島の在来種であると主張することもできるわけである。Hobbs, "Novel Ecosystems," 602.
32. Stromberg, "Changing Perceptions," 179.
33. Davis, *Invasion Biology*, 78.
34. http://www.jncc.gov.uk/page-1680
35. http://www.nwcb.wa.gov/weed_info/Written_findings/Spartina_anglica.html.
36. Henderson, "Control and Eradication," 388.
37. http://www.rspb.org.uk/ourwork/policy/species/nonnative/ruddyducks.asp.
38. Henderson, "Control and Eradication," 388.
39. ディンゴは、オーストラリアにおいて、生態系上位の捕食者が絶滅した結果、たまたま彼らの代理種となったのである。ある研究で、ディンゴが中枢種（key species）として、現在、オーストラリアの植物と小型哺乳動物の多様性を維持していることがわかった。これは、スーレイとノスが考える、北アメリカ大陸では上位捕食者によって多様性が維持されている、という見方と一致する。研究者たちの調査の結果、フェンスの設置によりディンゴの侵入を許さない地域では、私たちがスコティアで出会ったむくむくの可愛い小型有袋類たちの数ははるかに少ないことがわかった。研究者たちの示唆するところでは、ディンゴは導入種のキツネの数を抑制している。放っておけば、キツネは小型の有袋類を容易に捕食するだろう。また、ディンゴの排除されている地域には草本による被覆が乏しかった。恐らく、ディンゴによるカンガルーの草食活動の抑制が行われないことが原因と考えられる。研究者たちは次のように結論づける。「デ

ィンゴを外来の望ましからぬ害獣として分類するより、生態学的には上位捕食者としてのディンゴの機能的役割のほうがより重要である」 Letnic, "Keystone Effects of an Alien Top-Predator." "Dingo Protected in Victoria"も参照。

40. Davis, *Invasion Biology*, 21.
41. Martin, *Twilight*, 111.
42. Schlaepfer, "Potential Conservation Value."
43. Ibid.
44. Ewel, "Place for Alien Species."
45. Ibid.
46. Schlaepfer, "Potential Conservation Value."

第7章

1. Wilkinson, "Parable of Green Mountain."
2. 「新しい」生態系(novel ecosystem)という語は、人間が変化を及ぼさなかった生態系のすべてを新しからざるものと規定しているように思われるかもしれない。しかし知ってのとおり、地球の生態系のすべてはつねに変化の過程にある。十分に長い時間をかけて観察するなら、あらゆる生態系は何らかの意味で「新しい」ものなのだ。そこで、奇妙なことだが、この語は、そもそもこうした生態系に悪評を与えることになった差別そのものを永続化する方向に働く。この語はつまり、人間の影響を受けた生態系を、人間による影響を受けていない生態系とは何か質的に異なるものとして扱う傾向があるのだ。こうした理由から、この語を好まない研究者もいるが、どうやら定着してしまったようである。
3. 「生態系機能」は頻繁に使用されるものの、かなり漠然とした語である。この語が意味するのは、たとえば、落ち葉を分解し土を増やすことから、太陽光によってバイオマスをつくったり、大気中の窒素を植物に取り込ませたりすることなど、要するに、「生態系が実行すること」といったところのようである。しかし、残念ながらその定義は、しばしば循環論におちいる。どうやら正しい生態系機能の定義は二者選択を迫られ、人間がある生態系を攪乱する以前にそれが実行していたことのすべて、あるいは「われわれが、現在、生態系に実行していてほしいこと」の、どちらかということになりそうだ。前者の定義を採用した場合、そこから逸脱したものは——これまで以上に多くの土壌やバイオマスを生み出したり、あるいはより多くの栄養素を移動させたりといったことさえ——「劣化した機能」と記載される可能性がある。
4. Worster, *Nature's Economy*, 239-40.
5. Quoted ibid., 240.
6. Elton, *Ecology of Invasions*, 155.
7. http://hort.purdue.edu/newcrop/morton/rose_apple.html.
8. Uchida, "Recurrent Epiphytotic."
9. Davis, *Invasion Biology*, 69.
10. Ibid., 69.
11. Elton, *Ecol ogy of Invasions*, 115.

12. 導入種との交雑による在来種への遺伝子の浸透はしばしば「汚染」として酷く嫌悪される一方、導入種の存在に反応して起こる遺伝的変化のほうは勇敢な在来種の「反撃」として称賛されることがある。しかしながら、あるレベルにおいては、両者ともに、人間の仲介による導入が行われなければ生じることのなかった遺伝的変化であって、それゆえ、もし人間の活動から生じてくる変化のすべてを悔いるべきことであるとするなら、論理的には等しく嫌悪されてしかるべきものである。
13. Davis, *Invasion Biology*, 70.
14. Ibid., 117.
15. Ellis, "Putting People in Map," 441.
16. Ibid., 439.
17. Ibid., 441-42.
18. Ellis, "Anthropogenic Transformation."
19. Mascaro, "Limited Native Plant Regeneration."

第8章

1. Walter, "Natural Streams."
2. Palmer, "Restoration of Ecosystems Services," 575.
3. Palmer, "Reforming Watershed Restoration."
4. 侵入生物学に関するマーク・デイヴィスの教科書には、ネズミの根絶の困難さを強く印象付けるある実験のことが詳述されている。科学者たちは22エーカー［約89,000平方メートル］ほどの島にノルウェーネズミ（ドブネズミ）を1匹だけ放した。「この1匹のネズミを捕獲するのに、総力を結集して罠を仕掛けたにもかかわらず、18週間を要したのだった。無線遠隔検測法によって最初の10週間は位置の特定もできたし、訓練された犬、電気式罠、ばね式罠、埋設式罠、ピーナツバター餌、毒餌などを含む、9種類ものさまざまな捕獲・検知方法を用いたにもかかわらずである」Davis, Invasion Biology, 145.
5. Jackson, "Restoration Ecology," 568.
6. Hobbs, "Novel Ecosystems," 601.
7. Ibid., 603.
8. Ibid., 603.
9. Nash, *Wilderness and American Mind*, 241.
10. Ibid., 380.
11. Ibid., 380-81.
12. Ibid., 381.
13. Quoted ibid., 242.

第9章

1. http://boeing.mediaroom.com/index.php?s=43&item=1196
2. Gearino, "Deal Reached."
3. Sutherland, "Blueprint for Countryside."
4. Ibid.
5. http://www.nrcs.usda.gov/programs/eqip/index.html#intro.
6. Hodgson, "Comparing Organic Farming."

7. Perfecto, "Agroecological Matrix," 5787.
8. Powell. "New Agtivist."
9. Despommier, *Vertical Farm*.
10. Lundholm, "Habitat Analogues."
11. Ibid., 971.
12. Ibid.
13. Leopold, *Sand County Almanac*, 48.
14. Elton, *Ecol ogy of Invasions*, 158.
15. Rosenzweig, *Win- win Ecol ogy*, 7.
16. Matteson, "Distribution of Floral Resources."
17. Williams, "Picture Perfect."
18. Brown, "Me and My Garden."
19. Weller, "Interactions of Socioeconomic Patterns."

第10章

1. Leopold, *Sand County Almanac*, 204.
2. Ibid., viii.
3. Brennan, "Environmental Ethics."
4. Leopold, *Sand County Almanac*, 204.
5. http://www.worldwildlife.org/ogc/species_category.cfm.
6. Wasser, "Ivory Trail," 72.
7. Leopold, *Sand County Almanac*, 210.
8. Thompson, "Do We Need Pandas," 98-121.
9. Loomis, "Demand for and Supply of Wilderness," 374.
10. Leopold, *Sand County Almanac*, 176.
11. Ziegler, *Hawaiian Natural History*, 334.

文献リスト

Abbey, Edward. *Desert Solitaire*. New York: Ballantine Books, 1968. (邦訳『砂の楽園』、越智道雄訳、東京書籍)

Allen, William. "Pacific Currents: Lush Hawaii Is a Zone of Mass Extinction." *Seattle Post-Intelligencer*, October 9, 2000.

Barlow, Connie C. *The Ghosts of Evolution: Nonsensical Fruit, Missing Partners, and Other Ecological Anachronisms*. New York: Basic Books, 2000.

Barlow, Connie, and Paul Martin. "Bring *Torreya taxifolia* North—Now." *Wild Earth*, Fall/Winter 2004-5, 72-78.

Barnosky, Anthony D. *Heatstroke: Nature in an Age of Global Warming*. Washington, D.C.: Island Press/Shearwater Books, 2009.

Beninca, Elisa, Jef Huisman, Reinhard Heerkloss, Klaus D. Johnk, Pedro Branco, Egbert H. Van Nes, Marten Scheffer, and Stephen P. Ellner. "Chaos in a Long-term Experiment with a Plankton Community." *Nature* 451, no. 7180 (2008): 822-25.

Bernhardt, E. S., M. A. Palmer, J. D. Allan, G. Alexander, K. Barnas, S. Brooks, J. Carr, et al. "Synthesizing U.S. River Restoration Efforts." *Science* 308, no. 5722 (April 29, 2005): 636-37.

Beschta, Robert L., and William J. Ripple. "Large Predators and Trophic Cascades in Terrestrial Ecosystems of the Western United States." *Biological Conservation* 142, no. 11, (November 2009): 2401-14.

Botkin, Daniel B. *Discordant Harmonies: A New Ecology for the Twenty-first Century*. New York and Oxford: Oxford University Press, 1990.

Brennan, Andrew, and Yeuk-Sze Lo. "Environmental Ethics." In *The Stanford Encyclopedia of Philosophy*, Winter 2009 ed., edited by Edward N. Zalta. http://plato.stanford.edu/archives/win2009/entries/ethics-environmental/.

Brown, Jonathan. "Me and My Garden: How Jennifer Owen Became an Unlikely Champion of British Wildlife." *Independent*, November 12, 2010.

Cabin, Robert J. "Science-Driven Restoration: A Square Grid on a Round Earth?" *Restoration Ecology* 15, no. 1 (March 2007): 1-7.

Campbell, L. M., N. J. Gray, E. L. Hazen, and J. M. Shackeroff. "Beyond Baselines: Rethinking Priorities for Ocean Conservation." *Ecology and*

Society 14, no. 1 (2009): 14. http://www.ecologyandsociety.org/vol14/iss1/art14/.

Castilla, Juan Carlos, Ricardo Guiñez, Andrés U. Caro, and Verónica Ortiz. "Invasion of a Rocky Intertidal Shore by the Tunicate Pyura Praeputialis in the Bay of Antofagasta, Chile." *Proceedings of the National Academy of Sciences of the United States of America* 101, no. 23 (June 8, 2004): 8517-24.

Chew, Matthew. "The Monstering of Tamarisk: How Scientists Made a Plant into a Problem." *Journal of the History of Biology*, 42 (2009): 231-66.

"Conservation: Prairie in the City." *Economist*, April 8, 2009, http://www.economist.com/world/unitedstates/displayStory.cfm?story_id=13446692&source=login_payBarrier.

Corbyn, Zoë. "Ecologists Shun the Urban Jungle." *Nature*, July 16, 2010, doi:10.1038/ news.2010.359.

Cressey, Daniel. "Failure Is Certainly an Option." *Nature*, May 29, 2009. doi:10.1038/news.2009.511; http://www.nature.com/news/2009/090529/full/news.2009.511.html.

Cronon, William. "The Trouble with Wilderness, or, Getting Back to the Wrong Nature." In *The Great New Wilderness Debate*, edited by J. Baird Callicott and Michael P. Nelson. Athens: University of Georgia Press, 1998.

Dalton, Rex. "Oldest American Artefact Unearthed." *Nature News*, November 5, 2009, doi:10.1038/news.2009.1058.

Davis, Mark. *Invasion Biology*. Oxford: Oxford University Press, 2009.

Despommier, Dickson. *The Vertical Farm*. New York: Thomas Dunne Books, 2010. (邦訳『垂直農場：明日の都市・環境・食料』、依田卓巳訳、NTT出版)

"Dingo protected in Victoria." Australian Broadcasting Company, October 24, 2008, http://www.abc.net.au/news/stories/2008/10/24/2400546.htm.

Donlan, C. J., et al. "Re-wilding North America." *Nature* 436 (2005): 913-14.

Dowie, Mark. *Conservation Refugees: The Hundred-Year Conflict between Global Conservation and Native Peoples*. Cambridge and London: MIT Press, 2009. Duncan, Richard. "Invasion Ecology." Presented at the International Congress of Ecology in Brisbane, Australia, on August 19, 2009.

Dyke, Fred Van. *Conservation Biology*. Dordrecht, Netherlands: Springer, 2008.

Easterling, W. E., P. K. Aggarwal, P. Batima, K. M. Brander, L. Erda, S. M. Howden, A. Kirilenko, J. Morton, J.-

F. Soussana, J. Schmidhuber, and F. N. Tubiello. "Food, Fibre and Forest Products." *Climate Change 2007: Impacts, Adaptation and Vulnerability. Contribution of Working Group II to the Fourth Assessment Report of the Intergovernmental Panel on Climate Change*, edited by M. L. Parry, O. F. Canziani, J. P. Palutikof, P. J. van der Linden, and C. E. Hanson. Cambridge, UK: Cambridge University Press, 273-313. (邦訳『IPCC地球温暖化第四次レポート:気候変動2007』、中央法規出版)

Ellis, Erle C., and Navin Ramankutty. "Putting People in the Map: Anthropogenic Biomes of the World." *Frontiers in Ecology and the Environment* 6, no. 8 (2008): 439-47, doi: 10.1890/070062.

Ellis, Erle, K. K. Goldewijk, S. Siebert, D. Lightman, N. Ramankutty. "Anthropogenic Transformation of the Biomes, 1700 to 2000." *Global Ecology and Biogeography*. 19, no. 5 (2010): 589-606, doi:10.1111/j.1466-8238.2010.00540.x.

Elton, Charles. *The Ecology of Invasions by Animals and Plants*. 1958; Chicago: University of Chicago Press, 2000. (邦訳『侵略の生態学』、川那部浩哉他訳、思索社)

Emerson, Ralph Waldo. Selections from *Nature*. In *The Great New Wilderness Debate*, edited by J. Baird Callicott and Michael P. Nelson. Athens: University of Georgia Press, 1998.

Ewel, John J., and Francis E. Putz. "A Place for Alien Species in Ecosystem Restoration." *Frontiers in Ecology and the Environment* 2 (2004): 354-60, doi:10.1890/1540-9295(2004)002[0354:APFASI]2.0.CO;2.

Fang, Jingyun, and M. J. Lechowicz. "Climatic Limits for the Present Distribution of Beech (Fagus L.) Species in the world." *Journal of Biogeography* 33 (2006): 1804-19.

Farnsworth, John. "What Does the Desert Say? A Rhetorical Analysis of *Desert Solitaire*." *Interdisciplinary Literary Studies: A Journal of Criticism and Theory* 12, no. 1 (2010): 105-21.

Flannery, Timothy. *The Future Eaters: An Ecological History of the Australasian Lands and People*. Sydney: Reed New Holland, 1994.

Foreman, Dave. *Rewilding North America: A Vision for Conservation in the 21st Century*. Washington, D.C.: Island Press, 2004.

Forster, P., V. Ramaswamy, P. Artaxo, T. Berntsen, R. Betts, D. W. Fahey, J. Hay-wood, J. Lean, D. C. Lowe, G. Myhre, J. Nganga, R. Prinn, G. Raga, M. Schulz, and R. Van Dorland. "Changes in Atmospheric Constituents and in Radiative Forcing." In *Climate Change 2007: The Physical Science Basis. Contribution of Working Group I to*

the Fourth Assessment Report of the Intergovernmental Panel on Climate Change, edited by S. Solomon, D. Qin, M. Manning, Z. Chen, M. Marquis, K. B. Averyt, M. Tignor, and H. L. Miller. New York: Cambridge University Press, 2007.（邦訳『IPCC地球温暖化第四次レポート:気候変動2007』、中央法規出版）

Fox, Douglas. "Using Exotics as Temporary Habitat: An Accidental Experiment on Rodrigues Island." *Conservation* 4, no. 1 (2003).

Fox- Dobbs, Kena, Thomas A. Stidham, Gabriel J. Bowen, Steven D. Emslie, and Paul

L. Koch. "Dietary Controls on Extinction Versus Survival Among Avian Mega-fauna in the Late Pleistocene." *Geology* 34, no. 8 (August 1, 2006): 685-88.

Fritts, T. H., and D. Leasman-Tanner. "The Brown Treesnake on Guam: How the Arrival of One Invasive Species Damaged the Ecology, Commerce, Electrical Systems, and Human Health on Guam: A Comprehensive Information Source." 2001. http://www.fort.usgs.gov/resources/education/bts/bts_home.asp.

Galbreath, Ross, and Derek Brown. "The Tale of the Lighthouse-keeper's Cat: Discovery and Extinction of the Stephens Island Wren (*Traversia lyalli*)." *Notornis* 51 (2004): 193-200.

Gearino, Jeff. "Deal Reached On Scenic Wyo. Ranch Conservation." *Casper Star-Tribune*, November 8, 2010.

Gehrig-Fasel, Jacqueline, Antoine Guisan, and Niklaus E. Zimmermann. "Tree Line Shifts in the Swiss Alps: Climate Change or Land Abandonment?" *Journal of Vegetation Science* 18, no. 4 (2007): 571-82.

Gilbert, M. Thomas P., Dennis L. Jenkins, Anders Gotherstrom, Nuria Naveran, Juan J. Sanchez, Michael Hofreiter, Philip Francis Thomsen, et al. "DNA from Pre-Clovis Human Coprolites in Oregon, North America." *Science* 320, no. 5877 (May 9, 2008): 786-89.

Gill, Jacquelyn L., John W. Williams, Stephen T. Jackson, Katherine B. Lininger, and Guy S. Robinson. "Pleistocene Megafaunal Collapse, Novel Plant Communities, and Enhanced Fire Regimes in North America." *Science* 326, no. 5956 (November 20, 2009): 1100-03.

Grayson, Donald K., and David J. Meltzer, "A Requiem for North American Overkill." *Journal of Archaeological Science* 30 (2003): 585-93.

Guha, Ramachandra. "Radical American Environmentalism and Wilderness Preservation: A Third World Critique." In *The Great New Wilderness Debate*, edited by J. Baird

Callicott and Michael P. Nelson. Athens: University of Georgia Press, 1998.

Guthrie, Dale R. "Radiocarbon Evidence of Mid-Holocene Mammoths Stranded on an Alaskan Bering Sea island." *Nature* 429, no. 6993 (June 17, 2004): 746-49.

Hamann, Andreas, and Tongli Wang. "Potential Effects of Climate Change on Ecosystem and Tree Species Distribution in British Columbia." *Ecology* 87 (2006): 2773-786.

Harsch, Melanie, Philip Hulme, Matt McGlone, and Richard Duncan. "Are Treelines Advancing? A Global Meta-analysis of Treeline Response to Climate Warming." *Ecology Letters* 12 (2009): 1-10.

Henderson, Iain, and Peter Robertson. "Control and Eradication of the North American Ruddy Duck in Europe." In *Managing Vertebrate Invasive Species: Proceedings of an International Symposium*, edited by G. W. Witmer, W. C. Pitt, and K. A. Fagerstone. Fort Collins, Colo.: National Wildlife Research Center, 2007.

Hitt, Christopher. "Toward an Ecological Sublime." *New Literary History* 30, no. 3 (1999): 603-23.

Hobbs, Richard, Salvatore Arico, James Aronson, Jill S. Baron, Peter Bridge-water, Viki A. Cramer, Paul R. Epstein, John J. Ewel, Carlos A. Klink, Ariel E. Lugo, David Norton, Dennis Ojima, David M. Richardson, Eric W. Sanderson, Fernando Valladares, Montserrat Vilà, Regino Zamora, and Martin Zobel. "Novel Ecosystems: Theoretical and Management Aspects of the New Ecological World Order." *Global Ecology and Biogeography* 15 (2006): 1-7.

Hobbs, Richard, Eric Higgs, and James Harris. "Novel Ecosystems: Implications for Conservation and Restoration." *Trends in Ecology and Evolution* 24, no.11 (November 2009): 599-605.

Hodder, Kathy H., Paul C. Buckland, Keith J. Kirby, and James M. Bullock. "Can the Pre-Neolithic Provide Suitable Models for Re-wilding the Landscape in Britain?" *British Wildlife* (June 2009): 4-15.

Hodgson, Jenny, William E. Kunin, Chris D. Thomas, Tim G. Benton, and Doreen Gabriel. "Comparing Organic Farming and Land Sparing: Optimizing Yield and Butterfly Populations at a Landscape Scale." *Ecology Letters* 13, no. 11 (2010): 1358-1367. Doi:10.1111/j.1461-0248.2010.01528.x.

Hoegh-Guldberg, O., et al. "Assisted Colonization and Rapid Climate Change." *Science* 321 (2008): 345-46.

Jackson, Stephen T. "Vegetation, Environment, and Time: The

Origination and Termination of Ecosystems." *Journal of Vegetation Science* 17 (2006): 549-57.

Jackson, Stephen, and Richard Hobbs. "Ecological Restoration in the Light of Ecological History." *Science* 325 (2009).

Jaroszewicz, Bogdan. "Bialowieza Primeval Forest— A Treasure and a Challenge." In *Essays on Mammals of Bialowieza Forest*, edited by Bogumila Jfdrzejewska and Jan Marek Wójcik. Bialowieza: Mammal Research Institute, Polish Academy of Sciences, 2004.

Jfdrzejewska, Bogumila, and Tomasz Samojlik. "Comrades of Lithuanian Ķings" In *Conservation and Hunting: Bialowieza Forest in the Time of Kings*, edited by Tomasz Samojlik. Bialowieza: Mammal Research Institute, Polish Academy of Sciences, 2005.

Johnson, Christopher N. "Anthropology: The Remaking of Australia's Ecology." *Science* 309, no. 5732 (July 8, 2005): 255-56.

———. "Megafaunal Decline and Fall." *Science* 326, no. 5956 (November 20, 2009): 1072-73.

Johnson, Robert Underwood. "John Muir As I Knew Him." *Sierra Club Bulletin* 10, no. 1 (January 1916), http://www.sierraclub.org/john_muir_exhibit/frameindex.html (http://www.sierraclub.org/john_muir_exhibit/life/johnson_tribute_scb_1916.html) November 4, 2009.

Jones, H. P., and O. J. Schmitz "Rapid Recovery of Damaged Ecosystems." *PLoS ONE* 4, no. 5 e5653, doi:10.1371/journal.pone.0005653 (2009).

Kaplan, Mark. "Alien Birds May Be Last Hope for Hawaiian Plants." *Nature News*, September 28, 2007, doi:10.1038/news070924-12, http://www.nature.com/news/2007/070924/full/news/070924-12.html.

———. "Moose Use Roads as a Defence Against Bears." *Nature News*, October 10, 2007, doi:10.1038/news.2007.155, http://www.nature.com/news/2007/071010/full/news.2007.155.html.

Kareiva, Peter, and Michelle Marvier. *Conservation Science: Balancing the Needs of People and Nature*. Greenwood Village, Colo.: Roberts and Company, 2011.

Kelly, David. "With Homeowner in Doghouse, Bobcats Move In." *Los Angeles Times*, September 5, 2008, http://www.latimes.com/news/local/la-me-bobcats5-2008sep05,0,2286826.story.

Kingsland, Sharon E. *The Evolution of American Ecology, 1890-2000*. Baltimore: Johns Hopkins University Press, 2005.

Ladle, Richard, and Lindsey Gillson.

"The (Im)balance of Nature: A Public Perception Time- Lag?" *Public Understanding of Science* 18, no. 2 (2008): 229-42.

Leopold, A. Starker, Stanley A. Cain, Clarence M Cottam, Ira N. Gabrielson, and Thomas L. Kimball. "Wildlife Management in the National Parks." *Transactions of the North American Wildlife and Natural Resources Conference* 28 (1963): 28-45.

Leopold, Aldo. *A Sand County Almanac, and Sketches Here and There.* New York and Oxford: Oxford University Press, 1948.（邦訳『野生のうたが聞こえる』、新島義昭訳、講談社学術文庫）

Letnic, Mike, Freya Koch, Chris Gordon, Mathew S. Crowther, and Christopher

R. Dickman. "Keystone Effects of an Alien Top-Predator Stem Extinctions of Native Mammals." *Proceedings of the Royal Society B: Biological Sciences* 276 (2009): 3249-56.

Ley, Ruth, Daniel Peterson, and Jeffery Gordon. "Ecological and Evolutionary Forces Shaping Microbial Diversity in the Human Intestine." *Cell* 124 (February 24, 2006): 837-48, doi 10.1016/j.cell.2006.02.017.

Liccardi, Joe. Personal communication. October 22, 2010.

Lichfield, John. "Guess Who's Coming for Dinner? Wolf Tracks Spotted in Central France." *Independent*, January 29, 2009.

Lisiecki, Lorraine E., and Maureen E. Raymo. "A Pliocene-Pleistocene Stack of 57 Globally Distributed Benthic D18O Rec ords." *Paleoceanography* 20 (2005), PA1003, doi:10.1029/2004PA001071.

Loomis, J., K. Bonetti, and C. Echohawk. "Demand for and Supply of Wilderness." In H. Ken Cordell et al., *Outdoor Recreation in American Life: A National Assessment of Demand and Supply Trends*. Champaign, Ill.: Sagamore, 1999.

Lundholm, Jeremy T., and Paul J. Richardson. "Habitat Analogues for Reconciliation Ecology in Urban and Industrial Environments." *Journal of Applied Ecology* 47 (2010): 966-75.

Mann, Charles. *1491*. New York: Alfred A. Knopf, 2005.（邦訳『1491: 先コロンブス期アメリカ大陸をめぐる新発見』、布施由紀子訳、日本放送出版協会）

Marris, Emma "Black Is the New Green." *Nature* 442 (August 10, 2006): 624-26, doi:10.1038/442624a.

———. "The Species and the Specious." *Nature* 446 (March 15, 2007): 250-53, doi:10.1038/446250.

———. "What to Let Go." *Nature* 450 (2007): 152-55,

doi:10.1038/450152a.

———. "A Garden for All Climates." *Nature* 450 (2007): 937-39, doi:10.1038/450937a.

———. "What Does a Natural Stream Look Like?" *Nature News*, January 17, 2008, doi:10.1038/news.2008.448.

———. "In the Heart of the Wood." *Nature* 455 (2008): 277-80, doi:10.1038/455277a.

———. "The End of the Invasion?" *Nature* 459 (May 21, 2009): 327-28, doi:10.1038/459327a.

———. "Ragamuffin Earth." *Nature* 460 (2009): 450-53, doi:10.1038/460450a.

———. "Putting a Price on Nature." *Nature* 462 (2009): 270-71, doi:10.1038/462270a.

Marsh, George Perkins. *Man and Nature*. Cambridge, Mass.: Belknap Press of Harvard University Press, 1965.

Martin, Paul. *Twilight of the Mammoths*. Berkeley and Los Angeles: University of California Press, 2005.

Mascaro, J., et al. "Limited Native Plant Regeneration in Novel, Exotic-dominated Forests on Hawaii'," *Forest Ecology and Management* 256 (2008): 593-606.

Matteson, Kevin C., and Sarah N. Dougher. "Distribution of Floral Resources and Pollinators Across an Urbanized Landscape." Presented at the Ecological Society of America meeting in Albuquerque, N.M., August 3, 2009.

McKibben, Bill. *The End of Nature*. New York: Random House, 2006. (邦訳『自然の終焉：環境破壊の現在と近未来』、鈴木主税訳、河出書房新社)

McLachlan, J. S., J. J. Hellmann, and M. W. Schwartz. "A Framework for Debate of Assisted Migration in an Era of Climate Change." *Conservation Biology* 21 (2007): 297-302.

Miller, Gifford H., Marilyn L. Fogel, John W. Magee, Michael K. Gagan, Simon J. Clarke, and Beverly J. Johnson. "Ecosystem Collapse in Pleistocene Australia and a Human Role in Megafaunal Extinction." *Science* 309, no. 5732 (July 8, 2005): 287-90.

Mitigation of Impacts to Fish and Wildlife Habitat: Estimating Costs and Identifying Opportunities. Washington, D.C.: Environmental Law Institute, 2007.

Muir, John. Selections from *Our National Parks*. In *The Great New Wilderness Debate*, edited by J. Baird Callicott and Michael P. Nelson. Athens: University of Georgia Press, 1998.

Nash, Roderick Frazier. *Wilderness and the American Mind*. New Haven and London: Yale University Press, 2001. (邦訳『原生自然とアメリカ人の精

神』、松野弘監訳、ミネルヴァ書房)

Nelson, G. *The Shrubs and Woody Vines of Florida*. Sarasota, Fla.: Pineapple Press, 1996.

O'Donnell, Stephanie, et al. "Conditioned Taste Aversion Enhances the Survival of an Endangered Predator Imperilled by a Toxic Invader." *Journal of Applied Ecology* (2010), doi:10.1111/j.1365-2664.2010.01802.x.

Oelschlaeger, Max. *The Idea of Wilderness: From Prehistory to the Age of Ecology*. New Haven, Conn.: Yale University Press, 1991.

Okolów, Czeslaw, and Grzegorz Okolów. *Bialowieza National Park*, translated by Wojciech Kasprzak. Warsaw: Multico Publishing House, 2005.

Ostertag, Rebecca, Susan Cordell, Jené Michaud, Colleen Cole, Jodie R. Schulten, Keiko M. Publico, and Jaime H. Enoka. "Ecosystem and Restoration Consequences of Invasive Woody Species Removal in Hawaiian Lowland Wet Forest." *Ecosystems* 12 (2009): 503-15.

Overpeck, J., C. Whitlock, and B. Huntley. "Terrestrial Biosphere Dynamics in the Climate System: Past and Future." *American Geophysical Union, Fall Meeting Abstracts* 62 (2002).

Palmer, Margaret. "Reforming Watershed Restoration: Science in Need of Application and Applications in Need of Science" *Estuaries and Coasts* 32, no. 1 (2008): 1-17, doi 10.1007/s12237-008-9129-5.

Palmer, Margaret, and Solange Filoso. "Restoration of Ecosystems Services for Environmental Markets." *Science* 325, no. 5940 (2009): 575-76.

Palmer, Margaret, H. Menninger, and E. S. Benhardt. "River Restoration, Habitat Heterogeneity, and Biodiversity: A Failure of Theory or Practice?" *Freshwater Biology* 55, suppl. 1 (2009): 205-22, doi: 10.1111/j.1365-2427.2009.02372.x.

Parmesan, C., et al. "Poleward Shifts in Geo graphical Ranges of Butterfl y Species Associated with Regional Warming." *Nature* 399 (1999): 579-83.

Parmesan, C., and G. Yohe. "A Globally Coherent Fingerprint of Climate Change Impacts Across Natural Systems." *Nature* 421 (2003): 37-42.

Perfecto, Ivette, and John Vandermeer. "The Agroecological Matrix as Alternative to the Land-sparing/Agriculture Intensification Model." *Proceedings of the National Academy of Sciences* 107, no. 13 (March 30, 2010): 5786-91.

Perrottet, Tony. "John Muir's Yosemite" *Smithsonian*, July 2008.

Peterken, George F. *Natural Woodland: Ecology and Conservation in Northern Temperate Regions*. Cambridge; Mass.: Cambridge University Press, 1996.

Pilcher, Helen. "Crazy Ants to Meet Their Doom," *Nature News* (July 16, 2004), doi:10.1038/news040712-18.

Pimentel, D., S. McNair, J. Janecka, J. Wightman, C. Simmonds, C. O'Connell, E. Wong, L. Russel, J. Zern, T. Aquino, and T. Tsomondo. "Economic and Environmental Threats of Alien Plant, Animal, and Microbe Invasions." *Agriculture, Ecosystems and Environment* 84 (2001): 1-20.

Pongratz, J., C. H. Reick, T. Raddatz, and M. Claussen. "Effects of Anthropogenic Land Cover Change on the Carbon Cycle of the Last Millennium." *Global Biogeochemical Cycles* 23 (2009), doi: 10.1029/2009GB003488.

Powell, Bonnie Azab. "The New Agtivist: Gene Fredericks Is Thinking Inside the City's Big Box." *Grist* (September 1, 2010).

Pucek, Zdzislaw. "European Bison —History of a Flagship Species." In *Essays on Mammals of Bialowieza Forest*, edited by Bogumila Jfdrzejewska, and Jan Marek Wójcik. Bialowieza: Mammal Research Institute, Polish Academy of Sciences, 2004.

Rehfeldt, Gerald, Nicholas L. Crookston, Marcus V. Warwell, and Jeffrey S. Evans. "Empirical Analyses of Plant-climate Relationships for the Western United States." *International Journal of Plant Science* 167, no. 6 (2006): 1123-50.

Relethford, J. H. "Genetic Evidence and the Modern Human Origins Debate." *Heredity* 100, no. 6 (March 5, 2008): 555-63.

Ricciardi, Anthony, and Daniel Simberloff. "Assisted Colonization Is Not a Viable Conservation Strategy." *Trends in Ecology and Evolution* 24, no. 5 (March 25, 2009): 248-53.

Ripple, William J., and Robert L. Beschta. "Wolves and the Ecology of Fear: Can Predation Risk Structure Ecosystems?" *BioScience* 54, no. 8 (2004): 755-66.

Rogers, Haldre. ms in press.

Romme, William H. "Fire and Landscape Diversity in Subalpine Forests of Yellowstone National Park." *Ecological Monographs* 52, no. 2 (June 1982): 199-221.

Roosevelt, Theodore. *Outdoor Pastimes of an American Hunter.* New York: C. Scribner's Sons, 1925.

———. "The American Wilderness." In *The Great New Wilderness Debate*, edited by J. Baird Callicott and Michael P. Nelson. Athens: University of Georgia Press, 1998.

Rosenthal, Elisabeth. "New Jungles

Prompt a Debate on Rain Forest." *New York Times*, January 30, 2009.

Rosenzweig, Michael. *Win- win Ecology*. Oxford: Oxford University Press, 2003.

Rubenstein, D. R., D. I. Rubenstein, P. W. Sherman, and T. A. Gavin. "Pleistocene Park: Does Re-wilding North America Represent Sound Conservation for the 21st Century?" *Biological Conservation* 132 (2006): 232-38.

Samojlik, Tomasz. "Stanislaw August Poniatowski's Hunting Gardens." In *Conservation and Hunting: Bialowieza Forest in the Time of Kings*, edited by Tomasz Samojlik. Bialowieza: Mammal Research Institute, Polish Academy of Sciences, 2005.

Sax, Dov, Steven Gaines, and James Brown. "Species Invasions Exceed Extinctions on Islands Worldwide: A Comparative Study of Plants and Birds." *American Naturalist* 160 (2002): 766-83.

Schama, Simon. *Landscape and Memory*. New York: Alfred S. Knopf, 1995.（邦訳『風景と記憶』、高山宏・栂正行訳、河出書房新社）

Schlaepfer, Martin A., Dov F. Sax, and Julian D. Olden. "The Potential Conservation Value of Non-native Species." In press. *Conservation Biology* (early view, 2011), doi: 10.1111/j.1523-1739.2010.01646.x.

Schullery, Paul. *Searching for Yellowstone*. Helena: Montana Historical Society Press, 2004.

Schwartz, Mark. "Conservationists Should Not Move *Torreya taxifolia*." *Wild Earth* (Fall/Winter 2004-05): 73-79.

Seddon, Philip J., and Pritpal S. Soorae. "Guidelines for Subspecific Substitutions in Wildlife Restoration Projects." *Conservation Biology* 13, no. 1 (1999): 177-84, doi:10.1046/j.1523-1739.1999.97414.x.

Smith, Felisa A., Scott M. Elliott, and S. Kathleen Lyons. "Methane Emissions from Extinct Megafauna." *Nature Geoscience* 3 (2010): 374-75.

Soulé, M., and R. Noss. "Rewilding and Biodiversity: Complementary Goals for Continental Conservation." *Wild Earth* 8, no. 3 (1998): 18-28.

Steadman, David W., and Paul S. Martin. "The Late Quaternary Extinction and Future Resurrection of Birds on Pacific Islands." *Earth-Science Reviews* 61 (2003): 133-47.

Steadman, David W., Paul S. Martin, Ross D. E. MacPhee, A. J. T. Jull, H. Gregory McDonald, Charles A. Woods, Manuel Iturralde-Vinent, and Gregory W. L. Hodgins. "Asynchronous Extinction of Late Quaternary Sloths on Continents and Islands." *Proceedings of the National Academy of Sciences of the United States of America* 102, no. 33 (2005): 11763-

68.

Stenseth, Nils Chr., Geir Ottersen, James W. Hurrell, Atle Mysterud, Mauricio Lima, Kung-Sik Chan, Nigel G. Yoccoz, and Bjørn A ° dlandsvik. "Studying Climate Effects on Ecology Through the use of Climate Indices: The North Atlantic Oscillation, El Niño Southern Oscillation and Beyond." *Proceedings of the Royal Society B: Biological Sciences* 270, no. 1529 (2003): 2087-96.

Stolzenburg, William. *Where the Wild Things Were*. New York: Bloomsbury USA, 2008.（邦訳『捕食者なき世界』、野中香方子訳、文藝春秋）

Stromberg, Julia, Matthew K. Chew, Pamela L. Nagler, and Edward P. Glenn. "Changing Perceptions of Change: The Role of Scientists in Tamarix and River Management." *Restoration Ecology* 17 (March 2009): 177-86.

Sukhdev, Pavan. "Costing the Earth." *Nature* 462, no. 7271 (November 19, 2009): 277.

Sutherland, William. "A Blueprint for the Countryside." *Ibis* 146, suppl. 2 (2004): 230-38.

Thoreau, Henry David. *Walden: A Fully Annotated Edition*, edited by Jeffrey S. Cramer. New Haven and London: Yale University Press, 2004.（邦訳『ウォールデン　森の生活』、今泉吉晴訳、小学館　など）

Thompson, Ken. *Do We Need Pandas?* Totnes: Green Books, 2010.

Tischew, Sabine, Annett Baasch, Mareike K. Conrad, and Anita Kirmer. "Evaluating Restoration Success of Frequently Implemented Compensation Measures: Results and Demands for Control Procedures." *Restoration Ecology* (2008), http://dx.doi/org/10.1111/j.1526-100X.2008.00462.x

Turner, Frederick, Jackson. *The Frontier in American History*. 1920; BiblioBazaar, 2008.（邦訳『アメリカ史における辺境』、松本政治・嶋忠正訳、北星堂書店　など）

Turner, Monica. "Disturbance and Landscape Dynamics in a Changing World." *Ecology* 91, no. 10 (2010): 2833-49.

Turney, C. S. M., M. I. Bird, L. K. Fifield, R. G. Roberts, M. Smith, C. E. Dortch, R. Grun, E. Lawson, L. K. Ayliffe, G. H. Miller, J. Dortch, and R. G. Cresswell. "Early Human Occupation at Devil's Lair, Southwestern Australia 50,000 Years Ago." *Quaternary Research* 55 (2001): 3-13.

Turvey, S. T., and C. L. Risley. "Modelling the Extinction of Steller's Sea Cow." *Biology Letters* 22, no. 2 (March 22, 2006): 94-97.

Uchida, J. Y., and L. L. Loope. "A Recurrent Epiphytotic of Guava Rust on Rose Apple, *Syzygium Jambos*, in

Hawaii." *Plant Disease* 93, no. 4 (April 2009): http://apsjournals.apsnet.org/doi/abs/10.1094/PDIS-93-4-0429B.

Van der Veken, Sebastiaan, et al. "Garden Plants Get a Head Start on Climate Change." *Frontiers in Ecology and the Environment* 6 (2008): 212-16.

Veltre, Douglas W., David R. Yesner, Kristine J. Crossen, Russell W. Graham, and Joan B. Coltrain. "Patterns of Faunal Extinction and Paleoclimatic Change from Mid-Holocene Mammoth and Polar Bear Remains, Pribilof Islands, Alaska." *Quaternary Research* 70, no. 1 (July 2008): 40-50.

Vera, Frans. *Grazing Ecology and Forest History*. Wallingford, UK: CABI, 2000.

———. "Large-scale Nature Development—The Oostvaardersplassen." *British Wildlife* 20, no. 5, suppl. (June 2009): 28-36.

Vera, Frans, and Frans Buissink. *Wilderness in Europe: What Really Goes On Between the Trees and the Beasts.* Baarn: Tirion Uitgevers B.V. & Driebergen: Staatsbosbeheer, 2007.

Vitousek, Peter M., Harold A. Mooney, Jane Lubchenco, and Jerry M. Melillo. "Human Domination of Earth's Ecosystems." *Science* 277, no. 5325 (July 25, 1997): 494-99.

Wade, Nicholas. *Before the Dawn: Recovering the Lost History of our Ancestors*. New York: Penguin Press, 2006.（邦訳『5万年前:このとき人類の壮大な旅が始まった』、沼尻由起子訳、イースト・プレス）

Walter, Robert C., and Dorothy J. Merritts. "Natural Streams and the Legacy of Water- Powered Mills." *Science* 319, no. 5861 (January 18, 2008): 299-304.

Wasser, Samuel, Bill Clark and Cathy Laurie. "The Ivory Trail." *Scientific American* 301, no. 1 (July 2009): 68-74.

Weller, Lorraine. "Interactions of Socioeconomic Patterns with Vegetation Cover and Biodiversity in Los Angeles, CA." Presented at the Ecological Society of America meeting, in Albuquerque, N.M., August 3, 2009.

White, Lynn, Jr. "The Historical Roots of Our Ecological Crisis." *Science* 155 (1967): 1203-07.

Wilcove, David, David Rothstein, Jason Dubow, Ali Phillips, and Elizabeth Loos. "Quantifying Threats to Imperiled Species in the United States." *BioScience* 48, no. 8 (1998): 607-15.

Wilkinson, D.M. "The Parable of Green Mountain." *Journal of Biogeography* 31 (2004): 1-4.

Will, Barbara. "The Nervous Origins of the American Western." *American*

Literature 70, no. 2 (June, 1998): 293-316.

Wills, John. "Brighty, Donkeys and Conservation in the Grand Canyon." *Endeavour* 30, no. 3 (2006): 113-17.

Williams, Ted. "Picture Perfect," *Audubon Magazine*, http://www.audubonmagazine.org/incite/incite1003.html.

Wilson, Robert J., David Gutiérrez, Javier Gutiérrez, David Martínez, Rosa Agudo, and Víctor J. Monserrat. "Changes to the Elevational Limits and Extent of Species Ranges Associated with Climate Change." *Ecology Letters* 8, no. 11 (November 2005): 1138-46.

Wood, Jamie R., Nicolas J. Rawlence, Geoffery M. Rogers, Jeremy J. Austin, Trevor H. Worthy, and Alan Cooper. "Coprolite Deposits Reveal the Diet and Ecology of the Extinct New Zealand Megaherbivore Moa (Aves, Dinornithiformes)." *Quaternary Science Reviews* 27, no. 27-28 (December 2008): 2593-602.

Woods, William, and William Denevan, "Amazonian Dark Earths: The First Century of Reports." In *Amazonian Dark Earths*, edited by William I. Woods, Wenceslau G. Teixeira, Johannes Lehmann, Christoph Steiner, Antoinette WinklerPrins, and Lilian Rebellato. New York: Springer, 2008.

Worster, Donald. *Nature's Economy*. Cambridge, UK: Cambridge University Press, 1985.

Wu, Jianguo, and Orie L. Loucks. "From Balance of Nature to Hierarchical Patch Dynamics: A Paradigm Shift in Ecology." *Quarterly Review of Biology* 70 (1995): 439-66.

Zakin, Susan. *Coyotes and Town Dogs: Earth First! and the Environmental Movement*. Tucson: University of Arizona Press, 1993.

Ziegler, Alan. *Hawaiian Natural History, Ecology and Evolution*. Honolulu: University of Hawaii Press, 2002.

Zimmerman, Corinne, and Kim Cuddington. "Ambiguous, Circular and Polysemous: Students' Definitions of the 'Balance of Nature' Metaphor." *Public Understanding of Science* 16, no. 4 (October 1, 2007): 393-406.

＊本書は、二〇一八年に当社より刊行された著作を文庫化したものです。

草思社文庫

「自然」という幻想
多自然ガーデニングによる新しい自然保護

2021年4月8日　第1刷発行

著　者　エマ・マリス

訳　者　岸 由二、小宮 繁

発行者　藤田 博

発行所　株式会社 草思社

〒160-0022　東京都新宿区新宿1-10-1
電話　03(4580)7680(編集)
　　　03(4580)7676(営業)
　　　http://www.soshisha.com/

本文組版　株式会社 キャップス

印刷所　中央精版印刷 株式会社

製本所　中央精版印刷 株式会社

本体表紙デザイン　間村俊一

ISBN978-4-7942-2515-3　Printed in Japan